第二版
The Second Edition

水泥生产技术
基础

刘辉敏　主编

U0301604

化学工业出版社
·北京·

本书以新型干法水泥生产工艺为主线，主要介绍了通用硅酸盐水泥的生产工艺、熟料组成、原料及配料计算、原燃料的加工、熟料的煅烧过程及设备、水泥的制成、水泥的水化和硬化、水泥的性能、水泥质量管理、特种水泥以及水泥物理性能的检测等内容。与第一版相比，本书第二版按照国家最新发布的标准、规范进行了全面修订，同时补充、完善了预分解窑用耐火材料、水泥窑协同处置可燃废弃物和水泥窑氮氧化物节能、减排等更多内容。

全书力求理论联系生产实际，立足我国水泥工业，反映国内外水泥工业的最新发展动向和最新技术成果。本书可供广大水泥企业管理人员、技术人员和操作人员阅读和参考，还可作为企业职工培训、继续教育的教学参考书，也可以作为无机非金属材料相关专业高校师生的教学参考书或教材。

图书在版编目（CIP）数据

水泥生产技术基础/刘辉敏主编 . —2 版 . —北京：化学工业出版社，2015.11
ISBN 978-7-122-25197-8

Ⅰ.①水… Ⅱ.①刘… Ⅲ.①水泥-生产工艺
Ⅳ.①TQ172.6

中国版本图书馆 CIP 数据核字（2015）第 222568 号

责任编辑：朱　彤　　　　　　　　　装帧设计：刘丽华
责任校对：王　静

出版发行：化学工业出版社（北京市东城区青年湖南街 13 号　邮政编码 100011）
印　　装：涿州市般润文化传播有限公司
787mm×1092mm　1/16　印张 15　字数 380 千字　　2016 年 1 月北京第 2 版第 1 次印刷

购书咨询：010-64518888　　　　　　售后服务：010-64518899
网　　址：http://www.cip.com.cn
凡购买本书，如有缺损质量问题，本社销售中心负责调换。

定　　价：55.00 元　　　　　　　　　　　　　　版权所有　违者必究

第二版前言

本书自出版以来，承蒙广大读者朋友的厚爱，编者对此表示衷心感谢！在此期间，我国水泥生产技术取得了新的进步与发展。为了适应水泥工业的技术进步和工程实践的最新要求，作者在第一版的基础上对相关内容重新进行了修订、补充和完善，重点有以下两个方面。

（1）根据最新发布的标准、规范和产业政策，对相关内容进行了必要修改和补充，并对一些数据进行了修改。

（2）补充和完善了预分解窑用耐火材料、水泥窑协同处置可燃废弃物和水泥窑氮氧化物节能、减排等方面的更多内容。

本书第二版依然力求理论联系生产实际，立足于我国水泥工业技术现状及发展趋势，力求突出应用性，尽可能地体现我国水泥工业现阶段的新工艺、新技术、新经验，反映水泥工艺技术的先进性、科学性、实用性，以期对水泥生产技术有一定的指导作用，希望读者对现代水泥的生产工艺有更新、更全面的了解。

本书由刘辉敏主编。编写分工如下：刘辉敏，第1章～第9章；茹晓红，第10章、第11章；张新爱，第12章～第15章。在编写过程中，参考了一些相关文献资料并结合作者教学和实践总结撰写而成，在此对编书过程中提供帮助和支持的有关人士谨致谢意！

由于编者时间和水平有限，书中疏漏在所难免，恳请读者批评指正。

编　者
2015 年 6 月

第一版前言

近年来，我国水泥生产技术飞速发展，大批新的生产线投入使用，全国水泥产量占世界水泥产量的一半以上。为了提高我国水泥的质量，缩小与发达国家的差距，我国先后对多种水泥标准进行了修订，对水泥主要组分的标准也进行了修订。随着水泥工业的发展，我国对用于水泥工业的原料和燃料提出与过去不同的要求，相应也修改了水泥企业质量管理规程，还对水泥物理性能检测方法做了较多改动。水泥工业近几年的变化还在于工艺装备水平的提高，以及原料矿山计算机控制网络开采、原料预均化、生料均化、挤压粉磨、新型耐火材料和 IT 技术在水泥生产中的应用等。以上内容有些虽然在一些书籍中进行一定介绍，但作为水泥技术人才培养的参考书籍却没有及时跟上这些变化。有鉴于此，本书的编写具有重要和及时的意义。

本书以新型干法水泥生产工艺为主线，主要介绍了通用硅酸盐水泥的生产工艺、熟料组成、原料及配料计算、原燃料的加工、熟料的煅烧过程及设备、水泥的制成、水泥的水化和硬化、水泥的性能、水泥质量管理、特种水泥以及水泥物理性能的检测等。

在编写过程中，编者力求理论联系生产实际，强调实用；立足于我国水泥工业的特点，反映国内外水泥工业的最新发展动向，体现水泥工业的技术进步；及时引用最新颁布的国家标准；在删繁就简、有利于自学方面也做了很多努力。本书可供广大水泥企业管理人员、技术人员和操作人员阅读和参考，也可作为企业职工培训、继续教育的教学参考书，还可作为无机非金属材料相关专业师生的教学参考书或教材。

本书由刘辉敏主编。编写分工如下：刘辉敏，第 1 章～第 11 章；张新爱，第 12 章～第 15 章。在编写过程中，得到了作者所在单位领导的大力支持和帮助，在此表示感谢！

由于编者水平有限，书中难免有疏漏之处，恳请读者批评指正。

编　者

2012 年 11 月

目　　录

第1章 绪 论

水泥是建筑工业三大基本材料之一，使用广，用量大，素有"建筑工业的粮食"之称。水泥作为重要的胶凝材料，其地位尚无一种其他材料可以替代。在未来相当长的时期内，水泥仍将是主要的建筑材料。

1.1 胶凝材料的定义和分类

凡能在物理、化学作用下，从浆体变成坚固的石状体，并能胶结其他物料而具有一定机械强度的物质，统称为胶凝材料，可分为有机和无机两大类别。沥青和各种树脂属有机胶凝材料。无机胶凝材料按硬化条件，又可分为水硬性和非水硬性两类。水硬性胶凝材料拌水后既能在空气中又能在水中硬化，通常称为水泥。非水硬性胶凝材料只能在空气中硬化，故又称气硬性胶凝材料，如石灰和石膏等。

1.2 水泥的定义和分类

凡细磨成粉末状，加入适量水后可成为塑性浆体，既能在空气中硬化，又能在水中继续硬化，并能将砂石等材料胶结在一起的水硬性胶凝材料通称为水泥。

水泥的种类很多，按其用途和性能，可分为通用水泥、专用水泥和特性水泥三大类。通用水泥为用于大量土木建筑工程一般用途的水泥，如硅酸盐水泥、普通硅酸盐水泥、矿渣硅酸盐水泥、火山灰质硅酸盐水泥、粉煤灰硅酸盐水泥和复合硅酸盐水泥。专用水泥则指有专门用途的水泥，如油井水泥、砌筑水泥、道路水泥等。特性水泥是指某种性能比较突出的水泥，如抗硫酸盐硅酸盐水泥、低热硅酸盐水泥等。也可按其组成分为硅酸盐水泥、铝酸盐水泥、硫铝酸盐水泥、铁铝酸盐水泥、氟铝酸盐水泥等。目前，水泥品种已达100余种。

1.3 胶凝材料和水泥发展简史

远在古代，人们就开始使用黏土（有时掺入稻草、壳皮等植物纤维）来抹砌简易建筑物，但未经煅烧的黏土不耐水且强度较低。

在公元前3000～2000年，人们开始用火煅烧石灰、石膏，并将其制成砂浆用作胶凝材料。古代埃及的金字塔和我国的万里长城都是用石灰、石膏作为胶凝材料砌筑而成的。

随着生产的发展，逐渐要求强度较高并能防止被水侵蚀和冲毁的胶凝材料。到公元初，古希腊人和古罗马人就开始用掺有火山灰的石灰砂浆来兴建建筑物。这类具有水硬性的胶凝材料在古罗马的"庞贝"城以及罗马圣庙、法国南部里姆斯附近的加德桥等著名古建筑上都有应用。在我国古代建筑中所大量应用的"三合土"，实际上也是一种石灰-火山灰材料。随后又进一步发现，将碎砖、废陶等磨细后，与石灰混合可制成具有水硬性的胶凝材料，从而使火山灰质材料由天然的发展到人工制造。

到 18 世纪后半期，1756 年出现了水硬性石灰，1796 年出现了罗马水泥，都是将含有适量黏土的黏土质石灰石经过燃烧而得；并在此基础上，发展到用天然水泥岩（黏土含量 20%～25% 的石灰石）煅烧、磨细而制得的天然水泥。然后，逐渐发现可以用石灰石和定量的黏土共同磨细混匀，经过煅烧制成由人工配料的水硬性石灰，这实际上可看成是近代硅酸盐水泥制造的雏形。

19 世纪初（1810～1825 年）已出现用人工配料，将石灰石与黏土的细粉按一定比例配合，在类似石灰窑的炉内，经高温烧结成块（熟料），再进行粉磨制成的水硬性胶凝材料。因为这种胶凝材料同英国伦敦附近波特兰岛出产的石灰石相近，故称为波特兰水泥（Portland Cement）。1824 年，英国人阿斯普丁（J. Aspdin）首先取得了该项产品的专利。此后，欧洲各地不断对水泥进行改进，1856 年德国建起了水泥厂，并普及到了美国。1870 年以后，水泥作为一种新型工业在世界许多国家和地区得以发展和应用，对工程建设起了很大作用。

由于工业的不断发展，以及军事工程和特殊工程的需要，又先后制成了各种不同用途的水泥，如快硬水泥、铝酸盐水泥、膨胀水泥、抗硫酸盐水泥、低热水泥、油井水泥、硫铝酸盐水泥等。

由上可见，胶凝材料的发展经历是：天然胶凝材料→石膏、石灰→石灰、火山灰→水硬性石灰、天然水泥→硅酸盐水泥→不同品种水泥的各阶段。可以相信，随着社会生产力的提高，胶凝材料还将有较快的发展，以满足日益增长的各种工程建设的需要。

1.4 　水泥在国民经济中的作用

水泥是基本建设中最重要的建筑材料之一。随着现代化工业的发展，它在国民经济中的地位日益提高，应用也日益广泛。水泥与砂、石等集料制成的混凝土是一种低能耗、低成本的建筑材料；与普通钢铁相比，水泥制品不会生锈，也没有木材易于腐朽的缺点，更不会有塑料年久老化问题；新拌水泥混凝土有很好的可塑性，可制成各种形状的混凝土构件；水泥混凝土材料强度高、耐久性好、适应性强。目前水泥已广泛应用于工业建筑、民用建筑、水工建筑、道路建筑、农田水利建设和军事工程等方面。由水泥制成的各种水泥制品，如轨枕、水泥船和纤维水泥制品等广泛应用于工业、交通等部门，在代钢、代木方面，也越来越显示出技术和经济上的优越性。

由于钢筋混凝土、顶应力钢筋混凝土和钢结构材料的混合使用，才有高层、超高层、大跨度以及各种特殊功能的建筑物。新的产业革命，又为水泥行业提出了扩大水泥品种和扩大应用范围的新课题。开发占地球表面 71% 的海洋是人类进步的标志，而海洋工程的建造，如海洋平台、海洋工厂，其主要建筑材料就是水泥。水泥工业的发展对保证国家建设计划的顺利进行起着十分重要的作用。

1.5 　水泥工业的发展

水泥生产自 1824 年诞生以来，其生产技术历经多次变革。作为水泥熟料的煅烧设备，开始是间歇作业的土立窑，1885 年出现了回转窑。以后在回转窑规格不断扩大的同时，窑的型式和结构也都有新的发展。1930 年德国伯力鸠斯公司研制了立波尔窑，用于半干法生产；1950 年德国洪堡公司研制成功悬浮预热窑；1971 年日本石川岛公司和秩父水泥公司研制成功预分解窑。自预分解技术出现后，受到世界各国的重视，并且很快出现了许多各具特点的预分解技术。与此同时，生料制备、水泥粉磨等各种水泥生产技术装备，也与其配套，同步发展。现代电子技术及科学管理方法在水泥工业生产中也得到了广泛应用。以悬浮预热和窑外分解技术为核心的新型干法水泥生产，采用了现代最新的水泥生产工艺和装备，把水泥工业生产推向一个新的阶段。

我国早在 1889 年就在河北唐山建立了启新洋灰公司正式生产水泥，以后又相继建立了大连、上海、中国、广州等水泥厂。20 世纪 50 年代中期，我国开始试制湿法回转窑和半干法立波尔窑成套设备，迈出我国水泥生产技术发展的重要一步。从 20 世纪 50～60 年代，我国依靠自己的科研设计力量进行了预热器窑的实验，并在太原水泥厂建成四级旋风预热器回转窑；1969 年又在杭州水泥厂建成第一台带立筒预热器的回转窑。1976 年在石岭建成第一台烧油预分解窑，其运行的成功对我国水泥生产技术的发展有着深远意义。从 1978 年起，我国又在冀东、淮海、宁国、柳州等水泥厂，通过引进国外的预分解技术和成套、半成套设备，先后建成若干套日产 2000t 和 4000t 的熟料生产线。在引进和消化吸收国外 16 项新型干法关键装备设计与制造技术的基础上，我国水泥工业技术水平和管理水平得到迅速提高，并自主建设了一批日产 700～2000t 新型干法水泥生产线。然而，由于受投资体制和资金的制约，新型干法水泥未得到迅速发展。

在生产、设计、科研和装备等单位的通力合作下，1996～1997 年，海螺宁国水泥厂和山水山东水泥厂相继突破日产 2000t 熟料生产线低投资建设难关；2003 年，海螺铜陵水泥厂和池州水泥厂先后突破日产 5000t 熟料生产线低投资建设难关，这为新型干法水泥在全国普遍推广铺平了道路。2000 年前后，基本实现了日产 2500～5000t 熟料新型干法生产线成套装备国产化。

从 2003 年开始，在国民经济高速发展和市场需求拉动下，全国各地掀起前所未有的新型干法水泥生产线建设高潮，全国水泥总产量、新型干法水泥产量及其占总产量的比例都迅猛增长。2002 年我国水泥产量为 7.25 亿吨，新型干法水泥约占总产量的 15%；2014 年我国水泥产量猛增到 24.76 亿吨，新型干法水泥占总产量的 90% 以上。新型干法生产大发展确保了大幅增长的市场需求，加快了结构调整，基本实现了生产方式向先进水平的转变。目前，国内自行设计的生产线最大规模已达日产熟料 12000t，走在了世界水泥工业的前列。经过几代人努力，一个强大的中国现代水泥工业在 21 世纪初已经诞生。

水泥工业属资源型产业，有害气体排放量较大。节能减排、保护环境是水泥工业生存和发展的必然选择。因此，在水泥工业发展新阶段，应以节约资源和环境友好为目标，开发新技术、采取新措施，深化调整结构，实现水泥生产方式向更高层次的转变。目前，我国水泥工业的发展主要表现在如下几个方面：①开发高能效低氮预热预分解及先进烧成技术；②开发高效节能料床粉磨技术；③提升水泥窑废弃物安全无害化处置功能和替代燃料技术；④提升原料、燃料均化配置技术；⑤开发窑体氮氧化物消化和提升窑尾脱硝的技术；⑥数字化智能型控制与管理技术；⑦新型低碳高标号、多品种水泥熟料生产技术；⑧高性能、高效率滤膜袋收尘技术；⑨推广水泥窑纯低温余热发电技术；⑩延伸水泥企业产业链；⑪实现企业兼并重组，引领众多企业走上可持续发展道路。在此基础上，逐步实现水泥的"清洁生产"，并且大幅度节约能源，提高生产效率、产品质量和劳动生产率，使水泥生产向着集约化、高质量的现代化工业方向发展。

思 考 题

1. 简述胶凝材料的定义与分类。
2. 简述水泥的定义与分类。
3. 胶凝材料的发展经历是什么?

第 2 章   通用硅酸盐水泥的生产

从广义上讲，硅酸盐水泥是以硅酸钙为主要成分的熟料所制得的一系列水泥的总称，包括通用硅酸盐水泥和特种硅酸盐水泥。在国外，硅酸盐水泥常统称为波特兰水泥。通用硅酸盐水泥用于一般的土木工程，包括硅酸盐水泥、普通硅酸盐水泥、矿渣硅酸盐水泥、火山灰质硅酸盐水泥、粉煤灰硅酸盐水泥和复合硅酸盐水泥六个品种。因而从狭义上讲，硅酸盐水泥只是通用硅酸盐水泥中的一个品种。本章主要介绍通用硅酸盐水泥的技术标准和生产方法。

2.1   通用硅酸盐水泥的标准

2.1.1   定义

根据国家标准 GB 175—2007，通用硅酸盐水泥是指以硅酸盐水泥熟料和适量的石膏及规定的混合材料制成的水硬性胶凝材料。

2.1.2   组分与材料

2.1.2.1   组分

通用硅酸盐水泥的组分要求应符合表 2-1 的规定。

表 2-1   通用硅酸盐水泥的组分要求　　　　　　　　　　　单位：%

品种	代号	组分				
		熟料＋石膏	粒化高炉矿渣	火山灰质混合材料	粉煤灰	石灰石
硅酸盐水泥	P·Ⅰ	100	—	—	—	—
	P·Ⅱ	≥95	≤5	—	—	—
		≥95	—	—	—	≤5
普通硅酸盐水泥	P·O	≥80 且＜95	>20 且≤20①			
矿渣硅酸盐水泥	P·S·A	≥50 且＜95	>20 且≤50②	—	—	—
	P·S·B	≥30 且＜50	>50 且≤70②	—	—	—
火山灰质硅酸盐水泥	P·P	≥60 且＜80	—	>20 且≤40③	—	—
粉煤灰硅酸盐水泥	P·F	≥60 且＜80	—	—	>20 且≤40④	—
复合硅酸盐水泥	P·C	≥50 且＜80	>20 且≤50⑤			

① 本组分材料为符合本标准的活性混合材料，其中允许用不超过水泥质量 8% 且符合本标准的非活性混合材料或不超过水泥质量 5% 且符合本标准的窑灰代替。

② 本组分材料为符合 GB/T 203 或 GB/T 18046 的活性混合材料，其中允许用不超过水泥质量 8% 且符合本标准的活性混合材料或符合本标准的非活性混合材料或符合本标准的窑灰中的任一种材料代替。

③ 本组分材料为符合 GB/T 2847 的活性混合材料。

④ 本组分材料为符合 GB/T 1596 的活性混合材料。

⑤ 本组分材料由两种以上符合本标准的活性混合材料或/和符合本标准的非活性混合材料组成，其中允许用不超过水泥质量 8% 且符合本标准的窑灰代替。掺矿渣时混合材料掺量不得与矿渣硅酸盐水泥重复。

2.1.2.2　材料

（1）硅酸盐水泥熟料　是指主要含 CaO、SiO_2、Al_2O_3、Fe_2O_3 的原料，按适当比例磨成细粉，烧至部分熔融所得以硅酸钙为主要矿物成分的水硬性胶凝物质。其中硅酸钙矿物含量不小于 66%，氧化钙和氧化硅质量比不小于 2.0。

（2）石膏

①天然石膏　应符合 GB/T 5483 中规定的 G 类或 M 类二级（含）以上的石膏或混合石膏。

②工业副产石膏　以硫酸钙为主要成分的工业副产物。采用前应经过试验证明对水泥性能无害。

（3）活性混合材料　符合 GB/T 203、GB/T 18046、GB/T 1596、GB/T 2847 标准要求的粒化高炉矿渣、粒化高炉矿渣粉、粉煤灰、火山灰质混合材料。

（4）非活性混合材料　活性指标分别低于 GB/T 203、GB/T 18046、GB/T 1596、GB/T 2847 标准要求的粒化高炉矿渣、粒化高炉矿渣粉、粉煤灰、火山灰质混合材料；石灰石和砂岩，其中石灰石中的三氧化二铝含量应不大于 2.5%。

（5）窑灰　符合 JC/T7 42 的规定。

（6）助磨剂　水泥粉磨时允许加入助磨剂，其加入量应不大于水泥质量的 0.5%，助磨剂应符合 JC/T 667 的规定。

2.1.3　强度等级

①硅酸盐水泥的强度等级分为 42.5、42.5R、52.5、52.5R、62.5、62.5R 六个等级。

②普通硅酸盐水泥的强度等级分为 42.5、42.5R、52.5、52.5R 四个等级。

③矿渣硅酸盐水泥、火山灰质硅酸盐水泥、粉煤灰硅酸盐水泥的强度等级分为 32.5、32.5R、42.5、42.5R、52.5、52.5R 六个等级。

④复合硅酸盐水泥的强度等级分为 32.5R、42.5、42.5R、52.5、52.5R 五个等级。

2.1.4　技术要求

2.1.4.1　化学指标

通用硅酸盐水泥化学指标要求见表 2-2。

表 2-2　通用硅酸盐水泥化学指标要求　　　　　　　单位：%

品种	代号	不熔物（质量分数）	烧失量（质量分数）	三氧化硫（质量分数）	氧化镁（质量分数）	氯离子（质量分数）
硅酸盐水泥	P·Ⅰ	≤0.75	≤3.0	≤3.5	≤5.0①	
	P·Ⅱ	≤1.50	≤3.5			
普通硅酸盐水泥	P·O	—	≤5.0③			
矿渣硅酸盐水泥	P·S·A	—	—	≤4.0	≤6.0②	≤0.06③
	P·S·B	—	—			
火山灰质硅酸盐水泥	P·P	—	—	≤3.5	≤6.0②	
粉煤灰硅酸盐水泥	P·F	—	—			
复合硅酸盐水泥	P·C	—	—			

①如果水泥压蒸试验合格，则水泥中氧化镁的含量（质量分数）允许放宽至 6.0%。

②如果水泥中氧化镁的含量（质量分数）大于 6.0%时，需进行水泥压蒸安定性试验并合格。

③当有更低要求时，该指标由买卖双方协商确定。

2.1.4.2　碱含量（选择性指标）

　　水泥中碱含量按 $w(Na_2O)+0.658w(K_2O)$ 计算值表示。若使用活性骨料，用户要求提供低碱水泥时，水泥中的碱含量应不大于 0.60% 或由买卖双方协商确定。

2.1.4.3　物理指标

　　（1）凝结时间

　　① 硅酸盐水泥初凝不小于 45min，终凝不大于 390min。

　　② 普通硅酸盐水泥、矿渣硅酸盐水泥、火山灰质硅酸盐水泥、粉煤灰硅酸盐水泥和复合硅酸盐水泥初凝不小于 45min，终凝不大于 600min。

　　（2）安定性　沸煮法合格。

　　（3）强度　不同品种、不同强度等级的通用硅酸盐水泥，其各龄期的强度要求应符合表 2-3 的规定。

表 2-3　通用硅酸盐水泥各龄期的强度要求　　　　　单位：MPa

品种	强度等级	抗压强度		抗折强度	
		3d	28d	3d	28d
硅酸盐水泥	42.5	≥17.0	≥42.5	≥3.5	≥6.5
	42.5R	≥22.0		≥4.0	
	52.5	≥23.0	≥52.5	≥4.0	≥7.0
	52.5R	≥27.0		≥5.0	
	62.5	≥28.0	≥62.5	≥5.0	≥8.0
	62.5R	≥32.0		≥5.5	
普通硅酸盐水泥	42.5	≥17.0	≥42.5	≥3.5	≥6.5
	42.5R	≥22.0		≥4.0	
	52.5	≥23.0	≥52.5	≥4.0	≥7.0
	52.5R	≥27.0		≥5.0	
矿渣硅酸盐水泥 火山灰质硅酸盐水泥 粉煤灰硅酸盐水泥	32.5	≥10.0	≥32.5	≥2.5	≥5.5
	32.5R	≥15.0		≥3.5	
	42.5	≥15.0	≥42.5	≥3.5	≥6.5
	42.5R	≥19.0		≥4.0	
	52.5	≥21.0	≥52.5	≥4.0	≥7.0
	52.5R	≥23.0		≥4.5	
复合硅酸盐水泥	32.5R	≥15.0	≥32.5	≥3.5	≥5.5
	42.5	≥15.0	≥42.5	≥3.5	≥6.5
	42.5R	≥19.0		≥4.0	
	52.5	≥21.0	≥52.5	≥4.0	≥7.0
	52.5R	≥23.0		≥4.5	

　　（4）细度（选择性指标）　硅酸盐水泥和普通硅酸盐水泥以比表面积表示，不小于 $300m^2/kg$；矿渣硅酸盐水泥、火山灰质硅酸盐水泥、粉煤灰硅酸盐水泥和复合硅酸盐水泥以筛余表示，$80\mu m$ 方孔筛筛余不大于 10% 或 $45\mu m$ 方孔筛筛余不大于 30%。

2.1.5　试验方法

（1）组分　由生产者选择最适宜的方法或按 GB/T 12960 标准进行。在正常生产情况下，生产者应至少每月对水泥组分进行校核，年平均值应符合通用水泥标准的规定，单一结果最大偏差为±2%。

为了保证组分测定结果的准确性，生产者应采用适当的生产程序和适宜的验证方法对所选试验方法的可靠性进行验证，并将验证的方法形成企业标准。

（2）不溶物、烧失量、氧化镁、三氧化硫和碱含量　按 GB/T 176《水泥化学分析方法》进行。

（3）氯离子　按 GB/T 176《水泥原料中氯的化学分析方法》进行。

（4）凝结时间和安定性　按 GB/T 1346《水泥标准稠度用水量、凝结时间、安定性检验》方法进行。

（5）强度　按 GB/T 17671《水泥胶砂强度检验方法（ISO 法）》进行。但掺火山灰混合材料的普通硅酸盐水泥、火山灰质硅酸盐水泥、粉煤灰硅酸盐水泥和复合硅酸盐水泥在进行胶砂强度检验时，其用水量按 0.50 水灰比和胶砂流动度不小于 180mm 来确定。当流动度小于 180mm 时，必须以 0.01 的整倍数递增的方法将水灰比调整至胶砂流动度不小于 180mm。

胶砂流动度试验按 GB/T 2419《水泥胶砂流动度测定》方法进行，其中胶砂制备按 GB/T 17671 进行。

（6）比表面积　按 GB/T 8074《水泥比表面积测定方法（勃氏法）》进行。

（7）细度　按 GB/T 1345《水泥细度检验方法（筛析法）》进行。

2.1.6　判定规则

化学要求、物理要求中任何一项不符合标准技术要求时，判为不合格品；水泥包装标志中水泥名称、强度等级、生产者名称和出厂编号不全时，判为包装不合格。只有各项技术指标检验合格或者水泥强度等级按规定龄期确认合格后方可出厂，每批水泥出厂时应附有质量保证书。

2.2　通用硅酸盐水泥生产工艺

2.2.1　生产过程

通用硅酸盐水泥的生产过程可分为三个阶段：钙质原料、硅铝质原料与铁质原料经破碎后，按一定比例配合、磨细，并配合为成分合适、质量均匀的生料，称为生料的制备；生料在水泥窑内煅烧至部分熔融，得到以硅酸钙为主要成分的硅酸盐水泥熟料，称为熟料燃烧；熟料加适量石膏，有时还加适量混合材料或外加剂共同磨细为水泥，称为水泥制成。这三个阶段可概括为"两磨一烧"。

2.2.2　生产方法

通用硅酸盐水泥的生产方法主要根据生料制备方法和熟料煅烧窑型来划分，但通常以熟料煅烧窑型为主。综合考虑熟料煅烧窑型和生料制备方法，通用硅酸盐水泥的主要生产方法见表 2-4。目前，通用硅酸盐水泥的生产主要采用带悬浮预热器和分解炉的干法回转窑-预分解窑，因而本书主要对该方法加以介绍。

表 2-4　通用硅酸盐水泥的主要生产方法

窑型	生料制备	附属设备
回转窑	湿法	湿法长窑:内部热交换装置,如链条、格子式交换器等
		湿法窑:外部热交换装置,如料浆蒸发机、压滤机、料浆干燥机等
	干法	干法长窑:中空或带格子式热交换器
		干法窑:带余热锅炉或悬浮预热器
回转窑	干法	半干法窑:带炉算子加热机
		预分解窑:带悬浮预热器和分解炉
立窑	半干法	普通立窑:人工加料和卸料
		机械化立窑:连续机械化加料和卸料

2.2.3　预分解窑生产工艺概述

如图 2-1 所示为某预分解窑水泥生产线的生产流程,其生产过程如下。

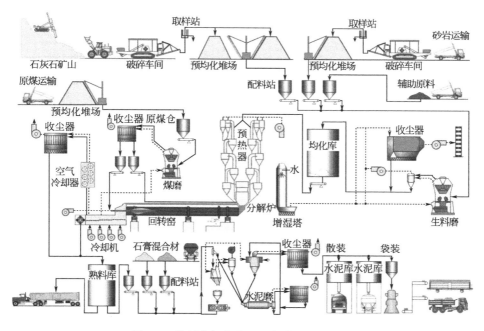

图 2-1　某预分解窑水泥生产线的生产流程

（1）生料制备　来自矿山的石灰石由自卸卡车运至工厂,经破碎后由皮带输送机送入石灰石预均化堆场;硅铝质原料和其他辅助原料经破碎后由皮带输送机送入辅助原料预均化堆场。预均化后的各种原料被分别送至配料站各自的储库,经配料计量后,喂入原料磨进行烘干和粉磨。烘干磨所用热气体由悬浮预热器排出的废气供给。出磨生料经收尘器收集后被送至生料均化库进行储存和均化。

（2）熟料煅烧　均化后的生料从库底卸出,经计量后被送至窑尾悬浮预热器;预热后的生料再进入分解炉,使其中的碳酸盐发生分解;预热和分解后的物料进入回转窑,在高温下煅烧成熟料;最后,出窑熟料经冷却后被送至熟料库。

回转窑和分解炉所用煤粉来自煤磨,其制备过程与生料类似。

（3）水泥制成　熟料、混合材料和破碎后的石膏经计量后,送至水泥粉磨系统进行粉磨。粉磨后的水泥在水泥库中存放一段时间后，一部分经包装机包装为袋装水泥，经火车或汽车运输出厂；另一部分由散装专用车散装出厂。

不同规模和厂家预分解窑水泥生产线的工艺流程与之类似，所不同的主要是生产过程中的某些工序和设备不同。

思 考 题

1. 简述通用硅酸盐水泥的定义及其分类。
2. 简述硅酸盐水泥熟料的定义。
3. 对通用硅酸酸盐水泥的技术要求有哪些？
4. 以预分解窑为例，简述通用硅酸盐水泥的生产过程。

第3章　硅酸盐水泥熟料的组成

水泥的质量主要取决于熟料的质量。优质熟料应该具有合适的矿物组成和岩相结构。因此，控制熟料的化学成分是水泥生产的关键环节之一。

硅酸盐水泥熟料主要由氧化钙（CaO）、二氧化硅（SiO_2）、氧化铝（Al_2O_3）、氧化铁（Fe_2O_3）四种氧化物组成，通常在熟料中占 94% 左右。同时，含有约 5% 的少量其他氧化物，如氧化镁（MgO）、硫酐（SO_3）、氧化钛（TiO_2）、五氧化二磷（P_2O_5）以及碱（K_2O 和 Na_2O）等。

现代生产的硅酸盐水泥熟料，各主要氧化物含量的波动范围为：CaO，62%～67%；SiO_2，20%～24%；Al_2O_3，4%～9%；Fe_2O_3，2.5%～6.0%。

当然，在某些情况下，由于水泥品种、原料成分以及工艺过程的差异，各主要氧化物的含量，也可以不在上述范围内，例如白色硅酸盐水泥熟料中 Fe_2O_3 含量必须小于 0.5%，而二氧化硅含量可高于 24%，甚至可达 27%。

3.1　熟料的矿物组成

在水泥熟料中，氧化钙、二氧化硅、氧化铝和氧化铁不是以单独的氧化物存在的，它们经高温煅烧后，以两种或两种以上的氧化物反应生成多种矿物，其结晶细小，通常为 30～60μm。因此，水泥熟料是结晶细小的多种矿物的集合体。

在硅酸盐水泥熟料中主要形成以下四种矿物。

① 硅酸三钙　$3CaO \cdot SiO_2$，可简写为 C_3S。

② 硅酸二钙　$2CaO \cdot SiO_2$，可简写为 C_2S。

③ 铝酸三钙　$3CaO \cdot Al_2O_3$，可简写为 C_3A。

④ 铁相固溶体　通常以铁铝酸四钙 $4CaO \cdot Al_2O_3 \cdot Fe_2O_3$ 作为其代表式，可简写为 C_4AF。

另外，熟料中还含有少量的游离氧化钙（f-CaO）、方镁石（结晶氧化镁）、含碱矿物以及玻璃体等。

通常，熟料中硅酸三钙和硅酸二钙的总含量占 75% 左右，合称为硅酸盐矿物；铝酸三钙和铁铝酸四钙总含量占 22% 左右。在煅烧过程，后两种矿物与氧化镁、碱等在 1250～1280℃ 开始逐渐熔融成液相，以促进硅酸三钙的顺利形成，故称为熔剂矿物。

图 3-1 表示硅酸盐水泥熟料在反光显微镜下的岩相照片：黑色多角形颗粒为 C_3S；具有黑白双晶条纹的圆形颗粒为 C_2S 结晶体；在上述两种晶体间反射能力强的为白色中间相（浅色）铁相固溶体，反射能力弱的为黑色中间相（深色）铝酸三钙。此外，还会有游离氧化钙和方镁石。

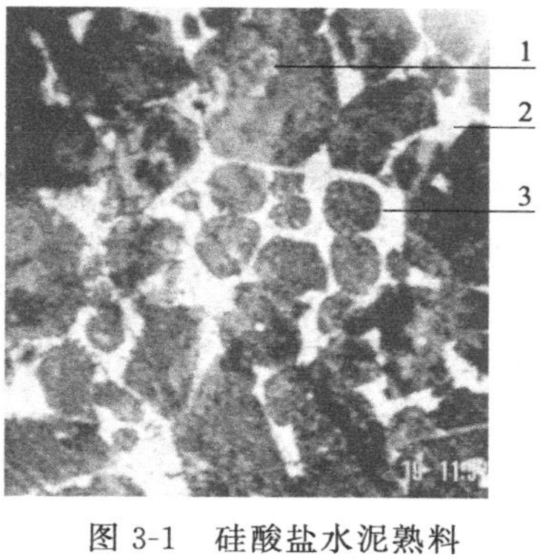

图 3-1　硅酸盐水泥熟料
在显微镜下的岩相照片
1—A 矿；2—中间相；3—B 矿

3.1.1　硅酸三钙

主要由硅酸二钙和氧化钙反应生成，是硅酸盐水泥熟料的主要矿物，其含量通常为 50%左右，有时甚至高达 60%以上。纯 C_3S 只在 1250～2065℃范围内稳定，在 2065℃以上不一致熔融的为 CaO 与液相，在 1250℃以下分解为 C_2S 和 CaO。实际上 C_3S 的分解反应进行得比较缓慢，致使纯 C_3S 在室温下可以呈介稳状态存在。

随着温度的降低，C_3S 在不同温度下的转变如下：

$$R \xrightleftharpoons{1070℃} M_{III} \xrightleftharpoons{1060℃} M_{II} \xrightleftharpoons{990℃} M_I \xrightleftharpoons{980℃} T_{III} \xrightleftharpoons{920℃} T_{II} \xrightleftharpoons{620℃} T_I$$

由以上可知，C_3S 有分属于三个晶系的七种变型；即斜方晶系的 R 型；单斜晶系的 M_I、M_{II}、M_{III}；三斜晶系的 T_I、T_{II}、T_{III}型。

在硅酸盐水泥熟料中，硅酸三钙并不以纯的形式存在，总含有少量其他氧化物，如氧化镁、氧化铝等形成固溶体，称为阿利特（Alite）或 A 矿，其晶系为三方晶系、单斜晶系和三斜晶系。阿利特的组成，由于其他氧化物的含量及其在硅酸三钙中固溶程度的不同而变化较大，但其成分仍然接近于纯硅酸三钙。几种阿利特的组成范围为 CaO，70.90%～73.10%；SiO_2，24.90%～25.30%；Al_2O_3，0.70%～2.47%；MgO，0.3%～0.98%；TiO_2，0.2%～0.4%；Fe_2O_3，0.4%～1.6%；K_2O，0.20%左右；Na_2O，0.1%左右；P_2O_5，0.1%左右。

在常温下，纯 C_3S 通常只能保留三斜晶系（T 型），如含有少量 MgO、Al_2O_3、SO_3、ZnO、Fe_2O_3、R_2O 等稳定剂形成固溶体，便可保留 M 型或 R 型。由于熟料中的硅酸三钙总含有 MgO、Al_2O_3、Fe_2O_3、ZnO、R_2O 等氧化物，故阿利特通常为 M 型或 R 型。

纯 C_3S 的晶体断面为六角形和棱柱形。单斜晶体的阿利特单晶为假六方片状或板状。阿利特在偏光显微镜下观察为透明无色，二轴晶，负光性，折光率为 $n_g = 1.722 \pm 0.002$、$n_p = 1.717 \pm 0.002$；双折射率 $n_g - n_p = 0.005$，光轴角较小，$2V = 0° \sim 5°$。在正交偏光镜下，呈现灰色或深灰干涉色；在反光镜下，阿利特更为清楚，呈现六角形、棱柱形。

阿利特有时呈现环带结构，这也是它形成固溶体的特征，不同带的部位，其组成也不同。在阿利特中还常有硅酸二钙和氧化钙的包裹体存在。

纯硅酸三钙颜色洁白，当熟料中含有少量氧化铬（Cr_2O_3）时，阿利特呈现绿色；含有氧化钴时，随钴的价数不同，可成浅蓝色或玫瑰红色；含氧化锰时，阿利特还会带其他色泽。阿利特的密度为 3.14～3.25g/cm³。

硅酸三钙加水调和后，凝结时间正常。它水化较快，粒径为 40～45μm 的硅酸三钙颗粒加水后 28d，强度可达到它一年强度的 70%～80%。就 28d 或一年的强度来说，在四种熟料矿物中，硅酸三钙最高。

C_3S 含少量其他氧化物形成固溶体阿利特，将影响它的水化反应能力和晶型。如加 0.3%～0.5% BaO 或 P_2O_5，将增加水泥的强度，而同样数量的 SrO 却没有什么作用；另外还发现含 4% C_3A 的阿利特与水的反应比纯 C_3S 快得多。其他元素呈固溶体存在时，也会改变 C_3S 的晶型；由于固溶体在晶格中产生的变位、应变和扭曲，一般会增加其水化反应能力。

此外，阿利特晶体尺寸和发育程度会影响其反应能力：当烧成温度高时，阿利特晶型完整，晶体尺寸适中，几何轴比大（晶体长度与宽度之比 $L/B \geqslant 2 \sim 3$），矿物分布均匀，界面清晰，熟料的强度较高。

综上所述，适当提高熟料中硅酸三钙的含量，且其岩相结构良好时，可以获得高质量的熟料。但硅酸三钙水化热较高，抗水性较差，如要求水泥的水化热低、抗水性较好时，则熟料中硅酸三钙的含量要适当低一些。

熟料形成时，硅酸三钙是四种矿物中最后生成的。通常在高温下，氧化钙和氧化硅首先反应生成硅酸二钙，然后，氧化钙和硅酸二钙反应生成硅酸三钙，其反应式如下。

$$2CaO + SiO_2 \longrightarrow 2CaO \cdot SiO_2$$

$$2CaO \cdot SiO_2 + CaO \longrightarrow 3CaO \cdot SiO_2$$

如无液相存在，在 CaO-SiO$_2$ 二元系统中，以固相反应合成 C$_3$S 时，在 1800℃下只需几分钟就能迅速形成；在 1650℃下加热 1h，C$_3$S 基本形成，游离氧化钙在 1% 左右；1450℃下加热 1h，只有少量 C$_3$S 形成。但若有足够的溶剂（液相）存在时，于 1250～1450℃下，就可使 C$_2$S 在液相中吸收 CaO，比较迅速地形成 C$_3$S。为此，熟料中 C$_3$S 含量过高时，会给煅烧带来困难，往往使熟料中游离氧化钙含量增高，反而降低水泥强度，甚至影响水泥的安定性。

3.1.2　硅酸二钙

硅酸二钙由氧化钙与氧化硅反应生成。在熟料中的含量一般为 20% 左右，是硅酸盐水泥熟料的主要矿物之一。纯硅酸二钙在 1450℃以下，会进行多晶转变，如图 3-2 所示。

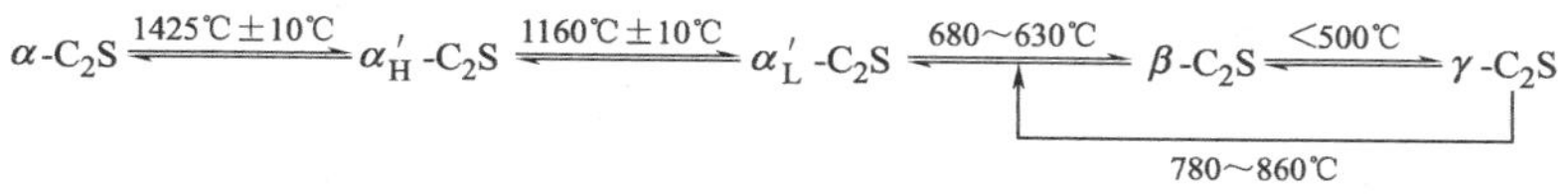

$$\alpha\text{-}C_2S \underset{1425℃\pm10℃}{\overset{}{\rightleftharpoons}} \alpha'_H\text{-}C_2S \underset{1160℃\pm10℃}{\overset{}{\rightleftharpoons}} \alpha'_L\text{-}C_2S \underset{680\sim630℃}{\overset{}{\rightleftharpoons}} \beta\text{-}C_2S \underset{<500℃}{\overset{}{\rightleftharpoons}} \gamma\text{-}C_2S$$

780～860℃

图 3-2　硅酸二钙的多晶转变

在室温下，有水硬性的 α、α$'_H$、α$'_L$、β 型纯硅酸二钙的几种变型都是不稳定的，有趋势要转变为水硬性微弱的 γ 型。由于在硅酸盐水泥熟料中含有少量的氧化铝、氧化铁、氧化镁、氧化钾、氧化钛、氧化磷等，使硅酸二钙也形成固溶体。根据硅酸二钙固溶体中固溶的氧化物的种类与数量以及冷却开始的温度与速率，可以保留不同的高温变型。α 型由于生成温度较高，且主要稳定剂氧化钠大多与铝酸三钙形成固溶体；稳定 α′ 型的氧化钾等数量也不多，且 α′ 和 β 型结构比较相似，它们之间的转变较易，因而在熟料中 α 与 α′ 型硅酸二钙较少存在。而 β 和 γ 型的转变，结构变化较大。虽然 β 型硅酸二钙也是不稳定的，但在烧成温度较高、冷却较快且固溶有少量氧化物的硅酸盐水泥熟料中，通常保留 β 型。此硅酸二钙称为贝利特（Belit），简称 B 矿。

除了稳定剂的影响以外，当硅酸二钙含量过多时，冷却较慢，还原气氛严重，硅酸二钙在低于 500℃ 的温度下，容易由密度为 3.2g/cm³ 的 β 型转变成密度为 2.97g/cm³ 的 γ 型，体积膨胀 10%，从而导致熟料粉化。但液相较多时，可使熔剂矿物形成玻璃体，将 β 型硅酸二钙晶体包住，在迅速冷却的条件下，使其越过 β→γ 的转变温度而保留住 β 型。熟料的粉化产物主要为不同比例的 β 和 γ 型硅酸二钙的混合物。当 C$_2$S 大部分转化为 γ 型时，其强度较低。

贝利特为单斜晶系，呈棱柱状或板状。但在硅酸盐水泥熟料中，却常呈圆粒状，也可见其他不规则形状。这是由于熟料在煅烧过程，固相反应生成了贝利特，此后贝利特的边棱熔进液相，在液相中吸收氧化钙反应生成阿利特。在烧成反应基本结束后，尚未溶进液相的贝利特以他形存在，故多为圆粒状。当慢冷时，溶入液相中过多的贝利特，在降温过程中会析晶出来，此时有可能以自形产生，故熟料中有时也会出现其他形状的贝利特。

在偏光镜下，纯硅酸二钙为无色，当含有氧化铁时呈棕黄色；二轴晶，正光性，光轴角由中到大，折射率 $n_g=1.735$、$n_m=1.726$、$n_p=1.717$，双折射率较阿利特强，$n_g-n_p=0.018$，干涉色一般为黄色。

在反光镜下，工艺条件正常的熟料中贝利特有交叉双晶纹；在烧成温度低且冷却缓慢的熟料中，常发现有平行双晶。

纯硅酸二钙颜色洁白，当含有某些离子时，也可呈不同颜色。

贝利特水化较慢，至 28d 龄期仅水化 20% 左右；凝结硬化缓慢，早期强度较低；但 28d 以后，强度仍能较快增长，在 1 年以后，可以达到阿利特的强度。

贝利特水化热较小，抗水性较好，因而对大体积工程或处于侵蚀性大的工程用水泥，适当提高贝利特含量，降低阿利特含量是有利的。

3.1.3 中间相

填充在阿利特、贝利特之间的铝酸盐、铁铝酸盐、组成不定的玻璃体和含碱化合物等统称为中间相。游离氧化钙、方镁石虽然有时会呈包裹体形式存在于阿利特、贝利特中，但通常分布在中间相里。熟料煅烧过程中，生成一定量的液相；冷却时，部分液相结晶，部分液相来不及结晶而凝结成玻璃体，它填充于阿利特、贝利特晶体矿物中间，即为中间相。

3.1.3.1 铝酸钙

熟料中的铝酸钙主要是铝酸三钙（C_3A），有时还可能含有七铝酸十二钙（$C_{12}A_7$）。纯铝酸三钙属等轴晶系。铝酸三钙中也固溶部分其他氧化物。电子探针测定发现，铝酸三钙中大约固溶有：SiO_2，2.1%～4.0%；Fe_2O_3，4.4%～6.0%；MgO，0.4%～1.0%；K_2O，0.4%～1.1%；Na_2O，0.3%～1.7%；TiO_2，0.1%～0.6% 等。

现已发现在少量氧化物如 Na_2O 等存在的条件下，铝酸三钙有立方、斜方、四方、假四方以及单斜五种多晶形态。硅酸盐水泥熟料中 C_3A 相的晶型则随原材料的化学组成、熟料形成和熟料的冷却工艺而异。C_3A 可以是立方或斜方晶系。在工业生产的熟料中，几乎没有单斜晶系。通常在氧化铝含量高的慢冷熟料中，结晶出较完整的大晶体，一般则溶入玻璃相或呈不规则的微晶体析出。

在偏光镜下，纯铝酸三钙无色透明，折射率 $n=1.710$，密度为 $3.04g/cm^3$。在反光镜下，快冷呈点滴状，慢冷呈矩形或柱状。由于它的反光能力弱，呈暗灰色，一般称为黑色中间相。

铝酸三钙水化迅速，水化热高，凝结很快，如不加石膏等缓凝剂，易使水泥急凝。铝酸三钙硬化也很快，它的强度 3 天内就大部分发挥出来，故早期强度较高，但绝对值不高，以后几乎不再增长，甚至倒缩。铝酸三钙的干缩变形大，水化热高，抗硫酸盐性能差。当制造抗硫酸盐水泥或大体积工程用水泥时，铝酸三钙含量应控制在较低范围内。

3.1.3.2 铁相固溶体

熟料中含铁相比较复杂，其化学组成为一系列连续固溶体，通常称为铁相固溶体。有人认为是 C_8A_3F-C_2F 系列固溶体；也有人认为是 C_6A_2F-C_6AF_2 之间的系列固溶体。在一般硅酸盐水泥熟料中，其成分接近于铁铝酸四钙（C_4AF），所以常用 C_4AF 来代表熟料中的铁相固溶体。实际上，其具体组成随该相的 Al_2O_3/Fe_2O_3 比而有差异，如可能含有 C_6A_2F 或 C_6AF_2。当 IM<0.64 时，则生成 C_4AF 和 C_2F 的固溶体。

铁铝酸四钙又称才利特（Celite）或 C 矿，属斜方晶系，常呈棱柱状和圆粒状晶体。密度为 $3.77g/cm^3$。

在偏光镜下，具有从浅褐到深褐的多色性，二轴晶，负光性，光轴角中等，折射率

$n_g(Li) = 2.04$、$n_m(Li) = 2.01$、$n_p(Li) = 1.96$，双折射率 $n_g - n_p = 0.08$。在反光镜下由于反射能力强，呈亮白色，故通常称为白色中间相。

铁铝酸四钙的水化速率在早期介于铝酸三钙与硅酸三钙之间，但随后的发展不如硅酸三钙。它的早期强度类似于铝酸三钙，而后期还能不断增长，类似于硅酸二钙。才利特的抗冲击性能和抗硫酸盐性能好，水化热较铝酸三钙低。在制造抗硫酸盐水泥或大体积工程用水泥时，适当提高才利特的含量是有利的。

铁相的水化速率和水化产物性质取决于相的 Al_2O_3/Fe_2O_3 比。试验发现 C_6A_2F 水化快，早期强度高，但后期强度增长慢；C_6AF_2 水化比较慢，凝结也慢：C_4AF 水化较 C_6AF_2 快；C_2F 水化最慢，有一定的水硬性。

3.1.3.3　玻璃体

在硅酸盐水泥熟料煅烧过程中，熔融液相如能在平衡条件下冷却，则可全部结晶析出而不存在玻璃体。但在工厂中，熟料通常冷却较快，有部分液相来不及结晶就成为玻璃体。玻璃体的主要成分为 Al_2O_3、Fe_2O_3、CaO，也有少量的 MgO 和碱（K_2O 和 Na_2O）等。含碱化合物有硫酸碱等。

铁铝酸四钙和铝酸三钙在煅烧过程中熔融成液相，可以促进硅酸三钙的顺利形成，这是它们的一个重要作用。如果物料中熔剂矿物过少，易生烧，氧化钙不易被吸收完全。导致熟料中游离氧化钙增加，影响熟料质量，降低窑的产量，增加燃料消耗。如果熔剂矿物过多，在回转窑内易结大块，甚至结圈等。液相的黏度，随 C_3A/C_4AF 比而增减。铁铝酸四钙多，液相黏度低，有利于液相中离子的扩散，促进硅酸三钙的形成；但铁铝酸四钙过多，烧结范围变窄，不利于窑的操作。

由于硅酸盐水泥熟料是多矿物集合体，因此熟料的强度主要取决于四个单矿物的强度。但并不是四种单矿物强度简单的加和，有的矿物相互之间有一定的促进作用。

3.1.4　游离氧化钙和方镁石

3.1.4.1　游离氧化钙

当配料不当，生料过粗或煅烧不良时，熟料中就会出现没有被吸收的以游离状态存在的氧化钙，称为游离氧化钙，又称游离石灰（free lime 或 f-CaO）。它在偏光镜下为无色圆形颗粒，有明显解理，有时有反常干涉色。在反光镜下用蒸馏水浸湿后呈彩虹色，很易识别。

熟料中 f-CaO 的产生条件不同，形态也不同，其对水泥的质量影响也不一样。

① 欠烧 f-CaO　欠烧 f-CaO 是指熟料煅烧过程中因欠烧、漏生，即在 1100～1200℃ 的低温下形成的 CaO。这种欠烧 f-CaO 主要存在于黄粉、黄球以及欠烧的夹心熟料中，其结构疏松多孔，遇水反应快，对水泥安定性危害不大。用欠烧 f-CaO 含量太高的熟料制成水泥时，其强度将大大降低。

② 一次 f-CaO　当配料不当、生料过粗或煅烧不良时，熟料中出现的没有与 SiO_2、Al_2O_3 和 Fe_2O_3 完全反应而残留的氧化钙，称为一次 f-CaO。这种 f-CaO 经过高温煅烧而呈"死烧状态"，水化很慢，通常要在加水 3d 以后反应才比较明显。游离氧化钙水化生成氢氧化钙时，体积膨胀 97.9%，在硬化水泥石内部造成局部膨胀应力。因此，随着游离氧化钙含量的增加，首先是抗拉、抗折强度的降低，进而 3d 以后强度倒缩，严重时甚至引起安定性不良，使水泥制品变形或开裂，导致水泥浆体的破坏。为此，应严格控制一次 f-CaO 的含量。

③ 二次 f-CaO　二次 f-CaO 是指熟料慢冷或在还原气氛下，由结构不稳定的 C_3S 分解

而形成的氧化钙，以及熟料矿物 C_3S、C_2S 和 C_3A 中的钙被碱取代所形成的氧化钙。这部分游离氧化钙分散在熟料矿物中，水化较慢对水泥强度有一定的影响，但不影响安定性。

在实际生产中，通常所指的游离氧化钙主要是指"死烧状态"下的一次 f-CaO。一般回转窑熟料应控制在 1.5% 以下。

3.1.4.2 方镁石

方镁石是游离状态的氧化镁晶体。熟料煅烧时，一部分氧化镁可和熟料矿物结合成固溶体以及溶于液相中。因此，当熟料含有少量氧化镁时，能降低熟料液相生成温度，增加液相数量，降低液相黏度，有利于熟料的形成，还能改善熟料色泽。在硅酸盐水泥熟料中，氧化镁的固溶总量可达约 2%，多余的氧化镁即结晶出来形成游离状态的方镁石。

方镁石属等轴晶系的立方体或八面体，集合体呈粒状，硬度 5.5～6.0，密度 3.56～3.65g/cm³，折射率 1.736。在偏光镜下，一般很难看到。在反光镜下呈多角形，一般为粉红色，并有黑边。方镁石结晶大小随冷却速率不同而变化，快冷时结晶细小。方镁石的水化比游离氧化钙更为缓慢，要几个月甚至几年才明显起来。水化生成氢氧化镁时，体积膨胀148%，也会导致安定性不良。方镁石膨胀的严重程度与其含量、晶体尺寸等都有关系。粒径小于 1μm 的方镁石晶体含量为 5% 时，只轻微膨胀；但 5～7μm 的方镁石晶体含量为 3% 时，就会严重膨胀。为此，国家标准规定硅酸盐水泥中氧化镁含量应小于 5%。但如水泥经压蒸安定性试验合格，水泥中氧化镁的含量可允许达 6%。

综上所述，从硅酸盐水泥熟料的化学组成看，其氧化钙的低限大约为 62%。过低的氧化钙含量，使得 C_3S 减少，C_2S 增加，从而降低水泥胶凝性，如果煅烧和冷却不好，熟料易于粉化。氧化钙的高限可达 67%，此时要求几乎全部的酸性氧化物（SiO_2、Al_2O_3 和 Fe_2O_3）与石灰反应生成铝酸三钙、铁铝酸四钙和硅酸三钙（几乎没有硅酸二钙）。当氧化钙含量较高，且煅烧情况良好，可提高熟料中 C_3S 含量，从而提高水泥强度。但是，这种熟料难烧，易使游离氧化钙偏高，影响水泥安定性。当熟料中氧化钙一定时，氧化硅含量越高，同样使 C_2S 含量增加而 C_3S 含量越少，甚至影响熟料质量。同时，氧化硅含量增加，则氧化铝和氧化铁的含量减少；由于要求较高的煅烧温度，因而增加煅烧费用，不经济。若氧化硅含量过低，则硅酸盐矿物相应减少，水泥强度不高。同时，熔剂矿物过多，回转窑内易结大块、结圈。氧化铝含量太高时，液相黏度太大，不利于熟料的形成；同时，此种熟料水化时，凝结时间往往太短而难以控制；当铝酸三钙含量大约高于 15% 时，有时加石膏也不足以控制规定的凝结时间。铁铝酸四钙不像铝酸三钙那样引起急凝，故有时氧化铁多一些是允许的。当然，氧化铁过多，易使窑内结大块，甚至结圈，操作不易控制。

3.2 熟料的率值

水泥熟料是一种多矿物集合体，而这些矿物又是由四种主要氧化物化合而成。因此，在生产控制中，需要控制熟料中各氧化物之间的比例即率值。这样，可以比较方便地表示化学成分和矿物组成之间的关系，明确地表示对水泥熟料的性能和煅烧的影响。因此，在生产中，用率值作为生产控制的一种指标。

3.2.1 水硬率

1868 年，德国人米夏埃利斯首先提出了将水硬率（hydraulic modulus）作为控制熟料适宜石灰含量的一个系数。它是熟料中氧化钙与酸性氧化物之和的比值（质量分数），以 HM 或 m 表示。其计算式如下：

$$HM(m) = \frac{CaO}{SiO_2 + Al_2O_3 + Fe_2O_3} \tag{3-1}$$

式中　CaO，SiO$_2$，Al$_2$O$_3$，Fe$_2$O$_3$——熟料中该氧化物的含量（质量分数），%。

通常水硬率波动在 1.8～2.4 之间。上式假定各酸性氧化物所结合的氧化钙的量是相同的，实际上各酸性氧化物比例变动时，虽总和不变，但所需氧化钙的量并不相同。因此，水硬率的计算虽然较简单，但只控制同样的水硬率，并不能保证熟料中有同样的矿物组成，从而对熟料的质量和煅烧产生不利的影响。只有同时控制各酸性氧化物之间的比例，才能保证熟料成分的稳定。

3.2.2　硅率和铝率

为表示熟料中酸性氧化物之间的比例关系，库尔（H. Kühl）先后提出硅率（silica modulus）又称硅酸率，以 SM 或 n 表示；铝率，又称铁率（iron modulus）或铝氧率，以 IM 或 p 表示。它们的计算式如下。

$$SM(n) = \frac{SiO_2}{Al_2O_3 + Fe_2O_3} \tag{3-2}$$

$$IM(p) = \frac{Al_2O_3}{Fe_2O_3} \tag{3-3}$$

通常，硅酸盐水泥熟料的硅率在 1.7～2.7 之间，铝率在 0.8～1.7 之间。有的品种如白色硅酸盐水泥熟料的硅酸率可高达 4.0 左右，而抗硫酸盐水泥或低热水泥的铝率可低至 0.7。

硅率是表示熟料中氧化硅含量与氧化铝、氧化铁含量之和的质量比。也表示了熟料中硅酸盐矿物与熔剂矿物含量的比例。当铝率大于 0.64 时，经推导，硅率和矿物组成之间的关系式是：

$$SM = \frac{C_3S + 1.325C_2S}{1.434C_3A + 2.046C_4AF} \tag{3-4}$$

可见，硅率随硅酸盐矿物与熔剂矿物之比而增减。如果熟料中硅率过高，则煅烧时由于液相量显著减少，熟料煅烧困难；特别是当氧化钙含量低而氧化硅含量较高，即硅酸二钙含量多时，熟料易于粉化。硅率过低，则熟料中硅酸盐矿物太少而影响水泥强度，且由于液相过多，易出现结大块、结炉瘤、结圈等，影响窑的操作。

铝率是表示熟料中氧化铝和氧化铁含量的质量比，也表示熟料熔剂矿物中铝酸三钙与铁铝酸四钙的比例。当铝率大于 0.64 时，铝率和矿物组成之间的关系式是：

$$IM = \frac{1.15C_3A}{C_4AF} + 0.64 \tag{3-5}$$

可见，铝率随 C$_3$A/C$_4$AF 变化比而增减。铝率的高低，在一定程度上反映了水泥煅烧过程中高温液相的黏度。铝率高，熟料中铝酸三钙多，相应的铁铝酸四钙就较少，则液相黏度大，物料难烧；铝率过低，虽然液相黏度较小，液相中质点易于扩散，对硅酸三钙形成有利，但烧结范围变窄，窑内易结大块，也不利于窑的操作。

3.2.3　石灰饱和系数

有些国家采用 HM、SM、IM 三个率值控制熟料成分，结果也还满意。但不少学者认为水硬率的意义不够明确，因而在 19 世纪末、20 世纪初，各国学者提出石灰最大限量，作为原料配料公式的依据。所谓石灰最大限量是假定熟料中主要酸性氧化物理论上反应生成熟料矿物所需的石灰最高含量。由于当时对所形成的熟料矿物了解得并不完全，加上考虑煅烧时的各种条件，各学者提出的石灰最大限量的计算式也不一致。现选择常见的两种公式 LSF、KH 来加以说明。

李（F. M. Lea）和派克（T. W. Parker）根据对 CaO-SiO_2-Al_2O_3-Fe_2O_3 四元相图的研究，提出在硅酸盐水泥熟料中，虽可形成硅酸三钙、铝酸三钙和铁铝酸四钙，但不应直接按这些矿物成分确定它的石灰最大允许含量。由于熟料在实际冷却过程中不可能达到平衡冷却，这就可能析出游离氧化钙，因此有必要控制石灰含量于较低的数值。李和派克从理论上计算出 CaO-C_2S-$C_{12}A_7$-C_4AF 四元系统中石灰的最大含量为：

$$CaO = 2.8SiO_2 + 1.18Al_2O_3 + 0.65Fe_2O_3 \tag{3-6}$$

熟料中石灰实际含量与此最大含量之比，即李和派克的石灰饱和系数 LSF（Lime Saturation Factor）。

$$LSF = \frac{CaO}{2.8SiO_2 + 1.18Al_2O_3 + 0.65Fe_2O_3} \tag{3-7}$$

硅酸盐水泥熟料的 LSF 波动在 0.66~1.02 之间，一般在 0.85~0.95 之间。

古特曼（A. Guttmann）与杰耳（F. Gill）认为酸性氧化物形成碱性最高的矿物为硅酸三钙、铝酸三钙、铁铝酸四钙，从而提出了他们的石灰理论极限含量。为便于计算，将 C_4AF 改写为 "C_3A" 与 "CF"，令 "C_3A" 和 C_3A 相加，在 "C_3A" + C_3A 与 "CF" 中，每 1.0% 酸性氧化物所需石灰量分别如下。

每 1% Al_2O_3 形成 C_3A 所需石灰量为：

$$CaO = \frac{3 \times CaO \text{ 分子量}}{Al_2O_3 \text{ 分子量}} = \frac{3 \times 56.08}{101.96} = 1.65$$

每 1.0% Fe_2O_3 形成 "CF" 所需石灰量为：

$$CaO = \frac{CaO \text{ 分子量}}{Fe_2O_3 \text{ 分子量}} = \frac{56.08}{159.70} = 0.35$$

同时，每 1% SiO_2 形成 C_3S 所需石灰量为：

$$CaO = \frac{3 \times CaO \text{ 分子量}}{SiO_2 \text{ 分子量}} = \frac{3 \times 56.08}{60.09} = 2.8$$

由每 1% 酸性氧化物所需石灰量乘以相应酸性氧化物含量，便可得石灰理论极限含量的计算式。

$$CaO = 2.8SiO_2 + 1.65Al_2O_3 + 0.35Fe_2O_3 \tag{3-8}$$

前苏联学者金德和容克根据古特曼与杰耳的石灰理论极限含量提出了石灰饱和系数，简写为 KH。他们认为，在实际生产中，氧化铝和氧化铁始终为氧化钙所饱和，唯独 SiO_2 可能不完全被 CaO 饱和生成 C_3S，而存在一部分 C_2S，否则，熟料就会出现游离氧化钙。因此，应将 KH 放在计算式（3-8）中 SiO_2 一项之前，即：

$$CaO = KH \times 2.8SiO_2 + 1.65Al_2O_3 + 0.35Fe_2O_3$$

则：

$$KH = \frac{CaO - 1.65Al_2O_3 - 0.35Fe_2O_3}{2.8SiO_2} \tag{3-9}$$

由此可知，石灰饱和系数 KH 值为熟料中全部氧化硅生成硅酸钙（硅酸二钙和硅酸三钙）所需的氧化钙含量与全部氧化硅生成硅酸三钙所需氧化钙最大含量的比值，也即表示熟料中氧化硅被氧化钙饱和形成硅酸三钙的程度。

考虑到熟料中还有游离 CaO、游离 SiO_2 及石膏，故应将式（3-9）改写为：

$$KH = \frac{(CaO - CaO_{游}) - (1.65Al_2O_3 + 0.35Fe_2O_3 + 0.7SO_3)}{2.8(SiO_2 - SiO_{2游})} \tag{3-9a}$$

当石灰饱和系数等于 1.0 时，熟料的矿物组成是 C_3S、C_3A 和 C_4AF，而无 C_2S；当石灰饱和系数等于 0.667 时，熟料的矿物组成是 C_2S、C_3A 和 C_4AF，而无 C_3S。

式(3-9) 或式(3-9a) 适用于 IM≥0.64 的熟料，如 IM<0.64，则熟料的矿物组成为 C_3S、C_2S、C_2F 和 C_4AF，故由此导出的是一个略有不同的计算式。

为使熟料顺利形成，不致因过多的游离石灰而影响熟料质量，通常在工厂条件下，石灰饱和系数在 0.86~0.96 之间。

石灰饱和系数 KH 值与矿物组成之间的关系，可用数学式表示如下。

$$KH = \frac{C_3S + 0.8838C_2S}{C_3S + 1.3256C_2S} \tag{3-10}$$

可见，石灰饱和系数 KH 值随 C_3S/C_2S 比而增减。

我国目前最普遍采用的是石灰饱和系数 KH、硅率 SM 和铝率 IM 三个率值。

为了使熟料顺利形成，又要保证熟料的质量，保持组成的稳定，应该同时控制三个率值，并要互相配合适当，不能单独强调其中某一个率值。应根据各工厂的原燃料和设备等具体条件而定。

3.3　熟料矿物组成的计算

熟料的矿物组成可用岩相分析、X 射线分析和红外光谱分析等测定，也可根据化学成分计算。

岩相分析法是用显微镜测出单位面积中各矿物所占的百分率，然后根据各矿物的密度计算出各矿物的含量。这种方法测定结果可靠，符合实际情况，但当矿物晶体较小时，可能因重叠而产生误差。

X 射线分析则基于熟料中各矿物的特征峰强度与单矿物特征峰强度之比求得其含量。这种方法误差较小，但含量太低时则不易测准。红外光谱分析误差也较小。近年来广泛采用电子探针、X 射线光谱分析仪等对熟料矿物进行定量分析。

用化学成分计算熟料矿物的方法较多，现选择两种说明如下。

3.3.1　石灰饱和系数法

为计算方便，先列出有关物质摩尔质量的比值。

C_3S 中的 $\dfrac{M_{C_3S}}{M_{CaO}} = 4.07$；$C_2S$ 中的 $\dfrac{M_{CaO}}{M_{SiO_2}} = 1.87$；$C_4AF$ 中的 $\dfrac{M_{C_4AF}}{M_{Fe_2O_3}} = 3.04$；

C_3A 中的 $\dfrac{M_{C_3A}}{M_{Al_2O_3}} = 2.65$；$CaSO_4$ 中的 $\dfrac{M_{CaSO_4}}{M_{SO_3}} = 1.7$；$C_4AF$ 中的 $\dfrac{M_{Al_2O_3}}{M_{Fe_2O_3}} = 0.64$。

设与 SiO_2 反应的 CaO 为 C_S；与 CaO 反应的 SiO_2 为 S_C，则

$$C_S = CaO - (1.65Al_2O_3 + 0.35Fe_2O_3 + 0.7SO_3) \tag{3-11}$$

$$S_C = SiO_2 \tag{3-12}$$

通常在煅烧情况下，由于 CaO 与 SiO_2 反应先形成 C_2S，剩余的 CaO 再和部分 C_2S 反应形成 C_3S，则由该剩余的 CaO 量 $(C_S - 1.87S_C)$，可以计算出 C_3S 的含量。

$$C_3S = 4.07(C_S - 1.87S_C) = 4.07C_S - 7.6S_C \tag{3-13}$$

将式(3-11) 代入式(3-13) 中，并将 KH 值 [式(3-9)] 代入，整理后得：

$$C_3S = 4.07(2.8KH \times S_C) - 7.06S_C = 3.8(3KH - 2)SiO_2 \tag{3-13a}$$

由 $C_S + S_C = C_2S + C_3S$，可计算出 C_2S 含量：

$$C_2S = C_S + S_C - C_3S = 8.60S_C - 3.07C_S \tag{3-14}$$

将式(3-11)、式(3-9) 代入式(3-14)，整理后得：

$$C_2S = 8.60(1 - KH)SiO_2 \tag{3-14a}$$

C_4AF 含量可直接由 Fe_2O_3 算出：

$$C_4AF = 3.04Fe_2O_3 \tag{3-15}$$

C_3A 含量的计算，应先从 Al_2O_3 量中减去形成 C_4AF 所消耗的 Al_2O_3 量 $(0.64Fe_2O_3)$，用剩余的 Al_2O_3 量即可计算出 C_3A 的含量：

$$C_3A = 2.65(Al_2O_3 - 0.64Fe_2O_3) \tag{3-16}$$

$CaSO_4$ 含量可直接由 SO_3 算出：

$$CaSO_4 = 1.7SO_3 \tag{3-17}$$

3.3.2 鲍格法

鲍格法也称代数法。若以 C_3S、C_2S、C_3A、C_4AF、$CaSO_4$ 以及 CaO、SiO_2、Al_2O_3、Fe_2O_3、SO_3 分别代表熟料中各种矿物和氧化物的百分含量，则四种矿物和硫酸钙的化学成分见表 3-1。

表 3-1　四种矿物和硫酸钙的化学成分　　　　　　单位：%

氧化物	C_3S	C_2S	C_3A	C_4AF	$CaSO_4$
CaO	73.69	65.12	62.27	46.16	41.19
SiO₂	26.31	34.88	—	—	—
Al₂O₃	—	—	37.73	20.98	—
Fe₂O₃	—	—	—	32.86	—
SO₃	—	—	—	—	58.81

按表 3-1 中的数值，可列出下列方程式。

$$C = 0.7369C_3S + 0.6512C_2S + 0.6227C_3A + 0.4616C_4AF + 0.4119CaSO_4$$

$$S = 0.2631C_3S + 0.3488C_2S$$

$$A = 0.3773C_3A + 0.2098C_4AF$$

$$F = 0.3286C_4AF$$

解上述联立方程，即可得各矿物的百分含量计算式：

$$C_3S = 4.07C - 7.60S - 6.72A - 1.43F - 2.86SO_3 \tag{3-18}$$

$$C_2S = 2.87S - 0.754C_3S \tag{3-19}$$

$$C_3A = 2.65A - 1.69F \tag{3-20}$$

$$C_4AF = 3.04F \tag{3-21}$$

$$CaSO_4 = 1.7SO_3 \tag{3-22}$$

上述从化学成分计算熟料矿物组成的计算式，是假定在完全平衡条件下，且形成的矿物为纯的矿物而不是固溶体，也无别的杂质影响下得到的。但是，实际情况并非如此。不过，生产实践证明，虽然用化学成分计算矿物组成有一定误差，但所得结果基本上还能说明它对煅烧和熟料性质的影响；另外，当欲设计某一种矿物组成的熟料时，它是计算生料组成的唯一可能的方法。因此，这种方法在水泥工业中，仍得到广泛的应用。

3.3.3 熟料组成与率值的换算

熟料化学成分、矿物组成与率值是熟料组成的三种不同表示方法，它们之间可以互相换算。式(3-18)～式(3-22)是化学成分和矿物组成的换算关系式；式(3-4)、式(3-5)、式(3-9)和式(3-10)是矿物组成与率值之间的换算关系式；从式(3-2)、式(3-3)或式(3-10)还可以导出由率值计算化学成分的计算式。

$$Fe_2O_3 = \frac{\Sigma}{(2.8KH+1)(IM+1)SM+2.65IM+1.35} \tag{3-23}$$

$$Al_2O_3 = IM \times Fe_2O_3 \tag{3-24}$$

$$SiO_2 = SM(Al_2O_3 + Fe_2O_3) \tag{3-25}$$

$$CaO = \Sigma - (SiO_2 + Al_2O_3 + Fe_2O_3) \tag{3-26}$$

式中　Σ——设计熟料中 SiO_2、Al_2O_3、Fe_2O_3、CaO 四种氧化物含量的总和（根据原料成分总和估算，一般 $\Sigma \approx 97\%$）。

从上述各式可知，石灰饱和系数越高，熟料中 C_3S/C_2S 比值越高。当硅率一定时，C_3S 越多，C_2S 越少。硅率越高，硅酸盐矿物越多，熔剂矿物越少。但硅率高低尚不能决定各个矿物的含量，还应看 KH 和 IM 的高低。如硅率较低，虽石灰饱和系数高，但 C_3S 含量也不一定高；同样，如铝率高，熟料中 C_3A/C_4AF 比会高一些。但如硅率高，因总的熔剂矿物少，则 C_3A 含量也不一定高。

思　考　题

1　简述硅酸盐水泥熟料的化学组成及其波动范围。

2. 硅酸盐水泥熟料四种主要氧化物对熟料烧成和水泥质量有何影响？

3. 简述硅酸盐水泥熟料中四种主要矿物的特性。

4. 简要说明 KH、硅率和铝率的物理含义及其对水泥熟料煅烧的影响。

5. 已知某熟料的化学成分为：

SiO_2	Al_2O_3	Fe_2O_3	CaO	MgO
21.98%	6.15%	4.31%	65.80%	1.02%

计算其矿物组成（IM＞0.64）。

6. 已知熟料矿物组成为：

C_3S	C_2S	C_3A	C_4AF	f-CaO
53.30%	21.15%	9.10%	13.69%	1.20%

计算熟料的化学成分和三个率值（IM＞0.64）。

第4章 硅酸盐水泥原燃料及配料

水泥的质量主要取决于熟料的质量，煅烧优质熟料必须先制备适当成分的水泥生料。而生料的化学成分是由原料提供的。只有当原料提供的成分符合要求，加上良好的煅烧与粉磨，才能生产出优质水泥。因此，水泥原料的开采和合理使用，是水泥生产首先需要解决的问题。了解和掌握原料的品质，正确选择和合理控制原料质量，对水泥生产十分重要。

在自然界很难找到一种单一原料就能完全满足生产水泥的要求，因此需要采取几种不同的原料，根据所生产水泥的种类和性能，进行合理配料，组成配合原料，再把它粉磨至一定细度，才能制得适当成分的生料。因此生料配料是为了确定原料各组分的数量比例，以保证得到成分和质量合乎要求的水泥熟料，生料配料是水泥生产必不可少的主要环节。

4.1 原料

制造硅酸盐水泥的主要原料是钙质原料（主要提供氧化钙）和硅铝质原料（主要提供氧化硅和氧化铝，也提供部分氧化铁）。我国硅铝质原料及煤炭灰分一般含氧化铝较高，含氧化铁不足。因此，使用天然原料的水泥厂，绝大部分还需用铁质原料。即采用钙质原料、硅铝质原料和铁质原料进行配料。

随着工业生产的发展，综合利用工业渣已成为水泥工业的一项重大任务。目前，粉煤灰、硫铁矿渣、高炉矿渣等已用作水泥原料或混合材料；另外，如赤泥、油页岩渣、电石渣、钢渣、煤矸石和石煤等也正逐步加以使用。

4.1.1 钙质原料

常用的天然钙质原料有石灰岩、泥灰岩、白垩等。我国大部分水泥厂使用石灰岩。只在河南、陕西、四川等地有储量不大的白垩。

石灰岩是由碳酸钙所组成的化学与生物化学沉积岩。主要矿物是方解石，并含有白云石、石英或燧石、含铁矿物和黏土质杂质，是一种具有微晶或潜晶结构的致密岩石。纯的方解石含有 56% 的 CaO 和 44% 的 CO_2，色白。在自然界中因所含杂质不同，而呈灰白、淡黄、红褐或灰黑等颜色。石灰岩一般呈块状，无层理，常包含生物遗骸，结构致密，性脆，普氏硬度 8~10，有白色条痕，密度 2.6~2.8g/cm³，水分随气候而异，通常小于 1.0%。耐压强度随结构和孔隙而异，在 30~170MPa 之间，一般为 80~140MPa。

石灰岩中不均匀夹杂的黏土物质，如风化残积的山皮土和裂隙土，不但使石灰石成分波动大，不利于配料，而且不利于运输、破碎与储存，严重时必须剔除。

石灰石中的白云石（$CaCO_3 \cdot MgCO_3$）是熟料中氧化镁的主要来源，应控制其含量。

石灰岩中夹杂的呈结核状或透镜状的燧石（结晶二氧化硅）称为燧石结核（呈长条状的称为燧石条带，在南方各省经常见到）。燧石通常以 α-石英为主要矿物，色黑，质地坚硬，难以磨细与煅烧，影响窑、磨产量与熟料质量。应控制燧石和石英的含量。

经过地质变质作用，重结晶的大理石（方解石）结构致密，方解石结晶完整、粗大，晶粒往往达 100μm 以上，虽然化学成分较纯，碳酸钙含量很高，但难以煅烧。

由此可知，当石灰石中含有燧石、石英或方解石时，生料应尽可能磨得细一些。

　　泥灰岩是由碳酸钙和黏土物质同时沉积所形成的均匀混合的沉积岩。它是一种由石灰岩向黏土过渡的岩石。泥灰岩中氧化钙含量超过 45%，若以石灰饱和系数衡量，当大于 0.95 时，称为高钙泥灰岩，用它作原料时，应加硅铝质原料配合；若氧化钙含量小于 43.5%，石灰饱和系数低于 0.8 时，称为低钙泥灰岩，通常应与石灰石搭配使用。若氧化钙含量为 43.5%～45%，其各率值也和熟料相近，则称天然水泥岩，但自然界很少。泥灰岩硬度低于石灰岩，黏土物质含量越高，硬度越低，其颜色取决于黏土物质，从黄色到灰黑色，耐压强度通常小于 100MPa。泥灰岩是一种极好的水泥原料，因它含有的石灰岩和黏土混合均匀，易于煅烧，有利于提高窑的产量，降低燃料消耗。

　　白垩是由海生生物外壳与贝壳堆积而成，主要是由隐晶或无定形细粒、疏松的碳酸钙所组成的石灰岩。我国白垩土一般在黄土层下，土层较薄，故埋藏量不大。白垩以色白、发亮的为最纯，碳酸钙含量可达 90% 以上。白垩易于粉磨和煅烧，是优质的钙质原料。

　　除天然钙质原料外，电石渣、糖滤泥、碱渣、白泥等也可作为钙质原料使用，但应注意其中杂质的影响。

4.1.2　硅铝质原料

　　水泥工业用天然硅铝质原料主要有黄土、黏土、页岩、砂岩、低品位铝矾土和河泥等。

　　黄土与黏土都由花岗岩、玄武岩等经风化分解后，再经搬运和沉积形成，随风化程度不同，所形成的矿物也各异。其黏粒（小于 $5\mu m$）含量随风化程度而增长。

　　黄土主要分布在华北与西北地区。黄土中的黏土矿物以伊利石为主，还有蒙脱石、石英、长石、白云母、方解石、石膏等矿物。黄土化学成分以氧化硅、氧化铝为主，硅率在 3.5～4.0 之间，铝率在 2.3～2.8 之间，密度为 2.6～2.7g/cm³。碱主要由白云母、长石带入，含量为 3.5%～4.5%。

　　黏土又分为华北、西北地区的红土，东北地区的黑土与棕壤，南方地区的红壤与黄壤。红土中氧化硅含量较低，氧化铝与氧化铁含量较高，硅率较低，约为 1.6～2.6，铝率为 2～5。黑土与棕壤中的黏土矿物主要是水云母与蒙脱石，还有细分散的石英以及长石、方解石、云母等矿物，黑土的碱含量在 4%～5% 以下，棕壤含量在 3.5% 以下；它们的氧化硅含量较高，硅率为 2.7～3.1，铝率为 2.6～2.9。红壤与黄壤中的黏土矿物主要是高岭石，其次是伊利石、蒙脱石、三水铝矿等，还有石英、长石、赤铁矿等矿物。它含碱量低，硅率为 2.5～3.3，铝率为 2～3。

　　黏土中一般均含有碱，由云母、长石等风化、伴生、夹杂而带入。当原料中碱含量过高时，对窑的操作和熟料质量都会带来不利的影响。当生产低碱水泥，或采用预分解窑生产硅酸盐水泥时，应限制黏土中的碱含量或采取必要的措施。

　　页岩是黏土受地壳压力胶结而成的黏土岩，层理明显，颜色不定，一般为灰色、褐色或黑色。其化学成分与黏土类似。主要矿物为石英、长石、云母、方解石以及其他岩石碎屑。页岩硅率较低，一般为 2.1～2.8。页岩颜色不定，一般为灰黄色、灰绿色、黑色及紫红色等，结构致密坚实，层理发育通常呈页状或薄片状，抗压强度为 10～60MPa，合碱量为 2%～4%。

　　砂岩由海相或陆相沉积而成，主要矿物是石英，其次是长石。砂岩胶结物质主要有黏土质、石灰质、硅质和铁质等。粉砂岩是由直径为 0.01～0.1mm 的粉砂经长期胶结变硬后的碎屑沉积岩，其主要矿物是石英、长石、黏土等，颜色呈淡黄色、淡红色、淡棕色、紫红色等；质地取决于胶结程度，一般疏松，但也有较坚硬的。粉砂岩的硅率一般大于 3.0，铝率约 2.4～3.0，含碱量 2%～4%。对于砂岩类原料，一般要求其氧化硅含量不超过 90%，否则难以粉磨和煅烧。

铝矾土的主要成分是氧化铝，并含有黏土质、石英石、碳酸盐和氧化铁等杂质，其主要矿物为波美石和水铝土。生产通用硅酸盐水泥时，一般采用低品位铝矾土。河泥和湖泥类原料由于河流的搬运作用和泥沙淤积，成分稳定，颗粒级配均匀，成本低，且不占农田。除天然硅铝质原料外，赤泥、城市污泥、油页岩渣、矿石开采尾矿、煤矸石、粉煤灰和炉渣等也可作为硅铝质原料。其中，后三者的氧化铝含量较高。

实验表明：氧化钙在二氧化硅晶格中的扩散速率比二氧化硅在氧化钙晶格中高 3～4 倍，因此二氧化硅相往往是生料活性的决定性因素。马卡切夫 （M. D. Makashev） 认为，不同类型二氧化硅的活性按如下次序增高：石英＜玉髓＜蛋白石＜α-方石英＜α-鳞石英＜长石中的 SiO_2＜云母和角闪石中的 SiO_2＜黏土矿物中的 SiO_2＜玻璃质矿渣中的 SiO_2。

4.1.3　铁质原料

常用的铁质原料有硫酸渣、铜矿渣和低品位铁矿石等。铅矿渣或铜矿渣不仅可代替铁粉，而且其中所含氧化亚铁能降低烧成温度和液相黏度，起到矿化剂作用。

4.1.4　原料的质量要求

为了充分合理地利用资源，国家不再对原料的质量作统一的要求，而是由各工厂根据实际情况自己确定。因此，只要通过各种原材料的搭配能够满足工艺配方的要求，没有必要拘泥于原料的某些质量指标。

4.2　燃料

燃料按其物理状态的不同可分为固体燃料、液体燃料和气体燃料。我国煅烧水泥熟料主要采用煤。影响煤使用性能的主要因素有发热量、挥发分和灰分等。

在煅烧条件相同的情况下，较高热值的煤有利于强化煅烧。

煤燃烧时，挥发分低的煤不易着火，火焰短，高温集中；挥发分高的煤着火快，火焰长。我国预分解窑过去大多使用的是挥发分较高的烟煤，但近年随着科技进步，不少水泥回转窑已成功地全部或部分使用无烟煤。

煤的灰分不仅影响其发热量，还影响熟料的化学成分，从而影响熟料质量。若煤来源多，又未能均化，其灰分的波动必然导致熟料化学成分及质量的波动。

煤粉水分高，使燃烧速率减慢，降低火焰温度。但少量水分的存在能促进碳和氧的化合，并且在着火后，能提高火焰的辐射能力。因此，煤不应过分干燥，一般水分控制为 1.0%～1.5%。

为了充分利用煤炭资源，预分解窑用原煤除要求其全硫含量不大于 2.5% 外，其热值大小、挥发分和灰分含量由企业根据实际生产情况确定。

4.3　生料易烧性

水泥原料和生料的特性及其评价，对于实现生料的正确设计，以及水泥窑的顺利操作都是十分重要。生料的化学、物理和矿物性质对易烧性及反应活性影响很大。

水泥生料的易烧性可按照 JC/T 735—2005 进行测定：将备好的生料先于 950℃ 预烧 30min，然后将其分别在 1350℃、1400℃ 和 1450℃ 煅烧 30min。生料的易烧性用所烧制熟料的 f-CaO 含量来衡量。显然，f-CaO 含量越低，生料的易烧性越好。

在水泥熟料的煅烧过程中，温度必须很好地满足阿利特相的形成。生料的易烧性越好，生料所需的煅烧温度越低。通常生料的煅烧温度为 1420～1480℃。有关实验表明，生料的最高煅烧温度与生料成分也就是与熟料潜在矿物组成的关系如下：

$$T(℃)=1300+4.51C_3S-3.74C_3A-12.64C_4AF \qquad (4-1)$$

影响水泥生料易烧性的主要因素如下。

① 生料的潜在矿物组成　KH、SM 高，生料难烧；反之易烧，还可能易结圈；SM、IM 高，难烧，要求较高的煅烧温度。

② 原料的性质和颗粒组成　原料中石英和方解石含量多，难烧；结晶质粗粒多，难烧。

③ 生料中次要氧化物和微量元素　生料中含有少量次要氧化物如 MgO、K_2O、Na_2O 等，有利于熟料形成；但含量过多，不利于煅烧。

④ 生料的均匀性和粉磨细度　生料均匀性好，粉磨细度细，易烧性好。

⑤ 矿化剂　掺加各种矿化剂，可改善生料的易烧性。

⑥ 生料的热处理　生料煅烧过程中升温速度快，有利于提高新生态产物的活性，易烧性好。

⑦ 液相　生料煅烧时，液相出现温度低、数量多、黏度小、表面张力小，则生料中各种离子迁移速度快，其易烧性好。

⑧ 窑内气氛　窑内氧化气氛，有利于熟料的形成。

4.4　熟料组成设计

熟料矿物组成的选择，一般应根据水泥的品种和强度等级、原料和燃料的品质、生料制备和熟料煅烧工艺综合考虑，以达到优质、高产、低消耗和设备长期安全运转的目的。

（1）水泥品种　国家标准对于硅酸盐水泥除了规定具有正常凝结时间、良好的安定性以及符合相应标号的强度等级等基本性能外，没有其他特殊要求。其化学成分可在一定范围内变动，可以采用多种配料方案。但要注意三个率值配合适当，不能过分强调某一率值。生产专用水泥或特性水泥应根据其特殊要求，选择合适的矿物组成。当熟料组成与要求指标偏离过大时，会给生产带来较多困难，甚至影响熟料质量。

生产特殊用途的硅酸盐水泥，应根据它的特殊技术要求，选择合适的熟料组成。若生产快硬硅酸盐水泥，则要求硅酸三钙和铝酸三钙含量高，因此应提高 KH 和 IM。如果提高铝酸三钙含量有困难，可再适当提高硅酸三钙的含量。前者由于易烧性下降，为易于烧成，可适当降低 SM 以增加液相量；后者由于 KH 值较高，对易烧性不利，但液相黏度并未增大，熟料并不一定过分难烧，因而 SM 不一定多降低。

生产中热或低热硅酸盐水泥时，为避免水化热过高，应适当降低水泥熟料中的 C_3S、C_3A 含量。但水泥强度、抗冻性与耐磨性会因 C_3S 含量过分减少而显著降低。因此，应降低熟料中 C_3A 的含量，同时适当降低 C_3S 的含量，即生产中控制适当低的 IM 值和 KH 值。

（2）原料品质　原料的化学成分和工艺性能对熟料矿物组成的选择有很大影响，在一般情况下，应尽量减少原料的种类，除非其配料方案不能保证正常生产。例如，黏土含硅量较低时，熟料的硅率就难以提高。此时如果增加一种含硅量较高的原料就可以提高熟料的硅率，但这会给生产工艺带来困难。因此，只要不影响生产，往往采用低硅、高饱和比配料方案。

此外，当石灰石的燧石含量和黏土的粗砂含量较高时，因原料难磨，熟料难烧，饱和系数也不能高。

（3）燃料品质　当回转窑采用煤作为燃料时，煤的灰分将掺入熟料中。理论上，在配料计算时把煤灰作为原料的一个组分考虑，但实际上煤灰掺入很不均匀，结果造成熟料矿物形成不均，岩相结构不良。煤粉越粗、灰分越高、热值越低，影响也越大。因此，当煤质变化时，适当调整熟料组成是十分重要的。

近年来，燃煤的均化受到水泥厂的广泛重视。特别是应用低品位燃料以及煤质变化较大时，应该进行燃煤的均化，才能保证熟料成分的稳定和水泥质量的提高。

（4）生料细度和均匀性　生料化学成分的均匀性不但影响窑的热工制度的稳定和运转率的提高，而且还影响熟料的质量以及配料方案的确定。

一般来说，生料均匀性好，粒度细，KH 可高些。若生料成分波动大，生料粒度粗，由于化学反应难以进行完全，KH 应适当降低。

（5）窑型与规格　物料在不同类型的窑内受热和煅烧的情况不同，因此熟料的组成也应有所不同。对于目前广泛使用的预分解窑来说，由于生料预热好，分解率高，烧成温度高，热工制度稳定，为了有利于保持窑皮，防止结皮、堵塞和结大块，目前趋于低液相量的配料方案。我国大型预分解窑大多采用"两高一中"的配料方案，有的采用"三高"配料方案。具体三率值变化范围为：$KH = 0.87 \sim 0.93$；$SM = 2.4 \sim 2.8$；$IM = 1.4 \sim 1.9$。

影响熟料组成的因素很多，一个合理的配料方案既要考虑熟料质量，又要考虑熟料的易烧性；既要考虑各率值或矿物组成的绝对值，又要考虑它们之间的相互关系。

4.5　配料计算

4.5.1　配料依据

配料计算的依据是物料平衡。任何化学反应的物料平衡都是：反应物的量应等于生成物的量。随着温度的升高，生料煅烧成熟料经历着以下过程：生料干燥蒸发物理水；黏土矿物分解放出结晶水；有机物质的分解挥发；碳酸盐分解放出二氧化碳；液相出现使熟料烧成。因为有水分、二氧化碳以及某些物质逸出，所以，计算时必须采用统一基准。

蒸发物理水以后，生料处于干燥状态。以干燥状态质量所表示的计算单位，称为干燥基准。干燥基准用于计算原料的配合比和干燥原料的化学成分。

如果不考虑生产损失，则干燥原料的质量应等于生料的质量，即：

干钙质原料＋干硅铝质原料＋干铁质原料＝干生料

去掉烧失量（结晶水、二氧化碳与挥发物质等）以后，生料处于灼烧状态。以灼烧状态质量所表示的计算单位，称为灼烧基准。灼烧基准用于计算灼烧原料的配合比和熟料的化学成分。

如果不考虑生产损失，在采用基本上无灰分掺入的气体或液体燃料时，则灼烧原料、灼烧生料和熟料三者质量应相等，即：

灼烧钙质原料＋灼硅铝质原料＋灼烧铁质原料＝灼烧生料＝熟料

如果不考虑生产损失，在采用有灰分的燃煤时，则灼烧生料与掺入熟料的煤灰之和应与熟料的质量相等，即：

灼烧生料＋煤灰（掺入熟料的）＝熟料

在实际生产中，由于总有生产损失，且飞灰的化学成分不可能等于生料成分，煤灰的掺入量也并不相同。因此,在生产中应以生熟料成分的差别进行统计分析,对配料方案进行校正。

熟料中的煤灰掺入量可按下式计算:

$$G_A = \frac{qA_{ad}S}{100Q_{net,ad}}$$ 　　　　　　(4-2)

式中　G_A——熟料中煤灰掺入量,%;

　　　　q——熟料单位热耗,kJ/kg 熟料;

　　　$Q_{net,ad}$——煤的收到基热低值,kJ/kg 煤;

　　　　A_{ad}——煤的收到基灰分含量,%;

　　　　S——煤灰沉落率,%,对于预分解窑,一般取100%(收尘器窑灰不入窑者,取90%)。

4.5.2　配料计算方法

配料计算的方法很多,比较常用的人工计算方法是递减试凑法,但计算工作量较大。随着计算机的普及和应用,现在可以通过计算机程序方便地进行配料计算,EXCEL 工具就是其中的一种。

4.5.2.1　递减试凑法

【例 4-1】　某预分解窑采用四组分原料进行配料。已知熟料率值控制目标值分别为 KH=0.90±0.02;SM=2.5±0.1;IM=1.6±0.1,熟料热耗为 3000kJ/kg。已知原料、煤灰的化学成分和煤的工业分析资料见表 4-1 和表 4-2 所示,试求各原料的配合比。

表 4-1　原料和煤灰的化学成分　　　　　　　　单位:%

名　称	烧失量	SiO_2	Al_2O_3	Fe_2O_3	CaO	MgO	SO_3	K_2O	Na_2O	Cl^-
石灰石	42.36	2.14	0.32	0.65	52.83	0.71	0.22	0.13	0.06	0.011
粉砂岩	5.12	75.79	12.01	3.92	0.51	0.95	0.01	0.82	0.75	0.006
粉煤灰	3.17	45.90	31.13	11.78	4.42	0.75	1.57	0.28	0.72	0.012
铁　粉	2.23	33.64	4.32	49.59	5.07	1.91	2.29	0.67	0.34	0.009
煤　灰	—	53.42	32.61	5.71	3.54	0.60	1.55	1.08	0.31	0.015

表 4-2　煤的工业分析

$M_{ad}/\%$	$A_{ad}/\%$	$V_{ad}/\%$	$FC_{ad}/\%$	$Q_{net,ad}/(kJ/kg)$
1.47	21.56	24.03	52.94	24320

表 4-2 中化学分析数据总和往往不等于100%,这是由于某些物质没有分析测定,因而通常小于100%;但不必换算为100%。此时,也可以加上其他一项补足为100%。有时,分析总和大于100%,除了没有分析测定的物质以外,大都是由于该种原、燃料,特别是一些工业废渣,含有一些低价氧化物,如 FeO,甚至金属 Fe 等,经分析灼烧后,被氧化为 Fe_2O_3 等增加了质量所致,这与熟料煅烧过程一致。因此,也不必换算。

【解】:(1)计算煤灰掺入量

$$G_A = \frac{qA_{ad}S}{100Q_{net,ad}} = \frac{3000 \times 21.56 \times 100}{100 \times 24320} = 2.66\%$$

(2)根据熟料设计率值,计算要求的熟料化学成分

设 Σ=97.0%,则

$$\mathrm{Fe_2O_3} = \frac{\Sigma}{(2.8KH+1)(IM+1)SM+2.65IM+1.35} = 3.41\%$$

$$\mathrm{Al_2O_3} = IM \times \mathrm{Fe_2O_3} = 5.46\%$$

$$\mathrm{SiO_2} = SM(\mathrm{Al_2O_3} + \mathrm{Fe_2O_3}) = 22.18\%$$

$$\mathrm{CaO} = \Sigma - (\mathrm{SiO_2} + \mathrm{Al_2O_3} + \mathrm{Fe_2O_3}) = 65.95\%$$

（3）递减试凑法计算干生料的配合比

以 100kg 熟料为基准，列表递减见表 4-3 所示。

表 4-3 熟料的化学成分计算

计算步骤	加入或扣除物料量	SiO₂	Al₂O₃	Fe₂O₃	CaO	其他	备 注
1	要求熟料组成	22.18	5.46	3.41	65.95	3.00	扣除煤灰成分
	−2.66kg 煤灰	1.42	0.87	0.15	0.09	0.13	
2	差	20.76	4.59	3.26	65.86	2.87	干石灰石=65.86/0.5283
	−124kg 石灰石	2.65	0.40	0.81	65.51	2.11	=124.7kg
3	差	18.11	4.19	2.45	0.35	0.76	干粉砂岩=18.11/0.7579
	−23kg 粉砂岩	17.43	2.76	0.90	0.12	0.61	=23.9kg
4	差	0.68	1.43	1.55	0.23	0.15	干铁粉=1.55/0.4959
	−3.1kg 铁粉	1.04	0.13	1.54	0.16	0.16	=3.13kg
5	差	−0.36	1.30	0.01	0.07	−0.01	干粉煤灰=1.30/0.3113
	−4.1kg 粉煤灰	1.88	1.28	0.48	0.18	0.15	=4.18kg
6	差	−2.24	0.02	−0.47	−0.11	−0.16	干粉砂岩=2.24/0.7579
	+3.0kg 粉砂岩	2.27	0.36	0.12	0.02	0.08	=2.96kg
7	差	0.03	0.38	−0.35	−0.09	−0.08	干粉煤灰=0.38/0.3113
	−1.0kg 粉煤灰	0.46	0.31	0.12	0.04	0.04	=1.22kg
8	差	−0.43	0.07	−0.47	−0.13	−0.12	干铁粉=0.47/0.4959
	+1.0kg 铁粉	0.34	0.04	0.50	0.05	0.05	=0.95kg
9	差	−0.09	0.11	0.03	−0.08	−0.07	相差不大,不再重算

第 9 步各组分均相差不大，不再递减计算；其他一项差别不大，说明 Σ 设定值合适。经过计算，共加入：124kg 石灰石；20kg 粉砂岩；5.1kg 粉煤灰；2.1kg 铁粉。所以，各干原料的质量百分比为：干石灰石∶干粉砂岩∶干粉煤灰∶干铁粉＝82.01∶13.23∶3.37∶1.39。

（4）核算熟料化学成分与率值　生料的化学成分见表 4-4 所示。

表 4-4 生料的化学成分　　　　　　　　　　　单位：%

名　称	配合比	烧失量	SiO₂	Al₂O₃	Fe₂O₃	CaO
石灰石	82.01	34.74	1.76	0.26	0.53	43.33
粉砂岩	13.23	0.68	10.03	1.59	0.52	0.07
粉煤灰	3.37	0.11	1.55	1.05	0.40	0.15
铁粉	1.39	0.03	0.47	0.06	0.69	0.07
生料	100	35.56	13.81	2.96	2.14	43.62
灼烧生料	—	—	21.43	4.59	3.32	67.69

煤灰掺入量 $G_A = 2.66\%$，则灼烧生料配合比为 $100\% - 2.66\% = 97.34\%$。按此计算熟料的化学成分，见表 4-5 所示。

表 4-5　熟料的化学成分　　　　　　　　　　单位：%

名　　称	配合比	SiO_2	Al_2O_3	Fe_2O_3	CaO
灼烧生料	97.34	20.86	4.47	3.23	65.89
煤灰	2.66	1.42	0.87	0.15	0.09
熟料	100	22.28	5.34	3.38	65.98

则熟料率值计算如下：

$$KH=\frac{CaO-1.65Al_2O_3-0.35Fe_2O_3}{2.8SiO_2}=0.90$$

$$SM=\frac{SiO_2}{Al_2O_3+Fe_2O_3}=2.56$$

$$IM=\frac{Al_2O_3}{Fe_2O_3}=1.58$$

所得率值在要求范围内，计算符合要求。

（5）计算湿原料的配合比　设原料操作水分：石灰石为 1%，粉砂岩为 0.8%，粉煤灰为 1%，铁粉为 12%；则湿原料质量配合比为：湿石灰石：湿粉砂岩：湿粉煤灰：湿铁粉＝81.89：13.19：3.36：1.56。

4.5.2.2　EXCEL 法

（1）运作步骤

① 检查微软的 EXCEL 是否安装了"规划求解"宏，若没有时应加装该选项，即点击菜单"工具"，选择"加载宏"，在弹出窗口中选择"规划求解"，按确定。

② 准备好各种原料、煤灰的化学成分数据、原煤热值和灰分，以及确定的熟料率值、窑系统热耗。

③ 在 EXCEL 表格中输入上述数据。三组分配料时，只能控制两个率值，一般选择 KH 和 SM。对于四组分配料，则可以控制三个率值。

④ 先假设原料配合比，利用各自的计算公式，在 EXCEL 表格上对应的单元格中用计算机语言输入，依次计算以下几项内容：a. 生料成分；b. 灼烧基生料成分；c. 煤灰掺入量；d. 熟料成分；e. 熟料各率值。

⑤ 求解原料配比。点击菜单"工具"，选择"规划求解"，在"可变单元格"及"添加（A）"栏目中约定条件（熟料率值目标值），按"求解"，计算机按约定条件求解，最后显示出原料配比、生料成分和熟料率值等数据，计算结束。

（2）操作步骤　操作计算格式见表 4-6。

表 4-6　EXCEL 配料计算表格式

序号	A	B	C	D	E	F	G	H	I	J	K	L	M
1		烧失量	SiO_2	Al_2O_3	Fe_2O_3	CaO	MgO	K_2O	Na_2O	SO_3	Cl^-	合计	比例
2	石灰石	填入	填入	填入	填入	填入	填入	填入	填入	填入	填入		M2
3	黏土	填入	填入	填入	填入	填入	填入	填入	填入	填入	填入		M3
4	砂岩	填入	填入	填入	填入	填入	填入	填入	填入	填入	填入		M4
5	铁粉	填入	填入	填入	填入	填入	填入	填入	填入	填入	填入		M5
6	生料	B6	C6	D6	E6	F6	G6	H6	I6	J6	K6		

续表

序号	A	B	C	D	E	F	G	H	I	J	K	L	M
7	灼烧生料	B7	C7	D7	E7	F7	G7	H7	I7	J7	K7		M7
8	煤灰分	填入	填入	填入	填入	填入	填入	填入	填入	填入	填入		M8
9	熟料		C9	D9	E9	F9	G9	H9	I9	J9	K9		
10													
11													
12	熟料热耗/(kJ/kg)		填入										
13	煤热值/(kJ/kg)		填入										
14	煤灰分/%		填入										
15	熟料率值	目标	计算										
16	熟料 KH	填入	C16										
17	熟料 SM	填入	C17										
18	熟料 IM	填入	C18										

① 计算生料成分　在生料化学成分对应的烧失量单元格中（本例为 B6）输入"＝sumproduct（B2：B5，＄M2：＄M5）/100"。其中，M5＝100－M2－M3－M4，M2、M3 和 M4 均为假设的初始比例。此时 EXCEL 中的"sumproduct"函数可以将对应数组相乘后求和，输入回车键可得到生料的烧失量值。生料的其他成分可以通过对生料烧失量单元格进行拖拉获得，即点击生料烧失量单元格并将鼠标移到该生料烧失量单元格的右下角，当光标变为黑十字时，按下鼠标左键向右拖拉至生料对应的 Cl 单元格（本例为 K6），然后松开鼠标左键即完成。

② 计算灼烧基生料成分　在灼烧生料 SiO_2 的单元格中（本例为 B7）输入"＝C6/（1－B6/100）"。按回车键得到灼烧生料的 SiO_2 值。灼烧基其他成分也是通过对 SiO_2 单元格的拖拉获得的。

③ 计算煤灰掺入量及灼烧生料的比例　在对应的煤灰比例单元格中（本例为 M8）输入"＝C12/C13＊C14"，再按回车键直接得到煤灰在熟料中的比例。灼烧生料的比例（本例为 M7）输入"＝100－M8"。

④ 计算熟料成分和率值　在对应熟料 SiO_2 单元格中（本例为 C9）输入"＝sumproduct（C7：C8，M7：M8）/100"，按回车键得到熟料的 SiO_2 值，其他熟料成分也是通过对 SiO_2 单元格的拖拉获得的。

熟料率值的计算：KH 的单元格（自选格，本例为 C16）输入"＝（F9－1.65＊D9－0.35＊E9－0.7＊J9）/2.8/C9"，计算 SM 时输入"＝C9/（D9＋E9）"，计算 IM 时输入"＝D9/E9"。

⑤ 求解原料配比　点击菜单"工具"，选择"线性规划"，弹出规划求解参数窗口，清空"设置单元格（E）"，在"可变单元格（B）"中选择原料比例单元格（注意不能选中最后的比例单元格，本例为 M5），本例为＄M＄2：＄M＄3：＄M＄4。按"添加（A）"，弹出添加约束窗口，在该窗口的"单元格引用位置"选择熟料实际 KH 单元格，本例为＄C＄16，中间约束符选"＝"，"约束值"选择熟料 KH 目标值的单元格，本例为＄B＄16，再按一次"添加（A）"，加入另一约束条件 SM，四种配料时再按一次"添加（A）"，加入约束条件 IM，下面步骤同上，最后按"确定"。在"规划求解参数"中按"求解"，即可在

EXCEL 表上显示最后求解结果——原料配比、生料成分、灼烧生料成分、熟料实际率值等。保存时，在"规划求解"中按"确定"。

思　考　题

1. 生产水泥常用的原料有哪些？
2. 影响水泥熟料易烧性的因素有哪些？
3. 设计水泥熟料组成时，应考虑哪些因素？
4. 采用 5000t/d 预分解窑生产硅酸盐水泥熟料，已知原料与煤灰的化学成分见表 4-7，煤的工业分析见表 4-8。要求熟料的三个率值为 KH＝0.89、SM＝2.5、IM＝1.5，单位熟料热耗为 3000kJ/kg 熟料，试计算原料的配合比。

表 4-7　原料与煤灰的化学成分　　　　　单位:% （质量分数）

名称	烧失量	SiO_2	Al_2O_3	Fe_2O_3	CaO	MgO	K_2O	Na_2O	SO_3	Cl^-	水分
石灰石	42.58	2.10	0.42	0.26	53.04	0.30	0.09	0.01	0.08	0.0047	1.0
砂岩	4.30	75.48	9.62	5.30	1.76	0.13	1.48	0.98	0.05	0.013	1.5
页岩	7.50	50.83	13.58	6.20	6.25	3.70	2.00	0.73	0.06	0.012	1.2
硫酸渣	1.58	16.58	2.93	59.41	7.98	5.21	0.67	0.15	5.46	0.0005	4.2
煤灰	—	50.89	27.20	3.12	10.04	0.60	1.12	0.81	4.04	0.012	

表 4-8　煤的工业分析

工业分析/%				$Q_{net,ad}$ /(kJ/kg)
M_{ad}	C_{ad}	A_{ad}	V_{ad}	
0.62	51.95	22.20	25.23	24950

第5章　原燃料的采运与加工

在硅酸盐水泥生产过程中，需要大量的钙质原料和硅铝质原料，为了降低成本，水泥工厂的主要原料必须靠近工厂，由工厂直接开采。只有在特殊情况下，才允许利用外地运来的原料。水泥厂大部分物料，如石灰石、砂岩、煤、熟料和石膏等都需要破碎。与粉磨设备相比，破碎机的能量利用率较高，因而"多破少磨"的观点在实践中已被广泛认可。破碎后的物料经预均化、配料后，再磨成细粉。对于生料粉，还要经过均化处理后，方可入窑煅烧。

5.1　原料的采运

5.1.1　原料的开采

在进行原料开采之前，必须对矿床进行详细的勘探工作，包括有用矿的储量；矿层的分布情况，有用矿的化学成分的波动情况；矿石的物理性质，如硬度、耐压强度等。还要进行开采条件及矿区地质情况的调研工作。

水泥工厂的原料一般采用露天开采。在开采有用矿之前，必须先进行覆盖层的剥离工作。剥离的岩石量与矿石量之比，即每采出单位矿石所需要剥离的岩石量，称为剥采比。目前国家规定平均剥采比不大于 0.5∶1（m³/m³）。覆盖层如果是松散状的浮土，则可以直接用人工或电铲剥离，也可以采用水力冲洗的方法直接进行；如果是硬质废矿，则在剥离工作之前，要先进行覆盖层的爆破工作。为了均衡、持续地开采矿石，必须先剥离而后进行开采。

如果有用矿是松散的白垩、黏土等，可以用电铲直接挖掘，也可采用人工挖掘。如果有用矿是硬质物料（如石灰石），则首先要进行爆破工程，这包括钻孔及爆破。

我国矿山钻孔设备广泛采用的有潜孔钻机、回转钻机和凿岩台车。爆破普遍使用硝铵炸药、浆状炸药。水泥矿山的开采常用深孔爆破法以及多排微差起爆，该方法具有扩大爆破规模、提高爆破质量、减少爆破有害作用的显著优点。

5.1.2　矿石的装运

具有一定规模的矿山，爆破后矿石的装载都采用斗容挖掘机。矿石的运输，根据采石场距工厂的距离及采石场与工厂之间的地形可以利用不同的运输工具。一般情况下，矿石可在采石场破碎后，用皮带输送机运送进厂（包括管式皮带输送机）；在距离不远且有坡度的情况下，可以选用钢索绞车，利用矿石自重由上而下地滑下，而同时将空车由下向上地拉回；当采石场与工厂之间的距离在 3km 以内时，矿石的运输采用自动卸料汽车是适宜的；也有采用小斗车来运输石灰石的；但距离超过 3km 时，采用火车装运是合理的；当采石场与工厂之间的距离很远，且地形复杂时，可采用架空索道。

生产矿山必须严格遵守"采剥并举，剥离先行"的原则，要抓好计划开采，制定矿石进厂质量指标时，在满足水泥原料和配料要求的前提下，对不同品级的矿石实行搭配开采，经济合理地充分利用矿山资源。

5.2　原燃料的破碎

5.2.1　粉碎的基本概念

5.2.1.1　粉碎的定义与意义

粉碎是指在外力作用下，克服固体物料各质点的内聚力，使其粒度减小的过程。根据固体物料粉碎后的粒度大小，将粉碎分为破碎和粉磨两个阶段。使大块物料碎裂成小块物料（>3mm）的过程称为破碎；使小块物料磨成细粉的过程称为粉磨。

将大块物料破碎成小块后，便于它们的运输、储存、预均化、混合、配料和粉磨等。

5.2.1.2　粉碎比

粉碎比是指粉碎前后物料的平均粒径之比，又称平均粉碎比。它表示物料粒径在粉碎过程中的缩小程度，是评价粉碎过程的技术指标之一。对破碎而言，称为破碎比，它是确定破碎系统和设备选型的重要依据。平均粉碎比用符号 i 表示，其数学表达式为：

$$i = \frac{D}{d} \tag{5-1}$$

式中　D，d——粉碎前后物料的平均粒径，mm。

在生产中，D 和 d 常用粉碎前后物料中 80% 通过筛孔的孔径尺寸来代替。

5.2.1.3　粉碎级数

由于各种粉碎设备的粉碎比各有一定范围，若要求物料的粉碎比较大，一台破碎机难以满足要求时，就要用几台粉碎机串联粉碎，这称为多级粉碎；串联的粉碎机台数称为粉碎级数。第一级的进料平均粒径与最末一级的出料平均粒径之比称为总粉碎比 i，等于各级粉碎比 i_n 的乘积，即：

$$i = i_1 \times i_2 \times \cdots \times i_n \tag{5-2}$$

5.2.1.4　矿石的破碎性能

（1）硬度　硬度是指矿石抵抗另一物体压入的能力。矿物的硬度通常用莫氏硬度系数和普氏硬度系数来表示，水泥厂原料按莫氏硬度和普氏硬度系数划分的硬度等级见表 5-1。

表 5-1　水泥厂原料按普氏硬度和莫氏硬度系数划分的硬度等级

类别	物料名称	普氏硬度系数	莫氏硬度系数
很软	石膏、烟煤、褐煤、火山灰、黏土等	<2	1.5~2
软	泥灰岩、页岩、黏土质砂岩、软质石灰岩	2~4	2.5~3
中硬	石灰岩、白云石、石英质砂岩	4~8	3.5~4
硬	坚硬石灰石、硬砂岩、石英岩	8~10	6~7
很硬	花岗岩、玄武岩、硬质石灰岩	>10	>7

（2）易碎性　易碎性表示物料破碎的难易程度，决定因素是物料的强度（分抗压、抗折、抗剪和抗冲击强度）。物料的易碎性一般用冲击功和相对易碎性系数表示。冲击功越大，物料越难粉碎；物料的易碎性系数越大，越容易粉碎。

Bond 冲击功指数采用锤式试验机测定，根据所测结果，配备破碎机的电机功率。冲击功指数小于 8kW·h/t 的属于易碎矿石；8~12kW·h/t 的属于中等易碎矿石；大于

$12kW \cdot h/t$ 的属于难碎矿石。

易碎性系数在具体破碎机中得到，测定方法是采用同一粉碎机械，在物料尺寸变化相同的条件下，粉碎标准物料的单位冲击功 $E_{标}$ 与粉碎风干状态下物料的单位冲击功 $E_{料}$ 的比值，即 $K_m = E_{标}/E_{料}$。水泥工业中，一般选用中等易碎性的回转窑熟料作为标准物料，取其易碎性系数为1。

（3）磨蚀性　磨蚀性是指破碎矿石时工作介质受磨损的程度，以单位产物的金属磨失量（g/t）表示。金属磨蚀性指数 A_i 用粉碎机测定，有的用邦德叶片测试机。KHD 公司的小型冲击式粉碎机可测定岩石的可破碎性和磨蚀率。岩石的磨蚀性与其硬度有关，破碎功指数高，意味着磨蚀性增大。依据石灰石金属磨蚀性数据，可以确定其是否适用于单段破碎。

5.2.1.5　粉碎方法

如图 5-1 所示，物料粉碎方法有压碎、击碎、磨碎、劈碎和折断五种。

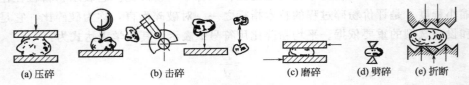

(a) 压碎　　　　　　(b) 击碎　　　　　(c) 磨碎　　(d) 劈碎　　(e) 折断

图 5-1　物料粉碎方法

破碎机种类较多，目前水泥厂常用的主要有锤式破碎机、反击式破碎机和辊式破碎机等。

5.2.2　锤式破碎机

锤式破碎机（PC）的工作原理如图 5-2 所示，主轴上装有锤架 2，在锤架上挂有锤头 1，

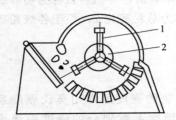

图 5-2　锤式破碎机的工作原理

1—锤头；2—锤架

锤头在锤架上能摆动大约 $120°$ 的角度，在机壳的下半部装有算条。为了保护机壳，在其内壁镶有衬板。由主轴、锤架、锤头组成的旋转体称为转子。物料进入锤式破碎机中，受到高速旋转的锤头的冲击而被破碎。物料获得能量又以高速冲击衬板而进行第二次破碎。较小的物料通过算条排出，较大的物料在算条上再次受到锤头的冲击被破碎，直至全部通过算条排出。

锤式破碎机的种类很多。按转子的数目分为单转子和双转子两类；按转子的回转方向，分为不可逆式和可逆式两类；按转子上锤子的排列方式，分为单排式和多排式两类，前者锤子安装在同一回转平面上，后者锤子分布在几个平面上；按锤子在转子上的连接方式，分为固定锤式和活动锤式两类。

如图 5-3 所示为单转子多排不可逆锤式破碎机的构造，主要由机壳 1、转子 2、算条 3 和打击板 4 等部件组成。机壳由上下两部分组成，分别用钢板焊成，各部分用螺栓连接成一体。顶部设有喂料口，机壳内部镶有高锰钢衬板，衬板磨损后可更换。

破碎机的主轴上安装数排挂锤体，在其圆周的销孔上贯穿着销轴，用销轴将锤子铰接在各排挂锤体之间。锤子磨损后可调换工作面。挂锤体上开有两圈销孔，销孔中心至转轴中心的半径不同，用以调整锤子与算条间的间隙。为了防止挂锤体和锤子的轴向窜动，在挂锤体两端用压紧锤盘和锁紧螺母固定。转子两端支撑在滚动轴承上，轴承用螺栓固定在机壳上。主轴与电动机用弹性联轴器直接连接。为使转子运转平稳，在主轴的一端还装有一个大飞轮。

圆弧状卸料算条筛安装在转子下方，算条两端装在横梁上，最外面的算条用压板压紧，

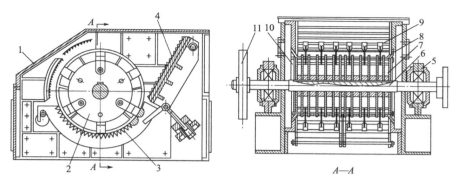

图 5-3　单转子多排不可逆锤式破碎机的构造

1—机壳；2—转子；3—箅条；4—打击板；5—滚动轴承；6—主轴；
7—锤架；8—锤头销轴；9—锤头；10—压紧锤盘；11—飞轮

箅条排列方向与转子转动方向垂直。为便于物料排出，箅条之间构成向下扩大的筛缝，同时还向转子回转方向倾斜。

在首先承受物料冲击和磨损的进料口下方装有打击板，它由托板和衬板等部件组成。

转子静止时，由于重力作用锤子下垂。当转子转动时，锤子在离心力作用下向四周辐射伸开。进入机内的物料受到锤子打击而破碎。由于锤子是自由悬挂的，当遇有难碎物料时，能沿销轴回转，起到保护作用。另外，在传动装置上还装有专门的保险装置，利用保险销钉在过载时被剪断，使电动机与破碎机转子脱开从而起到保护作用。

锤式破碎机的优点是：生产能力高，破碎比大，电耗低，机械结构简单，紧凑轻便，投资费用少，管理方便。缺点是：粉碎坚硬物料时锤子和箅条磨损较大，检修时间较长，粉碎黏、湿物料时生产能力降低明显，甚至因堵塞而停机。为避免堵塞，被粉碎物料的含水量应不超过 10%～15%。

如图 5-4 所示为环锤式破碎机（HPC），它是一种带有环锤的冲击转子式破碎机，适用于破碎各种脆性物料，如煤矸石、焦炭、炉渣、红砂岩、页岩、疏松石灰石等。

5.2.3　反击式破碎机

如图 5-5 所示，反击式破碎机（PF）的工作部件为带有板锤（打击板）的高速旋转的转子。喂入破碎机内的物料，在转子回转范围内（即锤击区）受到板锤冲击，并被高速抛向反击板，再次受到冲击，然后又从反击板反弹到板锤，继续重复上述过程。在破碎过程中，物料受到板锤的打击、反击板的冲击和物料之间的相互碰撞而破碎。当物料的粒度小于反击板与板锤之间的缝隙时即被卸出。

图 5-4　环锤式破碎机

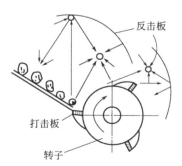

图 5-5　反击式破碎机工作原理示意

反击式破碎机按其结构特征，可分为单转子和双转子两大类。单转子反击式破碎机按转子的旋转方式，可分为不可逆转动和可逆转动两类。双转子反击式破碎机按转子的回转方向，可分为反向回转、相向回转、同向回转三类。

单转子反击式破碎机的构造如图 5-6 所示。物料从进料口 7 喂入，为了防止物料在破碎时飞出，装有链帘 8。喂入的物料落到装在机壳 6 内的箅条筛 9 上面，将细小的物料筛出。大块的物料沿着筛面落到转子 1 上。在转子的转轴上固定安装着凸起一定高度的板锤 2。落在转子上面的料块受到高速旋转的板锤的冲击获得动能，以高速向反击板撞击，继而又从反击板上反弹回来，与从转子抛掷出来的物料相互撞击。粉碎后的物料经转子下方的卸料口卸出。

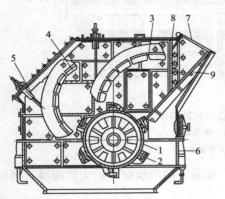

图 5-6 单转子反击式破碎机的构造
1—转子；2—板锤；3,4—反击板；
5—悬挂螺栓；6—机壳；7—进料口；
8—链帘；9—箅条筛

反击板的一端用活铰悬挂在机壳上，另一端用悬挂螺栓 5 将其位置固定。当有大块或难碎物料夹在转子与反击板间隙时，反击板受到较大压力而向后移开，间隙增大，使难碎物通过，不致损坏转子，而后反击板在自重作用下恢复至原位，以此作为破碎机的保险装置。

反击式破碎机结构简单，制造维修方便，工作时无显著不平衡振动。它比锤式破碎机更多地利用了冲击和反击作用，物料自击粉碎强烈，因此粉碎效率高，生产能力大，电耗低，磨损少，产品粒度均匀且多呈立方块状。反击式破碎机的破碎比大，一般为 40 左右，最大可达 150。但是，不设下箅条的反击式破碎机难以控制产品粒度，产品中有少量大块。另外，防堵性能差，不适宜破碎塑性和黏性物料；在破碎硬质物料时，板锤和反击板磨损较大。

5.2.4 单段锤式破碎机

单段锤式破碎机用于破碎一般的脆性矿石，如石灰石、泥质粉砂岩、页岩、石膏和煤等，具有入料粒度大、破碎比大的特点，可将大块原矿石一次破碎到符合入磨粒度，使生产系统简化。单段锤式破碎机大都属于反击-锤式破碎机，有单转子和双转子，以及带与不带料辊之分。

5.2.4.1 结构和工作原理

PCF2022 型破碎机是一种典型的单段锤式破碎机，它主要由转子、破碎板、排料箅子、保险门、给料辊、壳体和驱动部分等部件组成，其结构如图 5-7 所示。

该破碎机是一种仰击型锤式破碎机，主要靠锤头对矿石进行强烈的打击，矿石对反击板的撞击和矿石之间的碰撞使矿石破碎。主电动机通过 V 形皮带带动装有大带轮的转子，矿石用重型给料设备喂入破碎机的进料口，落至带有减震装置的给料辊上，两个同向回转的给料辊将矿石送入高速旋转的转子上，锤头以较高的线速度打击矿石，同时击碎或抛起料块。被抛起的料块撞击到反击板上或自相碰撞而再次破碎，然后被锤头带入破碎板和箅子工作区继续受到打击和粉碎，直至小于箅缝尺寸时从机腔下部排出。

5.2.4.2 主要部件

（1）转子 转子由锤盘、端盘、锤头、锤轴、主轴、飞轮、轴承和轴承座等组成。锤盘和端盘以键固定在主轴上，两端用卡箍紧固，使之形成一个体，具有很大的刚度。转子锤头采用了全回转型结构，当大块矿石不能一击即碎时，锤头能够完全退避到锤盘之中，以保持转子的正常运转。锤头在一边磨损之后可以换边使用。

（2）破碎板　破碎板位于转子的正前方水平中心线上，由破碎板上装若干齿板而成；齿板与转子外延形成夹角，增加了对矿石的冲击剪切作用。它的上端铰接在壳体上部，下端用两个调整装置调节破碎板与转子工作圆之间的间隙，以保证进入排料带物料的粒度；通常此间隙为 25～35mm，齿板磨损后要及时调整。

（3）排料箅子　排料箅子由若干块箅子板组成（图 5-8），安装在破碎机转子的下部，其包角约为 130°，它与转子的间距可以调节。随着锤头的磨损，转子工作圆半径缩小，除及时调节破碎板外，应及时提起排料箅子。

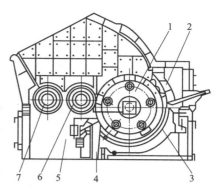

图 5-7　单段锤式破碎机结构
1—转子；2—破碎板；3—排料箅子；
4—保险门；5—壳体；6—主动给料辊；
7—从动给料辊

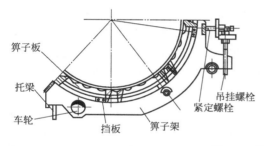
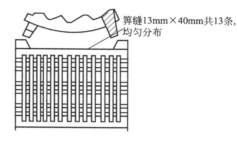

图 5-8　箅子构造

（4）保险门　如图 5-9 所示，保险门铰接在排料箅子后部的下壳体上，在平衡块的作用下，既能阻止未被破碎的矿石溢出，又能将误入机内的铁件和金属等在离心力作用下迅速推开保险门顺利排出。随后自动闭合，不必为此专门停机。保险门为可调机构，当调节排料箅子时，保险门也需相应调整。

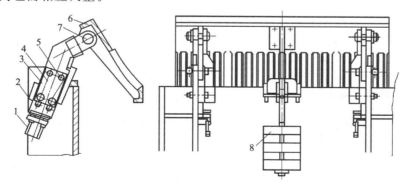

图 5-9　保险门
1—紧固螺钉；2—支座；3—铁丝；4—垫片；5—螺栓；6—栅门；7—销轴；8—重锤

（5）给料辊　给料辊由主动辊和从动辊两部分组成，位于进料口与转子之间，其水平中心线高于转子中心线 200mm。靠近转子端为主动辊，两辊的间隙为 15mm。当辊体磨损间隙增大时，应及时调整从动给料辊位置。

主、从动给料辊主要由辊体、辊轴及两者之间缓冲橡胶块组成，两辊间缝隙有利于碎料及泥土的排出。缓冲胶块用以吸收矿石下落时的冲击能量。

（6）壳体　壳体由上壳体（包括上端板、前侧板、中侧板、顶壳板）、下壳体和半圆侧壁组成，全部采用钢板焊接，与矿石接触的内表面均装有耐磨衬板。

PCF2022单段锤式破碎机还配有多种检修装置，如取算架小车、液压站、启盖油缸、锤轴抽取装置、轴承液压装卸工具等，使得设备检修和易损件的更换都相当方便。

5.2.4.3　性能及应用

PCF2022单段锤式破碎机是为5000t/d水泥熟料生产线配套的破碎设备，由于设备具有特殊的结构设计，使它更适于水分较大、料湿、含土较多的工作状况，破碎较黏物料时消除了堵塞黏附的现象。它特殊的双重过铁保护装置，可将不慎混入机内的铲齿、钻头、铁锤等金属异物自动反弹回给料辊或排出机外，不必为此停机，工作安全可靠。设备还设有两个同向异速给料辊向破碎机转子进行全宽度喂料，减轻了矿石对转子不必要的负载和冲击，使得转子运转更为平稳，因而转子负荷平稳、电耗低，锤头和算子等易损件寿命长。

5.2.5　双辊式破碎机

常用的辊式破碎机是双辊破碎机，其破碎机构是一对圆柱形辊子（图5-10），它们相互平行、水平地安装在机架上，前辊1和后辊2做相向旋转。物料加入喂料箱16内，落在转辊的上面，在辊子表面的摩擦力作用下被拉进两辊之间，受到辊子的挤压而粉碎。粉碎后的物料被转辊推出向下卸落。因此，辊式破碎机是连续工作的，且有强制卸料的作用，粉碎黏湿的物料也不致堵塞。

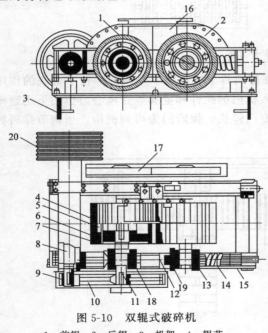

图 5-10　双辊式破碎机

1—前辊；2—后辊；3—机架；4—辊芯；
5—拉紧装置；6—锥形环；7—辊套；8—传动轴；
9，10—减速齿轮；11—辊轴；12—顶座；
13—钢垫片；14—强力弹簧；15—螺母；16—喂料箱；
17—传动齿轮；18—轴承座；19—轴承；20—胶带轮

辊子安装在焊接的机架3上，由安装在辊轴11上的辊芯4及套在辊芯上的辊套7组成，两者之间通过锥形环6用拉紧装置5拉紧以使辊套紧套在辊芯上。当辊套的工作表面磨损时，容易拆换。前辊的轴安装在滚柱轴承内，轴承座18固定安装在机架上。后辊的轴承19则安装在机架的导轨中，可在导轨上前后移动。这对轴承用强力弹簧14压紧在顶座12上。当两辊之间落入难碎物料时，弹簧被压缩，后辊后移一定距离使难碎物落下，然后在弹簧张力作用下又恢复至原位。弹簧的压力可用螺母15调节。在轴承19与顶座12之间放有可更换的钢垫片13，通过更换不同厚度的垫片即可调节两转辊的间距。

前辊通过减速齿轮9和10、传动轴8及胶带轮20用电动机带动，后辊则通过装在辊子轴上的一对传动齿轮17由前辊带动作相向转动，为使后辊后移时两齿轮仍能啮合。

根据使用要求，辊子的工作表面可选用光面、槽面和齿面的，如图5-10所示。齿面辊子由一块块带有齿的钢盘组成，钢盘用键装在轴上，螺栓将各块钢盘串联起来拉紧成为一个整体。

辊式破碎机的主要优点是：结构简单，机体不高，紧凑轻便，造价低廉，工作可靠，调整破碎比方便，能粉碎黏湿物料。其主要缺点是：生产能力低，不能破碎大块物料，也不宜破碎坚硬物料，通常用于中硬或松软物料的中、细碎。

5.2.6　破碎工艺流程

水泥厂需要破碎的物料主要有石灰石、砂岩、黏土、石膏、原煤和熟料等。新型干法水泥生产线常用破碎机形式见表 5-2。各种破碎机具有各自的特性，生产中应视要求的生产能力、破碎比、物料的物理性质和破碎设备特性来选用破碎机类型。

表 5-2　新型干法水泥生产线常用破碎机

项目	破碎机形式				
	锤式	环锤式	双齿辊式	单段锤式、反击式	辊式
破碎比范围	3～10	4～7	4～12	50～100	3～10
应用范围	煤、石膏、页岩	煤	黏土	石灰石、泥灰岩、煤、熟料	熟料

典型的石灰石破碎工艺流程如图 5-11 所示。自卸卡车将大块石灰石从矿山运至卸料坑，经重型板式喂料机喂入破碎机进行破碎。破碎后的石灰石、从喂料机漏下来的物料，以及收尘器收下来的粉尘再由胶带输送机运至预均化堆场。

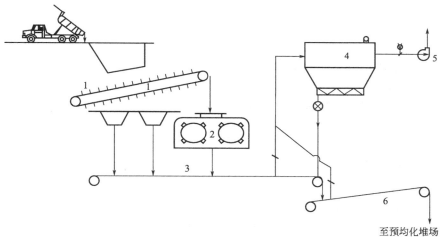

图 5-11　典型的石灰石破碎工艺流程图
1—板式喂料机；2—破碎机；3—出料胶带机；4—收尘器；5—排风机；6—胶带输送机

5.3　原燃料预均化

水泥在生产过程中要力求生料质量的均齐，以保证熟料在煅烧时热工制度的稳定。为了使生料均齐，可在其制备过程中的四个环节采取措施：①矿山采掘原料时，按质量情况搭配使用；②原料在堆场或储库内的均化；③生料在粉磨过程中的均化；④生料粉磨后进入生料储库的均化。在这四个环节中，最重要的是第二和第四两个环节。

5.3.1　预均化基本原理及意义

原料预均化的基本原理就是在物料堆放时，由堆料机把进来的原料连续地、按一定的方式堆成尽可能多的相互平行、上下重叠和相同厚度的料层。取料时，在垂直于料层的方向，尽可能同时切取所有料层，依次切取，直到取完。以上即所谓的"平铺直取"。

原料预均化的意义主要表现在：①有利于入窑生料和燃料成分的稳定；②有利于扩大资源利用范围，延长矿山使用年限；③满足矿山储存及均化双重要求，节约建设投资。

5.3.2　均化效果的评价方法

5.3.2.1　标准偏差

标准偏差是表征数据波动幅度的一个重要指标，其计算式如下：

$$S = \sqrt{\frac{1}{n-1}\sum_{i=1}^{n}(x_i - \bar{x})^2} \tag{5-3}$$

式中　S——样本的标准偏差；

　　　n——数据数量；

　　　x_i——每个数据的数字，从 x_1 到 x_n；

　　　$\bar{x}$——样本均值。

在水泥工业中，除了矿山开采取样测得的矿石成分外，其他样品大多呈正态分布。对于正态分布样本，标准偏差可直接表示波动幅度，其值越小，表示质量越均匀。

5.3.2.2　波动范围

有了标准偏差 S 和本均值 $\bar{x}$，可以计算波动范围 R。

$$R = \frac{S}{\bar{x}} \times 100\% \tag{5-4}$$

波动范围表示物料的相对波动。

5.3.2.3　均化效果

评价均化效果可用进料和出料标准偏差之比表达，其比值越大表示均化效果越好。

$$H = \frac{S_{\text{进}}}{S_{\text{出}}} \tag{5-5}$$

式中　H——均化效果，按多少倍计算；

　　　$S_{\text{进}}$——均化前进料标准偏差；

　　　$S_{\text{出}}$——均化后出料标准偏差。

当进料成分的波动情况符合正态分布时，标准偏差的计算结果是正确的。如果偏离正态分布较远，则计算所得的结果比实际标准偏差大，由此计算出的均化效果也会偏大一些。所以，在一定条件下，直接用出料标准偏差来表示均化作业的好坏，比单纯采用均化效果来表示要切合实际一些。此外，作为计算标准偏差依据的原始数据需要 30 个以上。预均化堆场的均化效果 H 一般在 5～8，最高可达 10。

5.3.3　预均化堆场

5.3.3.1　预均化堆场的型式

现代化水泥厂预均化堆场的布置形式有矩形和圆形两种。

（1）矩形预均化堆场　如图 5-12 所示，矩形堆场一般都有两个料堆，一个堆料，一个取料，相互交替。料堆长宽比约为 5～6，每个料堆的储存期为 5～7 天。根据工厂地形和总图要求，两个料堆可平行布置和直线布置。直线布置时，堆料机和取料机容易布置，不需要设转换台车，目前大多数水泥厂采用这种形式。

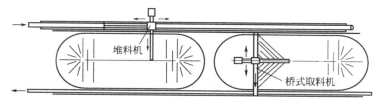

图 5-12　直线布置的矩形预均化堆场

（2）圆形预均化堆场　如图 5-13 所示，原料由皮带机送到堆场中心，由可以围绕中心做 360°回转的悬臂式皮带堆料机堆料，堆料为圆环，其截面则是人字形料层。取料一般都用桥式刮板取料机，桥架的一端接在堆场中心的立柱上，另一端则架在堆料外围的圆形轨道上，可以回转 360°。取出的原料经刮板送到堆场中心卸料口，由地沟内的出料皮带机运走。

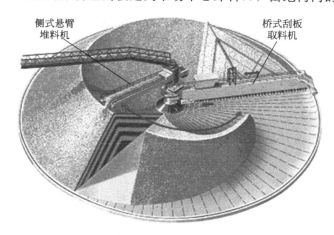

图 5-13　圆形预均化堆场

5.3.3.2　预均化堆场堆料方式

在进料保持恒定的条件下，均化效果取决于堆料和取料方式。为求得较高的均化效果，理论上要求堆料时料层平行重叠，厚薄一致。在实际作业时，由于设备的实际可行性和经济上的原因，只能采用近似均匀一致的铺料方法。根据设备条件和均化要求，实际应用中主要有人字形堆料法、波浪形堆料法、水平层堆料法、横向倾斜层堆料法、纵向倾斜层堆料法和 Chevcon 堆料法，以下介绍最常用的两种。

（1）人字形堆料法　人字形堆料法如图 5-14 所示，堆料点在矩形料堆纵向中心线上，堆料机只要沿着纵向在两端之间定速往返卸料就可完成两层物料的堆料。这种料层的第一层料堆横截面为等腰三角形的条状料堆，以后各层则在这个料堆上覆盖一层层的物料，因此除第一层之外，每层物料的横截面都呈人字形，所以被称为人字形料堆。

这种料堆的优点是堆料的方法和设备简单，均化效果较好，使用普遍。人字形堆料法的主要缺点是物料颗粒离析比较显著，料堆两侧及底部集中了大块物料，而料堆中上部分多为细粒，且有端锥。

（2）Chevcon 堆料法　Chevcon 堆料法（图 5-13 和图 5-15）是人字形堆料法和纵向倾斜层堆料法的混合堆料法，适用于圆形堆场，堆料过程和人字形堆料法相似，但堆料机下料点的位置不是固定在料堆中心线上，而是随每次循环移动一定的距离。这种堆料法不仅可以克服"端锥效应"，而且由于料堆中前、后原料的重叠，长期偏差和原料突然变化产生的影

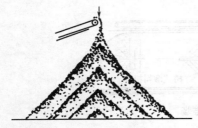

图 5-14　人字形堆料法

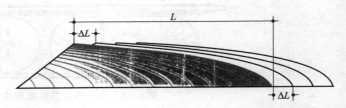

图 5-15　Chevcon 堆料法

响也可被消除，均化效果较好。

5.3.3.3　预均化堆场取料方式

堆料形式取决于堆料设备，但取料方式应与其对应，才能获得预期的均化效果。一般来说，预均化堆场有端面取料、侧面取料和底部取料三种方式，最常使用的是前两者。

（1）端面取料　取料机从料堆的一端，包括圆形料堆的截面端开始，向另一端或整个环形料堆推进。取料是在料堆整个横断面上进行的，最理想的取料就是同时切取料堆端面各部位的物料，循环前进。人字形和 Chevcon 堆料法适用于这种取料方法。

（2）侧面取料　取料机从料堆的一侧从一端至另一端沿料堆纵向往返取料。这种取料方式不能同时切取截面上各部位的物料，只能在侧面沿纵长方向一层层地刮取物料。虽然侧面取料法的均化效果不如端面取料法，但当水泥厂采用直线布置的矩形堆场储存多种物料时一般采用侧面取料法。

5.3.3.4　堆料机和取料机

水泥厂堆料设备一般采用侧式悬臂堆料机，它最适合用于圆形堆场内围绕中心堆料（图 5-13）和矩形预均化堆场的侧面堆料（图 5-16）。侧式悬臂堆料机主要由悬臂部分、行走机构、液压系统、来料车、轨道部分、动力电缆卷盘、控制电缆卷盘和限位开关等装置组成，其卸料点可以由悬臂部分调整俯仰角而升降，使物料落差保持最小。侧式悬臂堆料机可根据需要装成回转式、直线轨道式和固定式等多种形式。

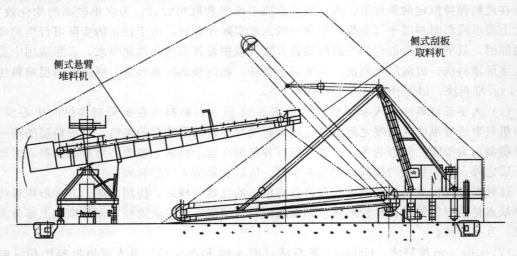

图 5-16　侧式悬臂堆料机和侧式刮板取料机

取料设备主要有桥式刮板取料机和侧式刮板取料机。桥式刮板取料机适用于端面取料，可用于圆形堆场（图 5-13）和矩形堆场（图 5-17）。其结构为在桥架上安设了水平链耙，有的链耙稍有斜度，以便将耙出的物料卸入出料皮带机。链耙由链板和许多横向刮板组成，按物料端面休止角调整松料耙齿，使其紧贴料面，平行往复耙松物料，使之从端面斜坡上滚落至底部，由刮板装置将其连续运走。松料装置一般常用三角形耙架，可以调节其倾斜度以适应料面斜度。耙架可沿桥架在料堆面进行横向行走，耙齿压入料层一定深度，将物料耙落。

侧式刮板取料机主要由刮板取料系统、卷扬提升系统、机架部分、固定端梁、摆动端梁、轨道系统、导料槽、动力电缆卷盘、控制电缆卷盘等部分组成，如图 5-16 所示。取料时，侧式刮板取料机沿轨道进行往复运动，通过刮板取料系统把物料卸到导料槽内，通过导料槽送到出料胶带机上运出。取料机每取完一层物料，就按预置的指令下降一定高度并在相应的取料速度下，将料堆逐层取出。

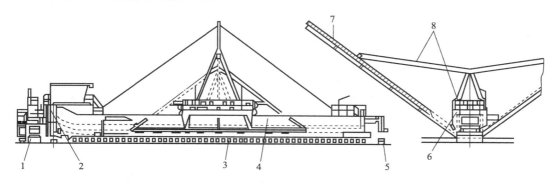

图 5-17　桥式刮板取料机

1—出料皮带；2—行走机构；3—刮板装置；4—主梁；5—纠偏装置；

6—移动小车；7—耙架；8—手动绞车

5.4　原燃料的粉磨

粉磨是将小块状（粒状）物料碎裂成细粉（小于 $100\mu m$）的过程，原燃料粉磨的目的是提高其在反应过程中的速度和程度。原燃料粉磨是水泥生产过程中的一个重要环节，主要涉及设备包括各种磨机和选粉机。目前，原料的粉磨主要采用中卸烘干球磨、立磨以及辊压机终粉磨三种系统；煤磨则主要采用风扫球磨和立磨。

5.4.1　物料粉磨性能

5.4.1.1　易磨性

易磨性是指一种或多种（混合）物料，在相应条件下磨到一定细度的难易程度，常用粉磨功指数和相对易磨性系数表示。

（1）粉磨功指数　当采用球磨机时，粉磨功指数是指将物料从入磨时的粒度粉磨到产品细度时，单位产品所需的电耗（$kW\cdot h/t_{物料}$）。我国是依照 GB 1964—88《水泥原料易磨性实验方法》，将原料或生料用实验小型间歇磨测出该物料的单位产品功耗表示。其值大，表示难磨。当采用立磨时，各公司均采用其某系列中最小规格立磨对物料易磨性进行测定。当中等易磨性物料（设其易磨性指数 MF 为 1）在试验磨上的产量为 G_0，被测试物料的产量为 G_1 时，则该物料的易磨性指数 MF 为 G_1/G_0，MF 大于 1 表示易磨；反之表示难磨。易磨性指数是确定立磨规格的重要依据参数。

原煤的易磨性指数按 GB/T 2565—88《煤的可磨性指数测定方法》进行测定。

（2）相对易磨性系数 人为设中等易磨性熟料易磨性系数 K_m 为 1，当其他物料与其粉磨细度相同时，两者所需粉磨时间的比值；或者当粉磨时间相同时，两者粉磨细度的比值，作为该物料的相对易磨性系数。比值越大，表示易磨性越好。部分物料的相对易磨性系数 K_m 见表 5-3。

表 5-3　部分物料的相对易磨性系数 K_m

物料名称	干法回转窑熟料	石灰石			矿渣		白垩	黏土	硅砂	煤
		软质	中硬	硬质	水淬	粒状				
易磨性系数	1	1.8	1.6	1.35	1.15～1.25	0.55～1.10	3.7	3.0～3.5	0.6～0.7	0.8～1.6

5.4.1.2　磨蚀性

表示物料对粉碎部件耐磨表面产生磨损程度的特性，它对于立磨的选型特别重要。磨蚀性指数用单位产品所消耗的磨辊、磨套金属量表示（实验磨辊、磨套采用普通材料，在工业磨机中应根据所用耐磨材料进行换算）。磨蚀性指数是确定辊磨规格和设计的重要依据，用来判断辊磨对此原料的适应性和磨损件的维护周期。因此在选用辊磨之前应了解被处理物料的磨蚀性，各制造公司要求生产企业送原料进行试验，按所得辊磨易磨性指数、磨耗值、需用功率和要求的粉磨能力来选定规格、材质和电机功率。

5.4.1.3　物料脆性值

脆性值为物料的抗压强度与抗折强度之比。脆性值越大，物料就越容易被压碎。水泥工业中几种常用物料的脆性值见表 5-4。

表 5-4　水泥工业中几种常用物料的脆性值

物料名称	石灰石、砂岩	高炉矿渣	页岩	水泥熟料	混凝土
脆性值	12～18	14～18	6～12	10～14	6～10

5.4.2　原燃料粉磨细度

5.4.2.1　生料

在熟料煅烧过程中，生料颗粒越细，一方面使反应速率加快（预热、分解和固相反应）；另一方面使各组分之间能够充分接触，有利于熟料的形成并保证其质量。然而，当生料细度超过一定程度时，细度对熟料煅烧及其质量的积极影响并不显著，磨机的产量却越来越低，粉磨电耗也明显升高。因此，在实际生产中，应结合磨机的产量、电耗及对熟料煅烧和质量的影响，进行综合的技术经济分析，确定合理的生料细度控制范围。

合理的生料粉磨细度包括两个方面的含义：一是使生料的平均细度控制在一定范围内；二是要尽量避免粗颗粒。一般情况下，生料的细度控制在 0.2mm 方孔筛筛余 1.0%～1.5%；80μm 方孔筛筛余 8%～12%。当生料中含有较多石英和方解石时（一般小于4.0%），或生料的 KH 值和 SM 值偏高时，生料应稍细些。当采用立磨时，生料颗粒较均匀，其 80μm 方孔筛筛余可适当大一些。

5.4.2.2　煤粉

煤粉的细度对燃烧过程有很大影响，应该根据煤的质量确定煤粉的细度。煤粉越细，表面积越大，越容易着火，燃烧迅速，形成的火焰短；反之，煤粉过粗，燃烧所需时间长，形成火焰过长，对燃烧不利，不易燃烧完全。煤粉过细会降低磨机产量，增加煤磨电耗。对于烟煤，其 $80\mu m$ 方孔筛筛余一般控制在 $8\%\sim12\%$。若采用劣质煤和无烟煤，煤粉应更细一些。

在回转窑的生产中，对煤粉细度的要求可按煤粉中灰分和挥发分的含量，根据式(5-6)确定。

$$R \leqslant (0.9-0.001A)(4+0.5V) \tag{5-6}$$

式中　R——煤的 0.08mm 方孔筛筛余,%；

$\quad\quad A$——煤粉灰分,%；

$\quad\quad V$——煤粉挥发分,%。

5.4.3　球磨机

5.4.3.1　球磨机工作原理

球磨机的主体是由钢板卷制而成的回转筒体。筒体两端装有带空心轴的端盖，筒体内壁装有衬板，磨内装有不同规格的研磨体。

当磨机回转时，研磨体由于离心力的作用贴附在筒体衬板表面，随筒体一起回转；被带到一定高度时，由于其本身的重力作用，像抛射体一样落下，冲击筒体内的物料。在磨机回转过程中，研磨体还以滑动和滚动方式研磨衬板与研磨体间及相邻研磨体间的物料，如图 5-18 所示。

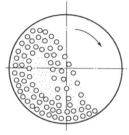

图 5-18　球磨机的工作原理

在磨机回转过程中，由于磨头不断地强制喂料，而物料又随着筒体一起回转运动，形成物料向前挤压；再利用进料端和出料端之间物料本身的料面高度差，加上磨尾不断抽风，尽管磨体水平放置，物料也能不断地向出料端移动，直至排出磨外。

当磨机以不同转速回转时，筒体内的研磨体可能出现三种基本情况，如图 5-19 所示。图 5-19(a) 表示转速太快，研磨体与物料贴附在筒体上一起回转，称为"周转状态"，研磨体对物料起不到冲击和研磨作用；图 5-19(b) 表示转速太慢，不足以将研磨体带到一定高度，研磨体下落的能量不大，称为"倾泻状态"，研磨体对物料的冲击和研磨作用也不大；图 5-19(c) 表示转速比较适中，研磨体提升到一定向度后抛落下来，称为"抛落状态"，研磨体对物料有较大的冲击和研磨作用，粉磨效果较好。

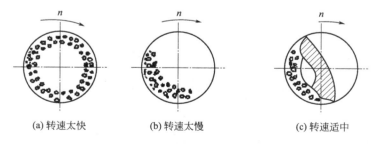

(a)转速太快　　　　(b)转速太慢　　　　(c)转速适中

图 5-19　磨机转速不同时研磨体的运动状态

实际上，研磨体的运动状态是很复杂的，有贴附在磨机筒壁上的运动；有沿筒壁和研磨体层向下的滑动；有类似抛射体的抛落运动等。

5.4.3.2　球磨机的特点

球磨机优点：①对物料物理性质波动的适应性较强；②粉碎比大，产品细度和颗粒级配易于调节，颗粒形貌近似球形，有利于水泥的水化和硬化；③物料的烘干和粉磨可同时进行,粉磨的同时对物料有混合、搅拌、均化作用;④结构简单,运转率高,维护管理简单,操作可靠。球磨机缺点:①粉磨效率低,只有2%~3%,研磨体和衬板的消耗量大;②设备笨重,噪声大。

5.4.3.3 开路和闭路流程

按一定粉磨流程配置的主机及辅机组成的系统称作粉磨系统。根据物料在磨机内通过的次数,可将粉磨系统分为开路流程和闭路流程。

(1) 开路流程 在粉磨过程中,物料仅通过磨机一次,卸出来即为成品的流程为开路流程,如图5-20所示。其优点是:流程简单,设备少,投资少,操作简便。其缺点是:由于物料全部达到细度要求后才能出磨,已被磨细的物料在磨内会出现过粉磨现象,并形成缓冲垫层,妨碍粗料进一步磨细,从而降低了粉磨效率,增加电耗。

(2) 闭路流程 物料出磨后经分级设备分选,合格的细料为成品,偏粗的物料返回磨内重磨的流程为闭路流程,如图5-21所示。其优点是:合格的细粉及时选出,减少了过粉磨现象,产量比同规格的开路磨提高15%~25%。产品粒度较均齐,颗粒组成较理想,产品细度易于调节。适用于生产各种不同细度要求的水泥。由于散热面积大,磨内温度较低。其缺点是:流程复杂、设备多、投资大、厂房高、操作麻烦、维修工作量大。

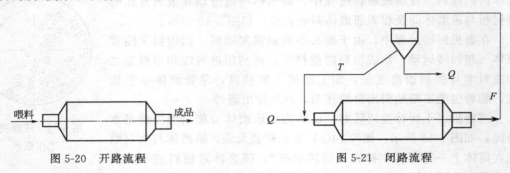

图 5-20 开路流程   图 5-21 闭路流程

5.4.3.4 球磨机的结构

(1) 球磨机的总体结构 水泥工业使用的球磨机虽然有多种类型,但其结构大体相同,以下以 $\phi 4.6\text{m} \times (10+3.5)\text{m}$ 主轴承单滑履中卸烘干磨为例简要介绍其主要构造,如图5-22所示。

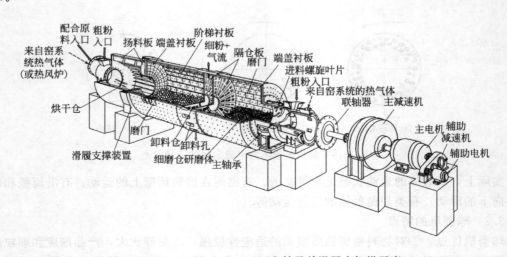

图 5-22 $\phi 4.6\text{m} \times (10+3.5)\text{m}$ 主轴承单滑履中卸烘干磨

球磨机的主体是一个回转的筒体，两端用环形端盖半封闭，端盖圆心开孔，并用螺栓连接着中空轴。两端的中空轴既是进料、出料的通道，也是磨机及物料重量的支撑点。中心传动的磨机，一端中空轴还要传递动力，承受扭矩。为了减小中空轴支撑的弯矩，减小筒体应力，现在的大型球磨机支撑点选在筒体上，由滑履轴承支撑。为了保护磨机内壁免受研磨体及物料的直接磨损和撞击，筒体内壁、端盖装有衬板。磨机筒体内用隔仓板分割成若干仓，不同仓装入适量不同规格和种类的钢球、钢段等作为研磨体。借助传动装置，整个磨机以 16.5~27r/min 的转速运转。通过磨机的旋转，研磨体被提升积蓄势能，抛落释放动能，与物料相互冲击、摩擦，把物料磨成细粉。球磨机的卸料点设在磨尾或磨的中间。

（2）球磨机的主要部件

① 筒体 筒体是由钢板卷制焊接而成的空心圆筒，两端与带空心轴的端盖连接。筒体要承受自身、衬板、隔仓板、研磨体及物料等的重量及筒体的转动扭矩，故需有足够的强度和刚度。筒内隔成数个仓，各仓均有一个人孔门，以便向仓内装入研磨体，并供检修人员进仓检修。各人孔门的位置应处于筒体一边的一条直线上，或分别在筒体两边的两条直线上交错排列。磨机进料端的结构应能适应筒体的轴向热变形。

② 衬板 衬板的作用是保护筒体，使其免受研磨体和物料的直接冲击和研磨；同时也可调整研磨体的运动状态。粗磨仓装有提升能力强的衬板，以增加冲击能量；细磨仓装有波纹或平衬板，以增强研磨作用。

衬板的结构形式较多，如图 5-23 所示为几种常见衬板类型。整块衬板长 500mm，宽度为 314mm，平均厚度 50mm 左右。衬板在磨机筒体内壁排列时，环向缝隙应互相交错，不能贯通，以防止碎铁渣和物料对筒体内壁的冲刷作用。大型磨机和中小型磨机一、二仓的衬板一般都用螺栓固定；细磨仓的衬板一般镶砌在筒体内。

(a) 环沟衬板   (b) 分级衬板   (c) 出口双金属衬板

(d) 沟槽衬板   (e) 阶梯衬板   (f) 波纹衬板

图 5-23 几种常见衬板类型

③ 隔仓板 隔仓板的作用是分隔研磨体，使各仓研磨体的平均尺寸保持由粗磨仓向细磨仓逐步缩小，以适应物料粉磨过程中粗粒级用大球、细粒级用小球的合理原则；筛析物料，把较大颗粒的物料阻留在粗磨仓内，使其继续受到冲击粉碎；控制物料和气流在磨内的流速。隔仓板的箅缝宽度、长度、面积、开缝最低位置及箅缝排列方式，对磨内物料填充程度、物料和气流在磨内的流速及球料比有较大影响。隔仓板分为单层隔仓板和双层隔仓板。

单层隔仓板一般由若干块扇形箅板组成，如图 5-24 所示。其大端用螺栓固定在磨机筒体上，小端用中心圆板与其他箅板连接在一起。已磨至小于箅孔的物料，在新喂入物料的推动下，穿过箅缝进入下一仓。单层隔仓板的通风阻力小，占磨机容积小。

双层隔仓板一般由前箅板和后盲板组成，中间设有提升扬料装置，如图 5-25 所示。物料通过算板进入两板中间，由提升扬料装置将物料提到中心圆锥体上，进入下一仓，是强制排料，流速较快，不受隔仓板前后填充率的影响，便于调整填充率和配球，适于闭路磨的一仓和二仓之间。但通风阻力大，占磨机容积大。

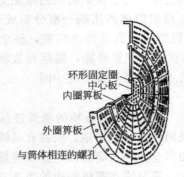

图 5-24　单层隔仓板

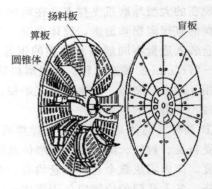

图 5-25　双层隔仓板

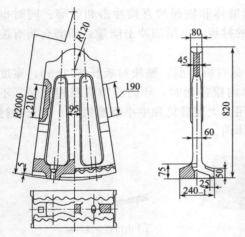

图 5-26　挡球圈的构造

算孔的排列主要可分为同心圆状和放射状，当然也有介于两者之间的形状。其宽度有 8mm、10mm、12mm、14mm 和 16mm 等几种，间距有 40mm 和 50mm 两种。隔仓板上所有算孔总面积（指小孔面积）与隔仓板总面积之比称为通孔率，干法磨机通孔率不小于 7%～9%。若要调小通孔率可以先堵外圈算孔。安装算板时，应使算孔较大的一端朝向出料端，不可装反。

④ 挡球圈与挡料圈　挡球圈具有一系列长孔（图 5-26），其作用主要有三个：对研磨体产生牵制作用而使其分级，大钢球容易接近挡球圈；阻滞物料的流动，延长物料停留时间，使其得以充分粉磨；起扬球和扬料作用。这三种作用提高了磨机的粉磨效率和产量。

挡料圈用在长细磨仓中，能够使料面沿整个仓长保持恒定，延长物料在细磨仓中的停留时间。它与挡球圈的区别主要是没有孔（附加隔板），形状与挡球圈类似。挡球圈和挡料圈一般通过支撑环用螺栓固定在磨机筒体上。

⑤ 烘干仓　烘干仓主要设置在生料烘干球磨和风扫钢球煤磨上，由筒体、衬板和扬料板（图 5-27）组成。烘干仓内只有被烘干的物料，衬板可选用一般材质。扬料板不仅要具

图 5-27　烘干仓和其中的扬料板

有很好的耐磨性能，同时为了抵抗大块物料的冲击，必须具有良好的强度和韧性，因而其材质一般用耐磨合金铸钢。

⑥ 支撑装置　支撑装置的作用是支撑磨体整个回转部分。它除了承受磨体本身、研磨体和物料的全部重量外，还要承受研磨体和物料抛落而产生的冲击负荷。磨机的支撑方式主要有主轴承支撑、双滑履支撑和混合支撑。后者是指球磨机的一端采用滑履支撑，一端采用主轴承支撑。中小型磨机一般采用主轴承支撑，其结构如图 5-28 所示。

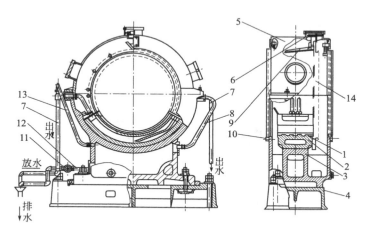

图 5-28　磨机的主轴承

1—轴承合金；2—球面瓦；3—轴承座；4—轴承底座；5—轴承上盖；6—检查孔；7—出水孔；8—橡胶管；
9—刮油板；10—毛毡圈；11—三通旋塞；12—进水管；13—排气管；14—油圈

随着磨机的大型化，其轴承负荷也越来越大；另外，烘干兼粉磨的磨机其进料口要较大，且热气流温度又高，主轴承就不适应。此时，采用滑履支承较为合适。滑履支撑的磨机是通过固装在磨机筒体上的滚圈（轮带）支承在滑履上运转。如图 5-29 所示为具有三个履瓦的滑履支承装置示意。

滑履轴承的优点如下：a. 支承磨机轮带的滑履可以是两个、三个或四个，因此，其结构适用于各种规格的磨机，尤其是特大型磨机；b. 采用滑履支承结构，可取消大型磨机上易于损坏的磨头（包括中空轴）和主轴承，运转较安全，并可以缩短磨机尤其是进料端的长度，减少占地面积；c. 对于烘干兼粉磨的磨机，由于取消了中空轴，进料口的断面积不受中空轴的约束，因此，可以更合理地设计进料口，有利于粉磨物料和热气流通过，减少通风阻力；d. 因为磨机两端支承间距缩短，所以筒体的弯矩和应力相应地减小了，因此，磨筒体钢板厚度可以减薄，尤其是烘干兼粉磨的磨机，烘干

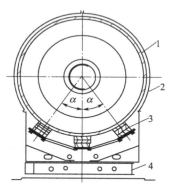

图 5-29　具有三个履瓦的滑
履支承装置示意
1—滚圈；2—滚圈罩；
3—履瓦；4—滚圈罩支座

仓的筒体可以选用更薄的钢板，减轻磨机自身的重量；e. 轮带的线速度比中空轴颈高得多，对于润滑油膜的形成比较有利。

⑦ 磨机的传动　磨机传动方式主要有边缘传动和中心传动。边缘传动是由小齿轮通过固定在筒体尾部的大齿轮带动磨机转动，如图 5-30 所示。这种传动的传动效率低，大齿轮大且笨重，但设备制造比中心传动容易，多用于小型磨机。

中心传动是以电动机通过减速机直接驱动磨机运转，减速机输出轴和磨机中心线在同一条直线上，如图 5-31 所示。中心传动的效率高，但设备制造复杂，多用于大型磨机。

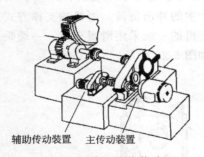

图 5-30　磨机边缘传动

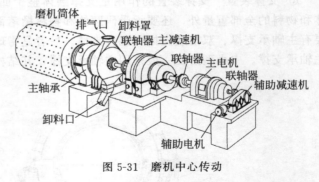

图 5-31　磨机中心传动

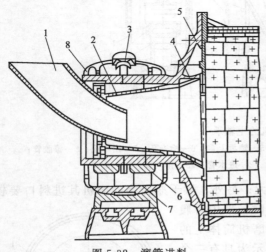

图 5-32　溜管进料

1—加料溜子；2—锥形套筒；3—刮油板；

4—肋板；5—钢环；6—轴瓦；

7—油圈；8—密封垫

⑧ 进料装置　常见的进料装置有溜管进料和螺旋进料，滑履磨一般采用前者。主轴承支撑球磨机的溜管进料装置如图 5-32 所示。物料经溜管进入磨机中空轴颈内的锥形套筒内，再沿旋转着的套筒内壁滑入磨中。

⑨ 出料装置　中心传动磨机的卸料装置如图 5-33 所示。通过算板后的物料被叶板扬起，当其被带到上部时便由叶板滑下，经卸料锥滑到轴颈内的截头漏斗内，从中间接管上的椭圆孔落到控制筛上，最后溜入卸料漏斗中。磨内排出的含尘气体经排风管进入收尘系统。

边缘传动磨机的卸料装置如图 5-34 所示。物料由卸料算板排出后，经叶板提升后撒在螺旋叶片上，然后物料通过螺旋叶片顺

畅地从轴颈中卸出，再经椭圆形孔进入控制筛，过筛物料从罩子底部的卸料口卸出。罩子顶部装有和收尘系统相通的管道。

中卸磨机的卸料装置如图 5-22 所示。中卸磨机的中部有两个仓，两个仓的出口均装隔仓板，在仓出口处的筒体上有椭圆形卸料孔。筒体外设密封罩，罩底部为卸料斗，顶部与收尘系统相通。

5.4.3.5　研磨体

球磨机所用研磨体主要有钢球和钢段。钢球在粉磨过程中，与物料发生点接触，对物料的冲击力大，主要用于管磨机的第一、二仓，双仓开路磨的第一仓，双仓闭路磨的第一、二仓。钢球直径在 $15\sim125\,mm$ 之间。钢段的外形为短圆柱形或截圆锥形，它与物料发生线接触，研磨作用强，但冲击力小，一般用于尾仓。常用的规格有 $\phi15\,mm\times20\,mm$、$\phi18\,mm\times22\,mm$、$\phi20\,mm\times25\,mm$ 和 $\phi25\,mm\times30\,mm$ 等各种规格。

研磨体在磨内的堆积体积 V_G 占磨机有效容积 V_0 的百分数，称为研磨体填充率。填充率直接影响冲击次数和研磨面积，反映各仓球面高低，还影响研磨体的冲击高度，其范围一般

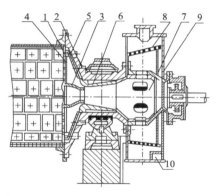

图 5-33　中心传动磨机的卸料装置

1—卸料算子；2—磨头；3—卸料锥；4—叶板；
5—螺栓；6—漏斗；7—中间接管；
8—控制筛；9—机罩；10—卸料孔

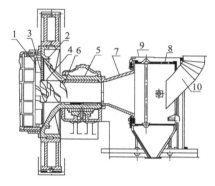

图 5-34　边缘传动磨机的卸料装置

1—卸料算子；2—磨头；3—叶板；4—螺旋叶片；
5—套筒；6—螺旋叶片；7—漏斗；
8—控制筛；9—机罩；10—通风管道

在 25%~35% 之间。

　　物料在粉磨过程中，较大块物料需要研磨体的冲击力大，这就要求大尺寸的研磨体；而较小块的物料需要研磨体的研磨作用强，尺寸小的研磨体数量可多些，与物料接触面积大，研磨作用强。所以为了适应各种不同粒度物料的冲击和研磨作用的要求，增加研磨体对物料的冲击和研磨机会，提高粉磨效率，必须对研磨体进行合理的配合。将不同规格的研磨体按一定比例配合装入同一仓中使用，称为级配。

5.4.4　原燃料球磨系统

5.4.4.1　中卸烘干球磨系统

　　中卸烘干球磨系统主要用于生料的烘干与粉磨，主要设备是中卸烘干磨和组合式选粉机。

　　(1) 中卸烘干磨　目前，生料粉磨系统用球磨机主要是中卸烘干磨。如图 5-22 所示为 $\phi 4.6m \times (10+3.5)m$ 中卸烘干磨的结构简图，磨机的进口端（两端）设有入料漏斗和进风烟道，出口端（中间卸料装置）设有出风管。整个回转部分一端采用滑履支撑，另一端采用中空轴支承。筒体内沿轴向分成烘干仓、粗磨仓、卸料仓和细磨仓四个部分。磨中部的卸料仓有卸料孔，卸料孔均以密封罩密封。密封罩上部的出风管与选粉机相通，下部为物料出口。

　　(2) 组合式选粉机　为了简化工艺流程，中卸烘干球磨系统普遍采用组合式选粉机。该选粉机是笼式高效选粉机和粗粉分离器以及旋风收尘器的紧凑组合，从功能上兼具粗粉分离器和选粉机的性能。以下以 TLS 型组合式选粉机为例，对其结构和原理加以说明。

　　① 结构　TLS 型组合式选粉机由壳体部分、回转部分、旋风筒、传动部分和润滑系统构成，如图 5-35 所示。壳体部分由上壳体、下壳体和内锥体组成。上壳体内装设笼形转子（图 5-36），顶部有出风管和四个进料口；在其空腔内沿四周设置了导向风环。进风口和粗粉出口设置在下壳体；在其内部和笼形转子底部设有内锥体。在内锥体下部出口有反击锥。笼形转子由撒料盘、水平分隔板、垂直涡流叶片、上下轴头等组成。在选粉机壳体两侧有四个旋风筒。

　　② 原理　含尘气体直接进入选粉机底部，沿进风管上升至上部出口，气体中的物料在反击锥处受到碰撞作用而转向；气体则沿四周进入由内锥体和外壳体组成的内腔，继续上

升。由于上升风速的降低、提升力的变小，粗颗粒向下降落并通过粗料出口离开选粉机；细颗粒随气体继续上升，到达位于导向风环与笼形转子之间的选粉区。物料由选粉机上部喂入，经撒料盘离心撒开，均匀地沿导流叶片内侧自由下落到选粉区内，形成一个垂直料幕，如图 5-37 所示。在转子的旋转作用和气流的驱动力作用下，上述处于分级区的物料主要承受离心力、向心力和重力。根据颗粒流体力学可知，物料颗粒在气流场中所受离心力和重力均与其粒径的三次方成正比关系；而向心力与其直径的二次方成正比关系。因此，物料在分级区产生分离。向心力主要与通过选粉机的气流量有关；离心力主要与转子的转速有关。这样，当气流量和转子转速一定时，较粗颗粒将向下方和转笼外侧移动。通过控制适当气流量

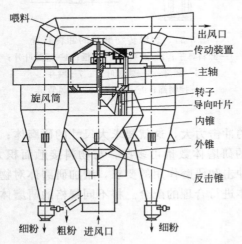

图 5-35　TLS 型组合式选粉机结构示意

图 5-36　笼形转子

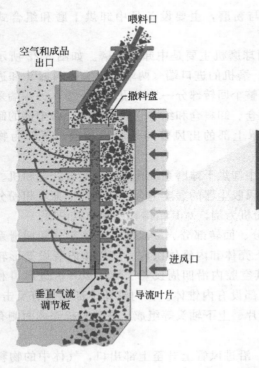

图 5-37　组合式选粉机分级原理

和转子转速，较粗颗粒甩向导流叶片，沿分级室下降进入粗粉出口。细粉（即成品）由于气力的驱动，穿过笼形转子离开壳体上部的出风口进入旋风筒。成品从旋风筒下部卸出，含尘气体则从其上部出口进入收尘器。粗粉从选粉区降落下来进入内锥体，通过内锥体与反击锥的环形缝隙来实现物料的均匀分撒。这样，上升气体可对此部分物料进行再次分选，从而提高选粉效率。分选后的粗粉最终经卸料口卸出。

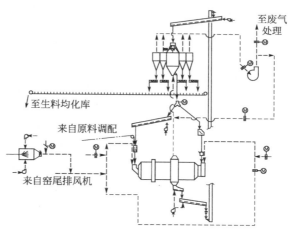

图 5-38　常见的由中卸烘干磨组成的生料粉磨系统

③ 性能及应用　TLS 型组合式选粉机具有较高的分选效率和烘干能力，其分离粒径范围为 $25\sim150\mu m$。在此分离粒径范围内，粗粉含量仅 3% 左右。产品细度主要靠调节回转部分的转速来控制，若在允许转速范围内仍达不到要求细度，可调整导板开度以调整通风量。转子转速的提高和导板开度的减小均使产品粒度变细。

（3）系统流程　如图 5-38 所示是常见的由中卸烘干磨组成的生料粉磨系统。热气体通过锁风装置后同湿物料一起进入球磨烘干仓。烘干仓中的扬料板使物料充分暴露在热气体中，以强化烘干。烘干后的物料经双层提升式隔仓板进入粗磨仓，粗磨后的物料通过磨机中部的卸料仓离开磨机，然后经空气斜槽和斗式提升机进入选粉机。从选粉机出来的粗粉进入细磨仓（约 2/3），但为了使烘干仓的物料有较好的流动性，同时也为了保证物料平衡，也有少部分粗粉随喂入的原料一起再回到粗磨仓中（约 1/3）。

5.4.4.2　风扫球磨系统

风扫球磨系统主要用于煤粉的制备，其主要设备是风扫钢球磨和选粉机。

图 5-39　$\phi3.8m\times(7.75+3.5)m$ 风扫钢球磨的结构

（1）风扫钢球磨　风扫钢球磨与一般球磨机的工作原理相同，结构也相似。如图 5-39 所示为 $\phi3.8m\times(7.75+3.5)m$ 风扫钢球磨的结构，它主要由进料装置、移动端滑履轴承、回转部分、出料端主轴承、出料装置和传动装置组成。回转部分是磨机的主体，包括 3.5m 长的烘干仓和 7.75m 长的粉磨仓。在烘干仓装设扬料板，在粉磨仓装设分级衬板，两仓之间有提升式双层隔仓板。

与一般球磨机相比，风扫钢球磨的进出料中空轴轴颈大、磨体短粗、不设出料箅板，因而通风阻力较小。该磨具有操作简单、运行稳定、生产可靠、对原煤的适应性强等优点，因而在我国水泥行业一直得到广泛应用。

（2）动态选粉机　目前，风扫钢球磨系统一般采用动态选粉机，它是笼式选粉机与粗粉分离器的组合，从功能上兼具粗粉分离器和选粉机的性能，从而可简化系统。MD 型动态选粉机的结构如图 5-40 所示。

从磨机来的高浓度含尘气体由下部风管进入选粉机，经内锥体整流后沿外锥体与内锥体之间的环形通道减速上升，其中的粗粉经重力沉降后沿外锥体边壁滑入粗粉收料筒实现重力

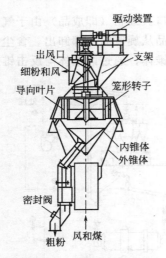

图 5-40　MD 型选粉机的结构

分选。重力分选后的含尘气体在导向叶片的导流和转子的旋转作用下，在两者之间形成稳定的水平涡流选粉区，并随选粉区所形成的空气涡流在选粉区中运动。与 TLS 型组合式选粉机类似，含尘气体中的物料在选粉区被分选。成品细粉被分离出来后经收尘器予以回收，粗重颗粒则下落经内锥体汇集到粗粉收料筒，返回磨机再次粉磨。

（3）工艺流程　风扫球磨系统通常由钢球磨、选粉机和收尘器组成，磨内物料的输送均由气力完成，其工艺流程如图 5-41 所示。

来自预均化堆场的原煤，经输送设备进入煤磨系统的原煤仓，然后由喂料设备送入球磨；从窑系统抽取并经过初步净化的 350℃ 以下的热风由磨头风管进入磨内，原煤就在球磨内边烘干边粉磨。在收尘器尾部系统风机的抽吸作用下，磨细的煤粉被气流带走。含煤粉的气流经过选粉机时，不合格的粗颗粒被分离下来，通过输送设备再次送入磨头；细颗粒则随气流进入袋式收尘器。含尘气流经过净化后排入大气，而煤粉则被收集下来作为成品送至煤粉仓。煤粉仓中的煤粉经过计量之后，由气力输送设备分别送到分解炉和窑头喷煤管。

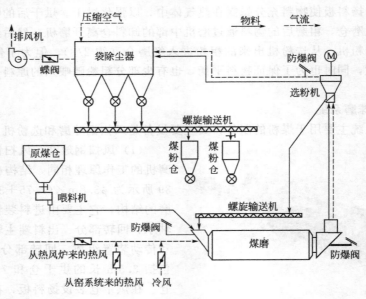

图 5-41　风扫钢球磨系统工艺流程

5.4.5　原燃料立磨系统

立磨又叫辊式磨，是水泥化工、煤炭、电力等部门广泛使用的一种粉磨机械。具有占地面积小、能耗低、噪声小，流程简单、产量高、布置紧凑，集中碎、烘干、粉磨、选粉为一体等优点。但是，立磨不适用于磨蚀性较大的物料。

目前，国外生产立磨的公司及产品主要有：Loesche 公司、Fulle 公司、UBE 公司生产的 LM 磨，FLS 公司生产的 Atox 磨，Polysius 公司生产的 RM 磨，Pfeiffer 公司生产的 MPS 磨。国内生产立磨的厂家及产品主要有沈阳的 MLS 磨、天津的 TRM 磨和合肥的

HRM 磨等。

　　近年来，各立磨设备制造商在主要部件的设计思想和工艺参数的选取上相互借鉴，逐步融合，从而使立磨的设计越来越趋于一致，接近于 Polysius 和 Pfeiffer 两家公司的总体思路，变化主要在于考虑使用、维护是否方便的细节方面。

5.4.5.1　立磨的结构及工作原理

　　立磨由底座、磨盘、磨辊、加压装置、上下壳体、选粉机、密封进料装置、润滑装置、传动装置等组成。以 Loesche 公司生产的 LM 磨（莱歇磨）为例，其主要结构如图 5-42 所示。

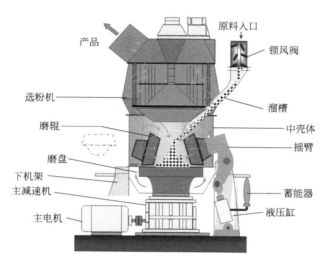

图 5-42　LM 磨（莱歇磨）

　　电动机通过减速机带动磨盘转动，物料经三道锁风阀门、下料溜子进入磨内堆积在磨盘中间，磨盘转动产生的离心力使其移向磨盘周边，进入磨辊和磨盘间的辊道内。磨辊在液压装置和加压机构的作用下，向辊道内的物料施加压力。物料在辊道内碾压后，向磨盘边缘移动，直至从磨盘边缘的挡料圈上溢出。

　　与此同时，来自风环由下而上的热气流对含水物料进行悬浮烘干，并将磨碎后物料带至磨机上部的动态选粉机中进行分选。粗粉重新返回磨盘与喂入的物料一起再粉磨（称为内循环），合格的成品随气流带出机外被收集作为成品。由于风环处气流速度很高，因此传热速率快，小颗粒瞬时得到干燥；大颗粒表面被烘干，在返回重新粉碎的过程中得到进一步干燥。特别难磨的料块以及意外入磨的金属件将穿过风环沉落，并通过刮料板和出渣口排出磨外。对于大型立磨，为降低磨机阻力，风环处风速设计较低，没有被热空气带起的粗颗粒物料溢出磨盘并由排渣口出磨，然后被斗式提升机重新喂入磨机，再次挤压粉磨（称为外循环）。

　　立磨是根据料床粉磨原理来粉磨物料的机械，由加压机构提供粉动力，同时也借助磨辊与磨盘运动速度差异产生的剪切研磨力来粉碎、研磨料床上的物料。

5.4.5.2　立磨的主要部件

　　（1）粉磨机构　核心部件是磨盘和磨辊。它们的几何形状必须满足两个要求：一是能够形成厚度均匀的料床；二是在其接触面上具有相等的比压，这是保证物料均匀研磨和部件均匀磨损的必要条件。

　　磨盘是辊式磨的主要部件之一，它包括导风板、挡料圈、衬板、压块、盘体、圆柱销、提升装置、螺栓和刮料装置等,如图5-43所示。

　　来自风环处的热风由导风板引入磨机中心,风环的通风面积是影响风速的重要因素。风环上焊有带一定角度的导向叶片,可使气流夹带着物料螺旋上升。从磨盘上被卸出的一些物料和少数难磨杂质由风环处落下,并由刮料装置送入排渣口。磨盘周边设置有挡料圈,其高度可根据生产实践按需要进行调整。LM磨采用平磨盘,盘面上的衬板分为若干小片,磨损后可用慢速转动装置转至便于检修的部位。

　　LM磨有四个圆锥形磨辊,如图5-44所示。其表面镶有辊套,磨损后也可更换。辊套的使用寿命将直接影响磨机的运转率,特别是对于大规格的辊套来讲,既要有足够的韧性,又要有良好的耐磨性能。磨辊必须采取措施防止灰尘侵入。

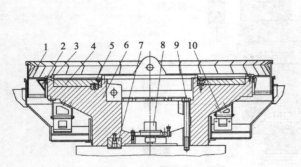

图5-43　磨盘结构示意

1—导风板;2—风环;3—挡料圈;4—衬板;
5—压块;6—盘体;7—圆柱销;
8—提升装置;9—螺栓;10—刮料装置

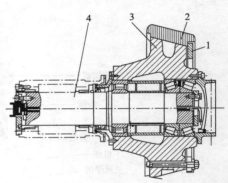

图5-44　LM磨磨辊

1—辊套压盖;2—辊套;3—辊芯;4—磨辊轴

　　不同型式立磨的差别主要是磨盘和磨辊的形状及结构不同,五种典型立磨的结构特点见表5-5。

表5-5　五种典型立磨的结构特点比较

项目	LM型	MPS型	RM型	ATOX型	雷蒙型
图例					
磨辊型式	锥形磨辊	鼓形磨辊	两个窄辊组成的鼓形磨辊	多边形磨辊镶有弧形衬板	圆柱形磨辊
磨盘型式	水平磨盘	与磨辊形式相适应的曲面磨盘,镶有分片衬板	与磨辊形式相适应的碗形磨盘	水平磨盘,段节衬板	带15°倾角的碗形磨盘
磨辊数及加压方式	两辊弹簧式及二、四辊液压式	三个磨辊,用液压气动预应力弹簧加压系统压紧	具有两对磨辊,用液压气动装置压紧	三个磨辊,液力压紧	新型为三磨辊,液压系统

　　(2)**密封进料装置**　立磨必须设有密封进料装置,以防止空气漏入干扰磨内气流,影响磨机的烘干能力和粉磨效率,常用的密封装置有三道闸门喂料机和分割轮喂料机。为使进料

装置下料流畅均匀，喂料溜子的壳体底部通有热风，以防潮湿物料黏附其上。

（3）加压装置　LM磨是通过液压装置对磨辊施加压力，如图5-45所示。液压加压装置也被称为液-气弹簧系统，其压力可根据需要进行调整，以保证磨机在运转中辊压波动小，磨机运转平稳。液压装置主要由油缸、蓄能器、液压管路和液压站组成。

磨机在运行中，磨辊对物料的碾压力来自液压缸产生的拉力，通过活塞杆和连杆头作用在摇臂上，整个摇臂作为一个杠杆，支点在中轴处，把液压缸产生的拉力传递给磨辊。

在磨机工作中，磨辊随着磨盘上料层的加厚而抬高，摇臂向磨外摆出，液压油缸的活塞向上运动，迫使油缸中的油输入蓄能器中，流入的油将其中的氮气囊压缩。压缩的氮气囊与弹簧的性质一样，可以起到缓冲磨辊振动的作用。

（4）选粉装置　立磨的选粉装置位于磨机的上部，其传动装置的转速是可调的，以便根据需要来调整产品的细度。现代立磨用选粉机是由动态选粉机（旋转笼子）和静态选粉机（导风叶）结合而成的高效选粉机（图5-46），即圆柱形的笼子作为转子，在它的四周均布了导风叶片，使气流上下均匀地进入选粉机区。这种选粉机产品细度调节方便，粗细粉分离清晰，选粉效率高。不过这种选粉机的阻力较大，因此叶片的磨损也大。

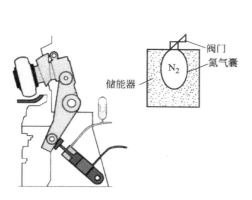

图 5-45　磨辊与液压缸连接结构

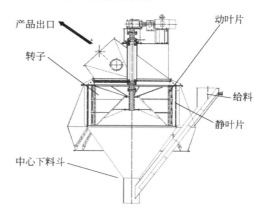

图 5-46　高效选粉机

（5）传动装置　磨机由电动机通过立式行星减速器驱动，结构紧凑、体积小、重量轻、效率高、噪声低。

（6）壳体　磨机中间壳体为焊接件，在安装现场与机座焊成一体，壳体上开设有与磨辊相对应的检修孔，以便检修时将磨辊翻出。壳体与摇臂之间的缝隙采用耐热橡胶板密封，壳体内壁设有波形衬板，以防物料冲刷。另外壳体还设置了用于检修和维护的磨门。

（7）机座　机座是一个将基础框架、减速机底板、轴承座、环形管道、风管以及废料闸门集结为一体的焊接件。其主要作用：一是支承整个磨机的重量和承受动力的作用，二是接纳水泥窑系统废气，作为磨内烘干与输送物料之用。

（8）摇臂监视装置　摇臂的运动情况是靠安装在下臂托架上的传感器来反映的，当导轨移入或移出传感器前的感应区时，传感器便会及时发出相应的信号，以显示"磨辊抬起"或"磨辊下料层太薄"等情况，料层的厚度也可直观地由摇臂的刻度上读出。

（9）磨机的振动监视　辊式磨的振动是用振动传感器监测的，它所测量出的数值将被转换成电信号，然后再通过电缆传送到电控柜中的指示器上，振动一旦超出预定值，就会自动报警直至停磨。

（10）喷水系统　设置喷水系统主要是调整物料的湿度，以稳定磨盘上的料床，并确保出磨气体温度不超过要求。喷水量则取决于热风的温度。喷水系统由喷嘴、水管、控制装置和固定元件所组成。

（11）翻辊装置　此套装置是为检修而配备的一套专用移动式工具，使用时只要与液压系统接通，即可将磨辊翻出磨外，不但便于检修，还可大大缩短停磨时间。

5.4.5.3　生料立磨工艺流程

生料立磨通常采用三风机系统，也称为设有旋风筒和循环风的粉磨系统，如图 5-47 所示。从立式磨顶部随气流排出的合格细粉，先进入旋风筒收集下来，废气由排风机送入收尘器收下剩余的细粉，并可根据工况条件将部分废气循环返回磨中。烘干物料用的热风可采用水泥窑系统的热废气，也可采用热风炉单独提供热源。利用冷风调节阀可调整入磨热风温度，使其保持在适宜范围内。该流程适用于磨机需用风量较大的情况，其优点是减少收尘风量，降低入收尘器废气的浓度。其缺点是系统较复杂，阻力增加。

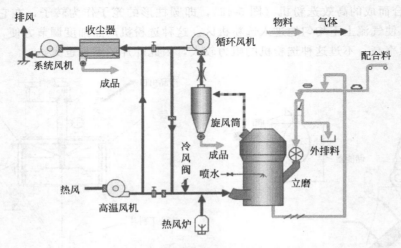

图 5-47　生料立磨三风机系统工艺流程

5.4.5.4　立式煤磨

立式煤磨与立式生料磨或立式水泥磨的原理相同，只是在结构设计上有些特别的考虑。例如，立式煤磨的进料口一般在其上部，以防止湿煤的黏附；采取必要的防爆措施。立式煤磨系统的工艺流程如图 5-48 所示。

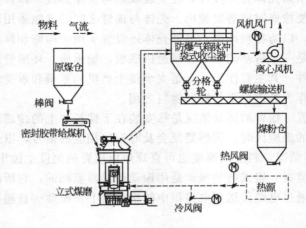

图 5-48　立式煤磨系统的工艺流程

原煤仓中的原煤经过密封喂料机被定量地喂入煤磨，在磨辊和磨盘的作用下被粉碎。来自篦冷机 350℃ 以下的热风在系统风机的抽引下从立磨下部进入，与磨内被粉磨的物料进行充分热交换后，将物料带至磨机选粉机处进行分选，细度不合格的物料重新落到磨盘上进行粉磨，合格的煤粉随气流进入袋式收尘器中，收下来的煤粉通过锁风阀和螺旋输送机进入煤粉仓。

5.4.6　生料辊压机终粉磨

生料辊压机终粉磨系统具有节能效果显著、投资较省、系统简单的特点，适用于物料综合水分低于 3% 的生料的粉磨，但不宜在高寒地区和多雨地区使用。生料辊压机终粉磨系统的主要设备是辊压机、V 形选粉机和动态选粉机。在国外，V 形选粉机和动态选粉机被看做一个整体，如 KHD 公司的 VSK 选粉机。

5.4.6.1　辊压机

（1）结构　辊压机的结构与常用的双辊破碎机很相似，它由两个速度相同、彼此平行而相对向内转动的辊子组成，通过四个重型滚动轴承安装在一个机架上。其中一个是固定辊 2，另一个是由油缸施加较大压力的活动辊 3，活动辊的轴承在机架上可以前后移动，如图 5-49 所示。机架由纵梁和横梁组成，它是由铸钢件通过螺栓连接而成的。液压油缸 5 使活动辊以一定压力向固定辊靠近，如压力过大，则液压油排至蓄能器 4，使活动辊后移，起到保护机器的作用。电动机通过两个精密的行星减速器带动辊子转动。

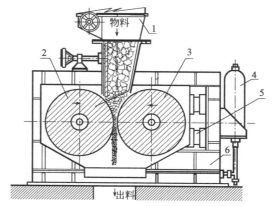

辊子之间的作用力由机架上的剪切销钉承受，使螺栓不受剪力。固定辊的轴承座与底架端部之间有橡皮垫起缓冲作用。活动辊的轴承座底部衬有聚四氟乙烯。辊子有镶套

图 5-49　辊压机结构示意
1—加料装置；2—固定辊；3—活动辊；
4—蓄能器；5—液压油缸；6—机架

式压辊和整体式压辊两种结构形式，水泥厂多用后者。通常，辊子的工作表面采用槽形，又可分为环状波纹、人字形波纹、斜井字形波纹三种，都是通过堆焊来实现的。

（2）工作原理　辊压机是基于料层粉碎（或称粒间粉碎）机理进行粉碎作业的，它的理论基础是压碎学说。压碎理论认为固体物料受压产生压缩变形，内部形成集中的应力；当应力达到颗粒在某一最弱方向上的破坏应力时，该颗粒就会发生碎裂和粉碎行为。

如图 5-50 所示，辊压机的两个磨辊做慢速的相对运动，被粉碎物料沿着整个辊子宽度连续而均匀地喂料，大于辊子间隙 G 的颗粒在上部钳角 2α 处先经挤压，然后进入压力区 A（即拉入角 α 的范围内）时即被压紧并受到不断加大的压力 P，直至两辊间的最小间隙 G 处压力达到最大值 P_{max}。受到压力的料层从进入 α 角开始随着料层的向下移动，密度逐渐增大，料层中的任一颗粒不可避免地受到来自各个方向的相邻颗粒的挤压，不断加大的压力使颗粒之间的空隙逐渐消失，颗粒在受到巨大的压力时发生应变，物料变成了密实扁平的料饼，并出现粉碎和微裂纹，这就是"粒间粉碎"效应，即所谓"料床粉碎"。

5.4.6.2　V 形选粉机

V 形选粉机是专为辊压机配套使用的静态分级打散设备（粗选选粉机），无任何活动部件，兼具粗分选、打散和烘干三项功能为一体，可将出辊压机物料中的合格细粉分离出来。V 形选粉机与辊压机配套，简化了系统的工艺，优化了辊压机的操作，有利于辊压机的平

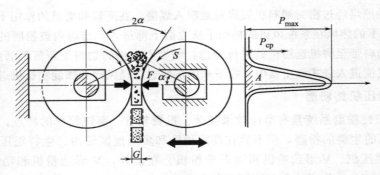

图 5-50　辊压机粉碎机理

G—缝隙；A—压力区；P—压应力；F—作用力；2α—钳角；S—转速

稳运行，提高系统产量。

　　V 形选粉机外壳体的形状像一个"V"，因此，形象地称为 V 形选粉机，该设备结构非常简单，V 形上部两边分别有进风口和出风口，进料口设在进风口上部，粗粉出口位于"V"字底部，内部设置了两排固定的、呈梯状排列的、相互呈一定角度的打散分级板，结构如图 5-51 所示。

　　V 形选粉机的工作原理是利用高度落差使料饼在下落过程中撞击打散，利用气流方向和速度的改变达到分选的目的。细度的调节可以通过改变风速来控制。其分级细度一般小于 1mm。与高效选粉机相比，V 形选粉机分选风量较低，压差小，因此，其循环风机的功率也只需高效选粉机的 45% 左右；由于无运动部件，设备耐磨容易解决，且使用寿命长；由于物料下落过程较长，既可冷却物料，也可烘干有一定水分的物料。

　　VSK 型选粉机（图 5-52）是在 V 形选粉机基础上开发的一种动静态结合的选粉机。增加了动态的笼形转子，改变了 V 形选粉机只能进行粗选的限制。其笼形转子与 O-Sepa 选粉机、组合式选粉机等的转子类似，只是 VSK 型选粉机的转子是水平安装的，其他选粉机的转子是垂直安装的。与生料辊压机终粉磨系统配套的 VSK 型选粉机适当延长了出风管长度，用以烘干物料。成都利君将 V 形选粉机与 XR 动态选粉机结合起来，其效果与 VSK 型选粉机相同。

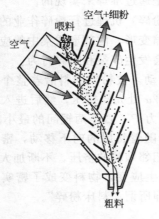

图 5-51　V 形选粉机的结构

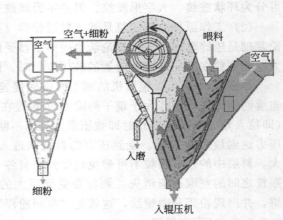

图 5-52　VSK 型选粉机

5.4.6.3　工艺流程

　　如图 5-53 所示是生料辊压机终粉磨系统工艺流程。从配料站来的混合料由带式输送机送至生料粉磨车间，带式输送机上挂有除铁器，将物料中混入的铁件除去；同时在该皮带上装有金属探测器，发现有金属后气动三通换向，将混有金属的物料由旁路卸出，以保证辊压机的安全正常运行。

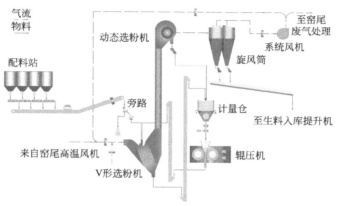

图 5-53　生料辊压机终粉磨系统工艺流程

不含金属的物料由气动三通经重锤锁风阀喂入 V 形选粉机，在 V 形选粉机中预烘干后，通过提升机进入稳流仓，稳流仓设有荷重传感器检测仓内料位。物料从稳流仓喂入辊压机中进行挤压，挤压后的料饼通过提升机送入 V 形选粉机中进行打散、烘干和分级，细小颗粒被热风分选出来；粗颗粒与新喂入的混合料一同进入循环挤压过程。从 V 形选粉机分选出来的细颗粒被热风带至热风管道内继续烘干后进入动态选粉机，通过笼形转子的分选。粗粉通过锁风阀卸出至稳流仓后继续挤压；成品经旋风除尘器分离后，通过锁风阀卸入输送斜槽，然后被送入生料库。

生料烘干热源来自窑尾废气，可通过电动阀门的开度控制窑尾热风量，同时冷风阀的开度可控制掺入冷风量，以控制入 V 形选粉机的热风温度。出生料磨的含尘废气通过旋风筒并经循环风机排出后，一部分经调节阀循环回 V 形选粉机进风管；大部分则进入窑尾收尘器，经净化后排入大气。循环风机设有进口调节阀以调节烘干用风量。

5.4.7　不同生料粉磨系统比较

目前生料制备主要有中卸烘干磨、立磨、辊压机三种方式，而三者各有自己的特点。据调查，对于生料粉磨系统，立磨约占 89%；球磨约占 8%；其他磨机约占 3%。可见，立磨在生料粉磨系统中获得广泛采用。

(1) 球磨与立磨的对比　球磨成本低，易操作，运转率高；但电耗高，粉磨效率低，金属磨耗大。

立磨粉磨效率高，电耗可降低 20% 以上；立磨集粉磨、分级和烘干于一体，设备布置紧凑，简化工艺路程，节省基建投资；烘干能力强，利用辅助热源，最大可达 20%；入磨粒度大，可达 100mm 以上，简化破碎流程；物料在磨内停留时间短，过粉磨少，粒级匹配合理，无效磨耗大大降低，金属磨耗为球磨的 1/10；适应大型化配套需要。缺点是单机成本高，操作相对复杂。

(2) 立磨与辊压机的对比　Polysius 公司对辊压机终粉磨和辊式磨进行了全面的技术经济比较并指出：当原料水分小于 3.5% 时，辊压机终粉磨系统比立磨系统单位电耗约降低 15%，基建投资节省 10%；反之，当原料水分达 8% 时，单位电耗相当，而终粉磨系统的基建投资高，主要是烘干管道投资较大。对于湿物料终粉磨系统维修费较大，尤其是打散机的维修费用高。由此得出结论：对较干物料可选辊压机终粉磨，对较湿物料可选立磨系统。

5.5　生料均化

　　生料的均化是指粉磨后的生料通过合理搭配或气力搅拌等方式，使其成分趋于均匀一致的过程，是生料制备过程中最重要的环节之一。

5.5.1　概述

5.5.1.1　生料均化的作用

　　出磨生料均化是生料均化过程中的最后一环，其担负的均化工作量约占均化过程总量的40%。生料均化库的任务是消除出磨生料具有的短周期成分波动，使其质量达到入窑生料的要求，从而稳定窑的热工制度，提高熟料的产量和质量。

5.5.1.2　均化原理

　　料均化原理主要是利用空气搅拌及重力作用下产生的"漏斗效应"，使生料粉向下卸落时切割尽量多的层料面予以混合。同时，在不同流化空气的作用下，使沿库内平行的料面发生大小不同的流化膨胀作用，有的区域卸料，有的区域流化，从而使库内料面产生径向混合均化，即有三种均化作用：空气搅拌、重力均化和径向混合，水泥工业所用生料均化库都是利用这三种原理进行匹配设计的。

5.5.1.3　生料均化库的发展

　　生料均化库先后经历了机械倒库、间歇式搅拌库、连续式均化库和多料流式均化库的发展。多料流式均化库是目前使用比较广泛的库型，其原理侧重于库内重力混合作用，基本不用或减小气力均化作用，以简化设备和节省电力。

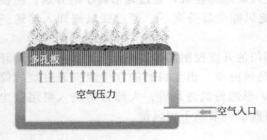

图 5-54　充气装置示意

5.5.1.4　充气装置

　　充气装置是水泥和生料储存搅拌生产工艺不可缺少的设备，其主要形式是充气箱。充气箱是一种气动均化装置，有矩形、直角梯形、等腰梯形及特殊形式四大类。充气箱具有结构简单、性能可靠、无噪声、易维修、搅拌均匀等优点，其结构如图 5-54 所示。对充气箱的要求是：充气时空气通过多孔板进入生料粉中，但停止充气时，生料粉不能通过多孔板下落。充气箱的透气部件可选用陶瓷多孔板或涤纶、尼龙等化纤织物。

5.5.2　多料流式均化库

5.5.2.1　IBAU 型中心室均化库

　　IBAU 型中心室均化库的结构形式如图 5-55 所示。在底部带一个搅拌仓，库底中心设一个大圆锥，库内生料的重量通过它传递给库壁。库底环形空间被分成向中心倾斜 10°的6~8 个充气区，每区装有多种规格的充气箱。充气卸料时生料首先被送至一条径向布置的充气箱上，再经过锥体下部的出料口由空气斜槽送入库底中央搅拌仓中。卸料时，生料在自上而下的流动过程中，切割水平料层产生重力混合作用，进入搅拌仓后又因连续充气搅拌而得到进一步均化。生料入库装置由分料器和辐射形空气斜槽将生料基本平行地铺入库内。

　　生料在库内既有重力混合又有径向混合，中心室也有少量空气搅拌，故均化效果较好，一般单库可达 7，双库并联时可达 10 以上；电力消耗较小，一般在 $0.36\sim0.72\mathrm{MJ/t}$，库内物料卸空率较高。

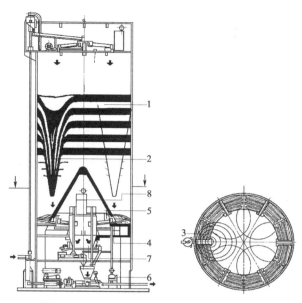

图 5-55　IBAU 型中心室均化库的结构形式

1—料层；2—漏斗形卸料；3—充气区；4—阀门；5—流星控制阀门；6—空气压缩机；7—集料斗；8—吸尘器

5.5.2.2　CF 型控制流式均化库

史密斯公司（F. L. Smith）的控制流库（Controlled Flow Silo，简称 CF 库）如图 5-56 和图 5-57 所示，其特点如下。

图 5-56　CF 库操作原理示意

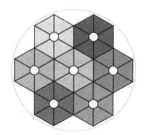

图 5-57　CF 库底部结构示意

① 库顶采用单点进料，库底分为七个卸料区，每个区由六个等边三角形充气块组成，因而共有 42 个（6×7）三角形充气区。每个三角形充气区的充气箱都是独立的。每个卸料区的中心有一个卸料孔，上面由卸料减压锥覆盖，卸料孔下部与卸料阀及空气斜槽相连，将生料送到库底中央的小混合室中。

② 库底的 42 个三角形充气箱充气卸料都是由设定的程序控制，使库内卸料形成的 42 个漏斗流按不同流量卸出。物料卸出的过程中，产生重力纵向均化的同时，也产生径向混合均化。一般保持 3 个卸料区同时卸料，进入库下小型混合室后也有搅拌混合作用。

　　③ 由于依靠充气和重力卸料，物料在库内实现轴向及径向混合均化，各个卸料区可控制不同流速，再加上小混合室的空气搅拌，因此，均化效果较高，一般可达 10～16，电耗0.72～1.08MJ/t。生料卸空率较高。

　　④ 缺点是库内结构复杂，充气管路多，自动化水平高，维修比较困难。

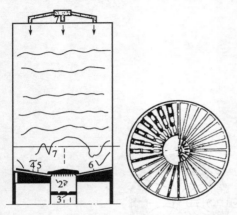

图 5-58　伯力鸠斯多料流式均化库

5.5.2.3　MF 型多料流式均化库

　　伯力鸠斯多料流式均化库（Polysius Multiflow silo，简称 MF 库）如图 5-58 所示，其特点如下。

　　① 库顶设有生料分配器和六根输送斜槽，以进行库内水平铺料。库底为锥形，略向中心倾斜，库底设有一个容积较小的中心室，其上部与库底的连接处四周开有许多入料孔。

　　② 中心室与库壁之间的均化库库底分为 10～16 个充气区，每区设 2～3 条装有充气箱的卸料通道。通道上沿径向铺有若干块盖板，形成 4～5 个卸料孔。卸料时，充气装置向两相对区轮流充气，使卸料口上方出现多股漏斗凹陷，漏斗沿直径排成一列，这样随充气变换而使漏斗物料旋转，从而使物料在库内不但产生重力混合，还产生径向混合，以增加均化效果。

　　③ 生料从库底卸入中心室后，中心室底部连续充气，使生料又获得一次均化。

　　④ MF 库单独使用时，均化效果可达 7，两库并联操作可达 10。由于这种库主要是利用重力混合，中心室很小，故电耗较低，一般为 0.43～0.58MJ/t。

　　⑤ 后来又吸取 IBAU 库和 CF 库的经验，在 MF 库底设置大形圆锥，在每个卸料口上部也设置减压锥。这样既可使土建结构更合理，又可减轻卸料口的料压，改善物料流动状况。

思　考　题

1. 何谓粉碎？何谓粉碎比？粉碎的目的及意义有哪些？
2. 简述锤式破碎机和反击式破碎机的工作原理。
3. 简述 PCF2022 型破碎机的结构和工作原理。
4. 简述新型干法水泥厂常用物料所用破碎机的选型。
5. 简述预均化的原理和意义。
6. 简述球磨机的工作原理。
7. 研磨体在磨机中有几种运动状态？各有何特点？
8. 闭路磨和开路磨流程设备有哪些优缺点？画出其开路和一级闭路磨流程。
9. 磨机衬板的作用是什么？磨机隔仓板的作用是什么？
10. 什么是磨机研磨体的填充率？什么是研磨体的级配？
11. 简述中卸烘干磨的结构及其粉磨系统的工艺流程。
12. 简述 TLS 组合式选粉机的构造、工作原理和细度调节方法。
13. 以 LM 立磨为例，简述立磨的主要结构和工作原理。
14. 简述辊压机的结构及其工作原理。
15. 简述 V 形选粉机的构造、工作原理和细度调节方法。
16. 生料均化的作用是什么？其均化原理是什么？
17. 试对 IBAU 库、CF 库和 MF 库的均化方式进行比较。

第6章 硅酸盐水泥熟料煅烧原理

硅酸盐水泥主要由熟料组成，其性质也主要取决于熟料的性质。硅酸盐水泥熟料的主要由硅酸三钙、硅酸二钙、铝酸三钙和铁铝酸四钙等矿物组成。但是，这些矿物是如何形成的呢？形成过程中发生了哪些物理和化学变化呢？哪些因素影响这些矿物的形成呢？因此，了解并研究熟料的煅烧过程非常重要。

6.1 生料在煅烧过程中的物理化学变化

6.1.1 干燥与脱水

干燥就是自由水的蒸发，而脱水则是黏土矿物分解放出化合水。

入预分解窑系统生料所含水分一般不超过1%。生料进入预热器后，物料温度逐渐升高，当温度升高到100～150℃时，生料中水分全部被排除，这一过程称为干燥。每千克水分蒸发潜热高达2257kJ（100℃）。

黏土矿物的化合水有两种：一种以 OH⁻ 状态存在于晶体结构中，称为晶体配位水；一种以水分子状态吸附在晶层结构间，称为晶层间水或层间吸附水。层间水在100℃左右即可脱去，而配位水则必须高达400～600℃才能脱去。

生料干燥后，继续被加热，温度上升较快，当温度升到500℃时，黏土中的主要组成矿物高岭土发生脱水分解反应，高岭土在失去化学结合水的同时，晶体结构本身也受到破坏，生成无定形偏高岭土（$Al_2O_3 \cdot 2SiO_2$），其反应式为：

$$Al_2O_3 \cdot 2SiO_2 \cdot 2H_2O \longrightarrow Al_2O_3 \cdot 2SiO_2 + 2H_2O$$

高岭土脱水后的活性较高。当继续加热到1000～1100℃时，由无定形物质转变为莫来石（$3Al_2O_3 \cdot 2SiO_2$），析出 SiO_2，同时放出热量。

蒙脱石和伊利石脱水后，仍然具有晶体结构，故它们的活性较高岭土差。伊利石脱水时还伴随有体积膨胀，而高岭土和蒙脱石脱水时则是体积收缩。

黏土矿物脱水分解反应是一个吸热过程，每千克高岭土在450℃时吸热为934kJ，但因黏土质原料在生料中含量较少，所以其吸热反应不显著。

6.1.2 碳酸盐分解

温度继续升至600℃左右时，生料中的碳酸盐开始分解，主要是石灰石中的碳酸钙和原料中夹杂的碳酸镁进行分解，其反应如下。

$$MgCO_3 \longrightarrow MgO + CO_2 \uparrow -(1047～1214) \text{ J/g （590℃时）}$$
$$CaCO_3 \longrightarrow CaO + CO_2 \uparrow -1645 \text{J/g （890℃时）}$$

（1）碳酸盐分解反应的特点

① 可逆反应　碳酸盐分解反应属于可逆反应，受系统温度和周围介质中 CO_2 的分压影响较大。为使分解顺利进行，必须保持较高的反应温度，降低周围介质中 CO_2 分压或降低 CO_2 浓度。

② 强吸热反应　碳酸盐分解时，需要吸取大量的热量。它是熟料形成过程中消耗热量

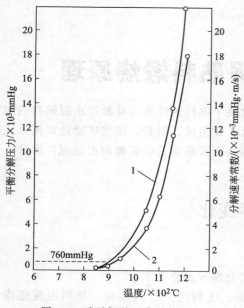

图 6-1 碳酸钙的平衡分解压力、
分解速率常数与温度的关系
1mmHg＝133.32Pa

最多的一个工艺过程，所需热量约占预分解窑的 1/2。因此，为保证碳酸钙分解反应能完全地进行，必须供给足够的热量。

③ 分解速率受温度影响大 $CaCO_3$ 分解反应的起始温度较低，约在 600℃ 时就有 $CaCO_3$ 开始进行分解反应，但速率非常缓慢。至 894℃ 时，分解放出的 CO_2 分压达 0.1MPa，分解速率加快。至 1100～1200℃ 时，分解速率极为迅速。如图 6-1 所示是碳酸钙分解的平衡分解压力、分解速率常数与温度的关系。由曲线 1 和曲线 2 可知，温度每增加 50℃，分解速率常数约增加 1 倍，分解时间约缩短 50%。

④ 分解温度与矿物晶体结构有关 石灰石中伴生矿物和杂质时，分解温度一般会降低。方解石的结晶程度高、晶体粗大，则分解温度高；反之，微晶的分解温度低。

⑤ 烧失量大 每 100kg 纯 $CaCO_3$ 分解后放出 CO_2 气体 44kg，烧失量占 44%。但在实际生产中，由于石灰石不纯，故烧失量一般在40%左右。

（2）碳酸钙的分解过程 碳酸钙颗粒的分解过程如图 6-2 所示。颗粒表面 a 首先受热，达到分解温度后分解放出 CO_2，表层变为 CaO；分解反应面逐步向颗粒内层推进，分解放出的 CO_2 通过 CaO 层扩散至颗粒表面并进入气流中。颗粒内部（图中 b 处）的反应可分为五个过程：①气流向颗粒表面的传热过程；②热量由表面以热传导方式向分解面传递的过程；③碳酸钙在一定温度下，吸收热量，进行分解并放出 CO_2 的化学反应过程；④分解放出的 CO_2，穿过分解层向表面扩散的传质过程；⑤表面的 CO_2 向周围介质气流扩散的过程。

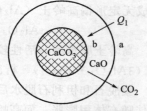

图 6-2 碳酸钙颗粒的
分解过程

这五个过程中，传热和传质皆为物理传递过程，仅有一个化学反应过程。由于各个过程的阻力不同，所以 $CaCO_3$ 的分解速率受控于其中最慢的一个过程。

根据福斯腾（B. Vosteen）的计算：当碳酸钙颗粒尺寸小于 $30\mu m$ 时，由于传热和传质过程的阻力都较小，因而分解速率或分解所需时间，将取决于化学反应所需时间。当粒径大约为 0.2cm 时，传热、传质的物理过程与分解反应化学过程具有同等重要的地位。当粒径约等于 1cm 时，传热和传质占主导地位，而化学过程降为次要地位。

在回转窑内，虽然生料粉的特征粒径通常只有 $30\mu m$，但物料在窑内呈堆积状态，使气流和耐火材料对物料的传热面积非常小，传热系数也很低。然而碳酸钙分解要吸收大量热量，因此，回转窑内 $CaCO_3$ 的分解速率主要取决于传热过程。在悬浮预热器和分解炉内，由于生料悬浮于气流中，基本上可以看做单颗粒，其传热系数较大，特别是传热面积非常大。测定计算表明，传热系数比回转窑高 2.5～10 倍；而传热面积比回转窑大 1300～1400倍。因此，回转窑内碳酸钙的分解，在 800～1100℃ 的温度下，通常需要 15min 以上；而在分解炉内（物料温度 850℃左右），只需几秒钟即可使碳酸钙表观分解率达 85％～95％。

（3）生料颗粒群的分解　以上探讨了单颗粒的分解过程，而实际生料是由大小不同颗粒组成的颗粒群。福斯腾等人对单颗粒碳酸钙和实际生料粉的分解时间进行了研究，并给出了相应的曲线图。当分解温度和 CO_2 的分压一定时，福斯腾的计算结果如图 6-3 所示。图中画出了料粉的平均分解率 $\overline{E}$ 与分解时间系数 τ、生料颗粒均匀性系数 n 的关系曲线（τ 等于特征粒径分解时间的倍数，而特征粒径 $D'=30\mu m$）。

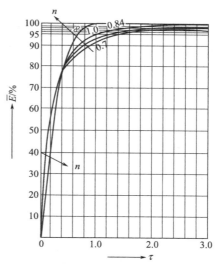

图 6-3　料粉平均分解率 $\overline{E}$ 与
分解时间系数 τ 的关系

图中共有四条曲线，一条为给定值 $n=0.84$ 的曲线；另外两条是 $n=0.7$ 和 $n=1$ 的曲线；另一条为极限值 $n=\infty$ 时的曲线，即特征粒径 D' 的单颗粒曲线。图中曲线说明如下。

① 颗粒群的平均分解率，在分解时间系数 $\tau=0.4$ 以前，均高于单颗粒料粉的分解率。说明料粉颗粒群中含有许多细颗粒料粉，它们的分解速率快。在开始阶段（$\tau<0.4$，$\overline{E}<0.8$ 时），总的平均分解速率比单颗粒料粉快。

② 在 $\tau=0.4$ 以后，整个颗粒群料粉的平均分解率，远低于单颗粒料粉的分解率，这是因为大于特征粒径颗粒的分解速率较慢。然而，颗粒群的均匀性系数 n 越大（即颗粒越均匀），分解率越高。所以，磨制出颗粒较均匀的生料有利于达到较高的分解率。

③ 对于 $n=0.84$ 的料粉，当 $\overline{E}=85\%$ 时，$\tau=0.51$；当 $\overline{E}=90\%$ 时，$\tau=0.72$；当 $\overline{E}=95\%$ 时，$\tau=1$；当 $\overline{E}=99\%$ 时，$\tau=2$；当 $\overline{E}=100\%$ 时，$\tau>3$。这是因为整个颗粒群中，一些粗颗粒量虽不多，但要它们全部分解，则需时将 2～3 倍于 $\overline{E}=90\%\sim95\%$ 时所需的时间。

（4）影响碳酸钙分解反应的因素　综上所述，影响碳酸钙分解反应的因素如下。

① 石灰石的种类和物理性质　结构致密、结晶粗大的石灰石分解速率慢。

② 生料细度和颗粒级配　生料颗粒粒径越小，比表面积越大，传热面积增大，分解速率加快；生料颗粒均匀，粗颗粒少，分解速度快。

③ 温度　提高反应温度，碳酸钙分解反应速率加快。但应注意温度过高，将增加废气温度和热耗；预热器和分解炉结皮、堵塞的可能性也增大。

④ 系统 CO_2 分压　加强通风，及时地排出反应生成的 CO_2 气体，有利于碳酸钙的分解。

⑤ 生料悬浮分散程度　生料粉在预热器和分解炉内悬浮分散好，可提高传热面积，减少传质阻力，从而提高分解速率。

⑥ 硅铝质组分的性质　如黏土质原料的主导矿物是活性大的高岭土，由于其容易和分解产物 CaO 直接进行固相反应生成低钙矿物，可加速 $CaCO_3$ 的分解反应；反之，如果黏土的主导矿物是活性差的蒙脱石和伊利石，则要影响 $CaCO_3$ 分解的速率，由结晶 SiO_2 组成的石英砂的反应活性最低。

6.1.3　固相反应

6.1.3.1　反应过程

在熟料形成过程中，从碳酸钙开始分解起，物料中便出现了游离氧化钙，它与生料中的 SiO_2、Fe_2O_3 和 Al_2O_3 等通过质点的相互扩散而进行固相反应，形成熟料矿物。固相反应是指固态物质间发生的化学反应，有时也有气相或液相参与，而作用物和产物中都有固相。熟料形成过程的固相反应比较复杂，其过程大致如下。

约 800℃：开始形成 $CaO \cdot Al_2O_3$（CA）、$CaO \cdot Fe_2O_3$（CF）与 $2CaO \cdot SiO_2$（C_2S）。

800～900℃：开始形成 $12CaO \cdot 7Al_2O_3$（$C_{12}A_7$）、$2CaO \cdot Fe_2O_3$（C_2F）。

900～1100℃：$2CaO \cdot Al_2O_3 \cdot SiO_2$（$C_2AS$）形成后又分解；开始形成 C_3A 和 C_4AF；所有碳酸钙均分解，游离氧化钙达最高值。

1100～1200℃：大量形成 C_3A 和 C_4AF，C_2S 含量达最大值。

熟料矿物固相反应是放热反应，当用普通原料时，固相反应的放热量为 420～500J/g，这足以使物料温度升高 300℃ 以上。

由于固体原子、分子或离子之间具有很大的作用力，因而固相反应的反应活性较低，反应速率较慢。通常，固相反应总是发生在两组分界面上，为非均相反应。对于粒状物料，反应首先是通过颗粒间的接触点或面进行，随后是反应物通过产物层进行扩散迁移，因此，固相反应一般包括界面上的反应和物质迁移两个过程。

6.1.3.2　影响固相反应的主要因素

① 生料的细度和均匀性　生料越细，则其颗粒尺寸越小，比表面积越大，各组分之间的接触面积越大，同时表面的质点自由能也大，使反应和扩散能力增强，因此反应速率越快。

由于物料反应速率与其颗粒尺寸的平方成反比，因而即使有少量较大尺寸的颗粒，都可显著延缓反应过程的完成。固生产上宜使物料的颗粒分布控制在较窄的范围内，特别是要控制 0.2mm 以上的粗颗粒。

但是，当生料磨细到一定程度后，如果继续再细磨，则对固相反应的速率增加不明显，而磨机产量却会大大降低，粉磨电耗剧增。因此，必须综合平衡，优化控制生料细度。

生料的均匀性好，即生料内各组分混合均匀，这就可以增加各组分之间的接触，所以能加速固相反应。

② 温度及升温速率　当温度较低时，固体的化学活性低，质点的扩散和迁移速率很慢，因此固相反应通常需要在较高的温度下进行。提高反应温度，可加速固相反应。

在水泥熟料矿物形成时，当低于液相出现温度而处于 SiO_2 的晶型转变时，或碳酸钙刚分解为氧化钙时，SiO_2 与 CaO 均为新生态的物质，活性较高。因此，如果能采用极高的升温速率（600℃/min 以上），使黏土的脱水分解和石灰石的分解反应基本上重合的话，则可大大促进固相反应速率并降低能耗。对于现有的预分解窑系统来说，应尽可能缩短窑尾过渡带的长度。

③ 原料性质　当原料中含有如燧石、石英砂等结晶 SiO_2，或方解石结晶粗大时，因破坏其晶格困难，所以使固相反应的速率明显降低，特别是原料中含有粗粒石英砂时，其影响更大。

④ 矿化剂　加入矿化剂可以加速固相反应。它可以通过与反应物形成固溶体使晶格活化，从而增加反应能力；或是与反应物形成低共熔物，使物料在较低温度下出现液相，加速扩散和对固相的溶解作用；或是与反应物形成某种活性中间体而处于活化状态；或是可促使

反应物断键而提高反应物的反应速率，因此加入矿化剂可以加速固相反应。

6.1.4　液相和熟料的烧结

通常水泥生料出现液相以前，硅酸三钙不会大量形成。到达最低共熔温度（一般水泥生料在通常的煅烧制度下约为 1250℃）后，开始出现液相。液相主要由氧化铝、氧化铁和氧化钙所组成，还会有氧化镁和碱其他组分。在高温液相作用下，水泥熟料逐渐烧结，物料逐渐由疏松状转变为色泽灰黑、结构致密的熟料，并伴随着体积收缩。同时，硅酸二钙与游离氧化钙逐步溶解于液相，通过 Ca^{2+} 扩散的方式与硅酸根离子、硅酸二钙反应，形成硅酸盐水泥熟料的主要矿物——硅酸三钙。其反应式如下：

$$C_2S + CaO \xrightarrow{\text{液相}} C_3S$$

随着温度升高和时间的延长，液相量增加，液相黏度减少，氧化钙、硅酸二钙不断溶解和扩散，硅酸三钙不断形成，并使小晶体逐渐发育长大，最终形成几十微米大小的、发育良好的阿利特晶体，完成熟料的烧成过程。

从上述的分析可知，熟料烧结形成阿利特的过程，与液相形成温度、液相量、液相性质以及氧化钙、硅酸二钙溶解于液相的速率、离子扩散速率等各种因素有关。

（1）最低共熔温度　两种或两种以上组分组成的物料在加热过程中，开始出现液相的温度称为最低共熔温度。表 6-1 列出一些系统的最低共熔温度。

表 6-1　一些系统的最低共熔温度

系统	最低共熔温度/℃	系统	最低共熔温度/℃
C_3S-C_2S-C_3A	1450	C_3S-C_2S-C_3A-C_4AF	1338
C_3S-C_2S-C_3A-Na_2O	1430	C_3S-C_2S-C_3A-Na_2O-Fe_2O_3	1315
C_3S-C_2S-C_3A-MgO	1375	C_3S-C_2S-C_3A-Fe_2O_3-MgO	1300
C_3S-C_2S-C_3A-Na_2O-MgO	1365	C_3S-C_2S-C_3A-Na_2O-MgO-Fe_2O_3	1280

从表 6-1 可知：组分性质与数目都影响系统的最低共熔温度。硅酸盐水泥熟料由于含有氧化镁、氧化钾、氧化钠、硫酐、氧化钛、氧化磷等次要氧化物，因此其最低共熔温度约为 1250℃。矿化剂和其他微量元素对降低共熔温度有一定作用。

（2）液相量　液相量不仅与组分的性质有关，而且与组分的含量、熟料烧成温度等有关。因此，不同的生料成分与烧成温度等对液相量有很大影响。一般水泥熟料在烧成阶段的液相为 20%～30%，而白水泥等液相量可能只有 15%。在不同温度下水泥熟料液相量的计算公式见表 6-2。在这些公式中，L 表示熟料中液相的百分含量；M 代表熟料中 MgO 的百分含量；R 代表熟料中 K_2O、Na_2O、$CaSO_4$ 及其他微量元素的百分含量之和；A 和 F 分别代表熟料中 Al_2O_3 和 Fe_2O_3 的百分含量。

表 6-2　在不同温度下水泥熟料液相量的计算公式

温度/℃	液相量计算公式/%	温度/℃	液相量计算公式/%
1280～1338	$L = 6.1F + M + R$（IM>1.38） $L = 8.2A - 5.22F + M + R$（IM<1.38）	1400	$L = 2.95A + 2.2F + M + R$
1340	$L = 3.03A + 1.75F + M + R$	1450	$L = 3.0A + 2.25F + M + R$
		1500	$L = 3.3A + 2.6F + M + R$

随着液相量增加，溶入液相的氧化钙和硅酸二钙数量增多，C_3S 生成反应加快。但是液相量过多，回转窑在煅烧时容易出现结大块、结圈等问题，影响正常生产，这就涉及烧结范围的问题。烧结范围指物料出现烧结所必需的最少液相量时的温度与超过正常液相量开始出

现结大块时温度的差值。生料中的液相量随温度升高而缓慢增加,其烧结范围就较宽;如生料中液相量随温度升高增加很快,则其烧结范围就较窄。它对熟料烧成影响较大,如烧结范围宽的生料,窑内温度波动时,不易发生生烧或烧结成大块的现象。含铁量较高的硅酸盐水泥,其烧结范围就较窄,降低铁的含量,增加铝的含量,烧结范围就变宽。通常硅酸盐水泥熟料的烧结范围约为150℃,铝酸盐水泥熟料的烧结范围为30~70℃。

还需说明的是,烧结范围不仅随液相量变化,而且和液相黏度、表面张力以及这些性质随温度而变化的情况有关。

(3)液相黏度 液相黏度对硅酸三钙的形成影响较大。黏度小,液相中质点的扩散速率增加,有利于硅酸三钙的形成和晶体的发育成长。但黏度过小,物料易在窑内结大块、结圈等。如图6-4和图6-5所示为液相黏度与温度和铝率的关系。

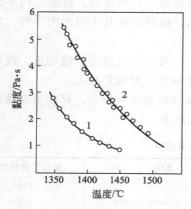

图6-4 液相黏度与温度的关系
1—最低共熔物;2—1450℃为
C_2S 与 CaO 所饱和的液相

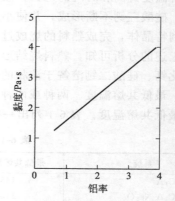

图6-5 液相黏度与铝率的关系
(1440℃纯氧化物熟料)

根据图6-4可知,随着温度的升高,液相黏度降低。这是因为提高温度,离子动能增加,减弱了相互间的作用力。根据图6-5可知,液相黏度随铝率增加而增大。

液相黏度与液相组成的关系随液相中离子状态和相互作用力的变化而异。在熟料液相中,CaO 总是离解为 Ca^{2+};SiO_2 主要离解为 SiO_4^{4-} 等阴离子团;而 Al_2O_3、Fe_2O_3 由于属两性化合物,可同时离解为 MeO_4^{5-} 和 Me^{3+},如:

$$Me_2O_3 + 5O^{2-} \Longrightarrow 2MeO_4^{5-}$$

$$Me_2O_3 \Longrightarrow 2Me^{3+} + 3O^{2-}$$

两者比例视各自的金属离子半径和液相酸碱度而异。Me_2O_3 以 MeO_4^{5-} 状态存在时,其具有 4 个 O^{2-} 配位,构成较紧密的四面体,由于其中 Me—O 价键较强,在黏滞流动时,不易断裂,因而液相黏度较高;Me_2O_3 以 Me^{3+} 状态存在时,具有 6 个 O^{2-} 配位,构成松散的八面体,由于其中 Me—O 价键较弱,在黏滞流动中易于断裂,因而液相黏度较低。

Al^{3+} 半径为 0.057nm,比 Fe^{3+} 半径 0.067nm 小,趋向于构成较多的 MeO_4^{5-}。提高铝率时,由于形成较多的 MeO_4^{5-},因而液相黏度提高。

当液相碱性较弱,例如有 MgO、SO_3 时,则 Me_2O_3 呈碱性,更多地离解为 Me^{3+},因而液相黏度降低;当液相碱性较强,例如有 Na_2O、K_2O 时,则 Me_2O_3 呈酸性,更多地结合成 MeO_4^{5-},因而液相黏度提高。如 Na_2O、K_2O 和 SO_3 同时存在,其比例相当于 Na_2SO_4 和 K_2SO_4 化合物,熔体黏度仍然会降低。

如果把碱性氧化物加入 SiO_2 熔体中时，其黏度随碱性氧化物含量增加而剧烈降低。这是由于碱或碱土金属使 SiO_2 熔体产生分化作用，使 SiO_2 熔体中硅氧阴离子团网络断裂，低聚物不断增加，从而使黏度显著下降。因此，加入碱的化合物对液相黏度的影响，既要注意液相的组成与性质，又要注意阴离子的性质。

（4）液相的表面张力　液相表面张力越小，越容易润湿熟料颗粒或固相物质，有利于固相反应与固液相反应，促进熟料矿物特别是硅酸三钙的形成。试验表明，随着温度的升高，液相的表面张力降低，熟料中有镁、碱、硫等物质时，均会降低液相的表面张力，从而促进熟料的烧成。

（5）氧化钙溶解于熟料液相的速率　氧化钙在熟料液相中的溶解量，或者说氧化钙溶解于熟料液相的速率，对氧化钙与硅酸二钙反应生成硅酸三钙有十分重要的影响。这个速率与 CaO 颗粒大小和烧成温度有关，生料中石灰石颗粒粒径减小，熟料煅烧温度提高，则溶解于液相的时间缩短。石英颗粒溶解于熟料液相的速率，其关系与石灰类似。

（6）升温速率　研究发现，在熟料烧成时，当氧化钙与贝利特晶体尺寸小时，处于晶体缺陷多的新生态，则其活性大，活化能小，易熔于液相中，因而反应能力很强。这有利于硅酸三钙的形成。试验还表明，极快速升温，可使黏土矿物的脱水、碳酸盐的分解、固相反应、固液相反应几乎重合，使反应产物处于新生的高活性状态，在极短的时间内，可同时生成液相、贝利特和阿利特。熟料的形成过程基本上始终处于固液相反应的过程中，大大加快了质点或离子的扩散速率，降低离子扩散活化能，加快反应速率，促使阿利特快速形成。

6.1.5　熟料的冷却

水泥熟料冷却的目的在于：回收熟料带走的热量，预热二次空气，提高窑的热效率；降低熟料温度，便于熟料的运输、储存与粉磨；迅速冷却熟料可以改善熟料的质量和易磨性。熟料冷却同时经历了液相的凝固与相变两个过程。

熟料冷却对矿物组成有很大影响。以熟料的化学分析数据计算熟料中各矿物含量，往往与实际各矿物含量有差别，除计算式是以纯矿物而不是以固溶体计算外，重要的是各种计算式均假定熟料在冷却过程中反应完全达到平衡，为平衡冷却（冷却速率非常缓慢，使固液相反应充分进行）。如冷却速率很快，此时在高温下形成的 20%～30% 液相，来不及结晶而冷却成玻璃相，称为淬冷。或者即使液相结晶，不是通过固、液相反应而是液相单独结晶，称为独立结晶。随着冷却制度的不同，所得矿物组成的差别很大。当熟料铝率在 0.64～3.5 之间时，对于铝率较高的或者中等的熟料，快冷所得 C_3S 含量较慢冷的高，而对于铝率较低的熟料则相反。

根据实验和生产实践得知，急速冷却有利于改善熟料的质量，主要表现如下。

（1）防止或减少 $\beta\text{-}C_2S$ 转化成 $\gamma\text{-}C_2S$　熟料在冷却时，如果冷却速率较慢，$\beta\text{-}C_2S$ 就会转化成无胶凝性的 $\gamma\text{-}C_2S$，并造成熟料的粉化。熟料快速冷却可使 $\beta\text{-}C_2S$ 迅速越过晶型转变温度；同时，急冷熟料的玻璃体较多，可将 $\beta\text{-}C_2S$ 包裹住，这样就可以防止或减少 $\beta\text{-}C_2S$ 转化成 $\gamma\text{-}C_2S$，提高熟料质量。

（2）防止或减少 C_3S 的分解　硅酸三钙在 1250℃ 以下不稳定，会分解为硅酸二钙与二次游离钙，降低水硬性，但不影响安定性。阿利特的分解速率十分缓慢，只有当冷却速率很慢，且伴随还原气氛时，分解才加快。

（3）改善水泥安定性　水泥的安定性受方镁石晶体大小的影响很大，晶体越大，影响越严重。不影响安定性的方镁石晶体的最大尺寸在 5～8μm 以下，而熟料慢冷时，方镁石尺寸可长大至 60μm。因此，快冷可使方镁石结晶细小，改善水泥的安定性。

（4）减少熟料中 C_3A 结晶体　急冷时 C_3A 来不及结晶出来而存在于玻璃体中，或结晶细小。结晶型的 C_3A 水化后易使水泥快凝。因此，急冷的熟料加水后不易产生快凝，凝结时间容易控制。实验表明，呈玻璃态的 C_3A 很少会受到硫酸钠或硫酸镁的侵蚀，有利于提高水泥的抗硫酸盐性能。然而，当熟料含 C_3A 低，C_4AF 高时，快冷熟料抗硫酸盐性能低。

（5）提高熟料易磨性　急冷熟料玻璃体含量高，造成熟料产生内应力，且其矿物结晶细小，因而易磨性好。

6.2　熟料形成的热化学

水泥原料在加热过程中所发生的一系列物理化学变化，有吸热和放热反应。表 6-3 为水泥熟料形成过程反应的热效应，表 6-4 为熟料矿物的形成热。

表 6-3　水泥熟料形成过程各反应的热效应

反应	热效应	反应	热效应
游离水蒸发	吸热	氧化钙和黏土脱水产物反应	放热
黏土结合水逸出	吸热	形成液相	吸热
黏土无定形脱水产物结晶	放热	硅酸三钙形成	微吸热
碳酸盐分解放出二氧化碳	吸热		

表 6-4　熟料矿物的形成热

反应	反应温度/℃	热效应/(J/g)
$2CaO+$石英砂$\longrightarrow \beta\text{-}C_2S$	1300	+620
$3CaO+$石英砂$\longrightarrow C_3S$	1300	+465
$\beta\text{-}C_2S+CaO \longrightarrow \beta\text{-}C_3S$	1300	−1.5
$3CaO+Al_2O_3 \longrightarrow C_3A$	1300	+348
$4CaO+Al_2O_3+Fe_2O_3 \longrightarrow C_4AF$	1300	+109

自由水在 100℃ 蒸发需 2256J/g 水的热量。高岭土脱水吸热在 20℃ 时为 1097J/g 高岭土（以蒸发为水蒸气为基准）。高岭土无定形脱水产物在 900～950℃ 时结晶放热为（302±42）J/g。碳酸镁分解吸热，在 25℃ 时需 1356J/g，在 600℃ 时需 1424J/g。黏土脱水产物和氧化钙反应是放热反应，为 420～500J/g。可以认为，煅烧物料在 1000℃ 以下的变化主要是吸热反应，而在 1000℃ 以上，则主要是放热反应。

熟料形成热（熟料形成热效应），是指在一定生产条件下，用某一基准温度（一般是 0℃ 或 20℃）的干燥物料在没有任何物料损失和热量损失的条件下，制成 1kg 同温度的熟料所需要的热量。也就是用一定成分的干物料生产一定成分的熟料进行物理化学变化所需要的热量。因此，它是熟料形成在理论上消耗的热量，它仅与原、燃料的品种、性质及熟料的化学成分与矿物组成、生产条件等因素有关。

根据熟料在加热过程中的各项物理化学变化，可以计算出熟料形成热的多少。熟料理论热耗计算结果见表 6-5。

表 6-5　熟料理论热耗计算结果

吸热	热耗 /(kJ/kg 熟料)	放热	热耗 /(kJ/kg 熟料)
原料由 20℃ 加热到 450℃	712	脱水黏土产物结晶放热	42
450℃ 黏土脱水	167	水泥化合物形成放热	418

续表

吸热	热耗 /(kJ/kg 熟料)	放热	热耗 /(kJ/kg 熟料)
物料自 450℃加热到 900℃	816	熟料自 1400℃冷却到 20℃	1507
碳酸盐 900℃分解	1988	CO_2 自 900℃冷却到 20℃	502
分解的碳酸盐自 900℃加热到 1400℃	523	水蒸气自 450℃冷却到 20℃	84
熔融净热	105		
合计	4311	合计	2554

上述计算是假定生产 1.0kg 熟料所需生料量为 1.55kg，石灰石和黏土的比例为 78：22。据此，按物料在加热过程中的化学反应热和物理热，计算得到 1kg 熟料的理论热耗为 4312－2554＝1758(kJ/kg)。采用普通原料配料时，熟料形成热一般在 1630～1800kJ/kg 之间。由于冷却过程中玻璃体不能全部结晶而产生的 "熔融净热"，显然是一个变数。

由表 6-5 可以看出，水泥熟料形成过程中的吸热部分，碳酸盐分解吸收的热量最多，占总吸热量的一半左右；而在放热反应中，熟料冷却放出的热量最多，占放热量的 50% 以上。因此，降低碳酸盐分解吸收的热量和提高熟料冷却余热的利用率是提高热效率的有效途径。

当原料采用碳化炉渣、矿渣配料时，由于已有相当数量的 CaO 已以硅酸盐、铝酸盐和铁酸盐形式存在，可以节省大量的碳酸钙分解热，从而降低熟料的理论热耗。

6.3　矿化剂和微量元素对熟料煅烧及质量的影响

熟料中除四种主要组分外，还有由原料和燃料带入的其他组分，有时还加入矿化剂。这类组分数量虽然不多，但对熟料的煅烧及质量都有十分重要的作用。

6.3.1　矿化剂对熟料煅烧及质量的影响

6.3.1.1　氟化钙

碱金属和碱土金属的氟盐（NaF、CaF_2、MgF_2、BaF_2）以及氟硅酸盐（Na_2SiF_6、$CaSiF_6$、$MgSiF_6$）等都有较好的矿化效果。使用最广泛的是萤石（CaF_2）。

加入氟化钙有多方面的作用：促进碳酸盐的分解过程，加速碱性长石、云母的分解过程；加强碱的氧化物的挥发；促进结晶氧化硅（石英、燧石）Si—O 键的断裂等。

氟化钙对结晶 SiO_2 和 $CaCO_3$ 作用的反应，一般认为：CaF_2 在高温蒸气作用下产生氢氟酸 HF，再生成 SiF_4 和 CaF_2，其反应式如下：

$$CaF_2 + H_2O \longrightarrow CaO + 2HF$$
$$4HF + SiO_2 \longrightarrow SiF_4 + 2H_2O$$
$$2HF + CaCO_3 \longrightarrow CaF_2 + H_2O + CO_2$$

从而加速碳酸钙分解，破坏 SiO_2 的晶格，促进固相反应。

在高温煅烧时，加入氟化钙可使液相出现温度降低。加入 1%～3% 的氟化钙，可降低烧成温度 50～100℃，同时降低液相黏度，有利于液相中质点的扩散，加速硅酸三钙的形成。

20 世纪 60 年代，有些学者研究 $CaO\text{-}SiO_2\text{-}CaF_2$ 三元系统时指出：当原料中掺有 CaF_2 时，在煅烧中会形成两种稳定的氟硅酸盐 $2C_2S \cdot CaF_2$ 和 $3C_3S \cdot CaF_2$，反应式如下。

$$4CaO + 2SiO_2 + CaF_2 \xrightarrow{850\sim950℃} 2C_2S \cdot CaF_2$$

$$2C_2S \cdot CaF_2 \underset{}{\overset{1040℃}{\rightleftharpoons}} (\alpha'\text{-}C_2S) + CaF_2$$

$$3\ (\alpha'\text{-}C_2S)\ +3CaO+CaF_2 \xrightleftharpoons[]{1130℃} 3C_3S \cdot CaF_2$$

$$3C_3S \cdot CaF_2 \xrightleftharpoons[]{1175℃} C_3SF\ (含氟固溶体) +液相$$

可见，由于三元过渡相 $2C_2S \cdot CaF_2$ 的存在，可使 C_2S 在较低温度下形成；而 $3C_3S \cdot CaF_2$ 的存在，可于 $1100\sim1200℃$ 时形成 C_3SF，比熟料中形成阿利特的温度降低了 $150\sim200℃$，因而有利于 C_3S 的形成。

在 $CaO\text{-}Al_2O_3\text{-}SiO_2\text{-}CaF_2$ 四元系统中，还将形成氟铝酸钙矿物（$C_{11}A_7 \cdot CaF_2$），也有利于 C_3S 的形成。氟铝酸钙是一种速凝早强矿物，但大约在 $1350℃$ 以上时会分解消失。

由以上可知，氟化钙的加入，能使硅酸三钙在低于 $1200℃$ 的温度下形成，硅酸盐水泥熟料可在 $1350℃$ 左右烧成，其熟料组成中含有 C_3S、C_2S、$C_{11}A_7 \cdot CaF_2$、C_4AF 等矿物，有时也可生成 C_3A 矿物，熟料质量良好，安定性合格。也可以使熟料在 $1400℃$ 的以上温度烧成，获得普通矿物组成的水泥熟料。

氟硅酸盐三元过渡相为不一致熔融化合物，它们在 $1200℃$ 以下分解为 C_3SF 和液相，而在熟料冷却时，液相又会回吸 C_3SF 而生成该三元过渡相，从而降低强度。另外，CaF_2 还会促进 C_3S 的分解。因此，掺氟化钙矿化剂时，熟料应急冷。

6.3.1.2 硫化物

原料中含有少量硫，燃料中带入的硫通常较原料中多。在回转窑氧化气氛中，含硫化合物最终都被氧化成为 SO_3，并分布在熟料、废气以及飞灰中。当原料沿窑通过并受热时，从气体中吸收硫化物，首先和碱反应，特别是与钾反应，而后与钙反应生成硫酸钙。在趋近高温区时，碱的硫酸盐会挥发，硫酸钙也会部分分解，从而引起窑内硫的循环（碱、氯也在窑内循环）。大部分硫最终进入熟料中。碱、氯和硫在生料中的富集，会导致预热器和分解炉的结皮，甚至引起堵塞。

进入熟料中的硫对熟料的形成有强化作用：SO_3 一方面能降低液相黏度，增加液相数量，有利于 C_3S 的形成；另一方面可以形成 $2C_2S \cdot CaSO_4$ 及无水硫铝酸钙 $4CaO \cdot 3Al_2O_3 \cdot SO_3$（简写为 $C_4A\overline{S}$）。$2C_2S \cdot CaSO_4$ 为中间过渡化合物，它于 $1050℃$ 左右开始形成，于 $1300℃$ 左右分解为 $\alpha'\text{-}C_2S$ 和 $CaSO_4$，其反应方程为：

$$4CaO+2SiO_2+CaSO_4 \xrightarrow{1050℃} 2(\alpha'\text{-}C_2S)+CaSO_4$$

$$2(\alpha'\text{-}C_2S)+CaSO_4 \xrightarrow{1200℃} 2C_2S \cdot CaSO_4$$

$$2C_2S \cdot CaSO_4 \xrightarrow{1300℃} 2(\alpha'\text{-}C_2S)+CaSO_4$$

$C_4A_3\overline{S}$ 大约在 $950℃$ 开始形成，在接近 $1400℃$ 时分解为铝酸钙、氧化钙和三氧化硫。因而在 $1400℃$ 以上煅烧硅酸盐水泥熟料时，由于无水硫铝酸钙的分解，熟料中很少存在。$C_4A_3\overline{S}$ 是一种早强矿物，在水泥熟料中含有适当数量的无水硫铝酸钙有利于早期强度。

6.3.1.3 萤石和石膏复合矿化剂

两种或两种以上的矿化剂一起使用时，称为复合矿化剂，最常用的是氟化钙和石膏复合矿化剂。

石膏、萤石作为复合矿化剂掺入生料中，在不同组成、不同温度下，可能生成四个过渡化合物，即：$2C_2S \cdot CaF_2$、$3C_3S \cdot CaF_2$、$2C_2S \cdot CaSO_4$ 和 $3C_2S \cdot 3CaSO_4 \cdot CaF_2$，并最终形成 C_3S、C_2S、C_4AF 以及 $C_4A_3\overline{S}$、$C_{11}A_7 \cdot CaF_2$ 和 C_3A 等矿物。复合矿化剂能降低熟料烧成时液相出现的温度，降低液相的黏度，从而使阿利特的形成温度降低 $150\sim200℃$，

促进 C_3S 的形成。硅酸盐水泥熟料可以在 $1300\sim1350℃$ 的较低温度下烧成。当煅烧温度超过 $1400℃$ 时，虽然早强矿物无水硫铝酸钙和氟铝酸钙分解，但形成阿利特数量更多，且晶体数量发育良好，同样可获得高质量的水泥熟料。

6.3.2　微量元素对熟料煅烧及质量的影响

（1）碱　水泥熟料中的碱主要来源于原料。在以煤作燃料时，也有少量碱。物料在煅烧过程中，苛性碱、氯碱首先挥发，碱的碳酸盐和硫酸盐次之，而存在于长石、云母、伊利石中的碱要在较高的温度下才挥发。挥发的碱只有一部分随废气排走，其余部分随窑内烟气向窑低温区域运动时，会凝结在温度较低的生料上。对于预分解窑，熟料中碱的残留量约为 80%。与硫化物类似，也会产生碱的循环。当碱循环富集到一定程度就会引起氯化碱和硫酸碱等化合物黏附在预热器锥体部分或卸料溜子上，形成结皮，严重时会出现堵塞现象，影响正常生产。

微量的碱能降低共熔温度，降低熟料烧成温度，增加液相量，起助熔作用，对熟料性能并不造成多少危害。但碱含量较多时，除了首先与硫结合形成硫酸钾（钠）以及有时形成钠钾芒硝（$3K_2SO_4 \cdot Na_2SO_4$）或钙明矾（$2CaSO_4 \cdot K_2SO_4$）等以外，多余的碱则和熟料矿物反应生成含碱矿物和固溶体，反应式如下。

$$12C_2S + K_2O \longrightarrow K_2O \cdot 23CaO \cdot 12SiO_2 + CaO$$
$$3C_3A + Na_2O \longrightarrow Na_2O \cdot 8CaO \cdot 3Al_2O_3 + CaO$$

式中，$K_2O \cdot 23CaO \cdot 12SiO_2$ 可简写为 $KC_{23}S_{12}$；$Na_2O \cdot 8CaO \cdot 3Al_2O_3$ 可简写为 NC_8A_3。有时还可形成类似的 $NC_{23}S_{12}$ 和 KC_8A_3。即 K_2O 和 Na_2O 取代 CaO 形成含碱化合物，析出 CaO，使 C_2S 难以再吸收 CaO 形成 C_3S，并增加游离氧化钙含量，降低熟料质量。

应该指出，熟料中硫的存在，由于生成碱的硫化物，当硫碱比在一定范围内，可以缓和碱的不利影响。水泥中含碱量高，由于碱易生成钾石膏（$K_2SO_4 \cdot CaSO_4 \cdot H_2O$），使水泥库结块、水泥快凝。碱还能使混凝土表面起霜（白斑）。更重要的是，水泥中的碱在一定条件下能和活性集料发生"碱-集料反应"，产生局部膨胀，引起构筑物变形开裂。

因此，通常熟料中碱含量以 Na_2O 计，应小于 1.3%。生产低热水泥用于有低碱要求的场合时，应小于 0.6%。对于预分解窑，还有硫碱比的问题。

（2）氧化镁　熟料煅烧时，氧化镁一部分与熟料矿物结合成固溶体并溶于玻璃相中，故少量氧化镁能降低熟料的烧成温度，增加液相数量，降低液相黏度，有利于熟料的烧成，还能改善水泥色泽。少量氧化镁与 C_4AF 形成固溶体，使其从棕色变为橄榄绿色，从而使水泥变为墨绿色。在硅酸盐水泥熟料中，氧化镁在熟料矿物中的固溶量可达约 2%，多余的氧化镁急冷成玻璃相或呈现游离状态以方镁石结晶存在，若氧化镁含量过高，会影响水泥的安定性。

（3）氧化磷　熟料中氧化磷的含量一般甚少。有实验指出，当熟料中氧化磷（P_2O_5）含量在 0.1%~0.3% 时，可以提高熟料强度，这可能与稳定 β-C_2S 有关。但含 P_2O_5 高的熟料会导致 C_3S 分解，形成一系列 C_3S-$3CaO \cdot P_2O_5$ 固溶体。因而，每增加 1% 的 P_2O_5，将会减少 9.9% 的 C_3S，增加 10.9% 的 C_2S；当 P_2O_5 含量达 7% 左右时，熟料中 C_3S 含量将会减少到零。因此，当使用含磷较高的原料时，应注意适当减少熟料中氧化钙含量，以免游离氧化钙过高。这种熟料 C_3S/C_2S 的比值较低，因而强度发展较慢。

（4）氧化钛　黏土原料中含有少量的氧化钛（TiO_2），一般熟料中氧化钛含量不超过 0.3%，当熟料中含有少量的氧化钛时（0.5%~1.0%），由于它能与各种水泥熟料矿物形成固溶体，特别是对 β-C_2S 起稳定作用，可提高水泥强度。但含量过多，TiO_2 与 CaO 反应生成没有水硬性的钙钛矿（$CaO \cdot TiO_2$）等，消耗了 CaO，减少了熟料中 A 矿的含量，从而影响水泥强度。因此，氧化钛在熟料中的含量应小于 1%。

（5）氧化钡　研究表明，熟料中含有一定量（1%～3%）的氧化钡，能提高硅酸盐水泥的早期和后期强度。有人认为，由于 Ba^{2+} 能固溶于 C_2S 中，进入 C_2S 晶格，阻止其向 γ-C_2S 转化，并提高了 β-C_2S 的活性，因而可提高水泥的强度。对于重晶石 $BaSO_4$，还可与氟化钙作为复合矿化剂使用。

（6）氧化锌　有关研究表明，氧化锌能够降低熟料烧成温度，阻止 β-C_2S 向 γ-C_2S 转化，并促进阿利特的形成，提高水泥强度；加入 ZnO 还有利于提高水泥流动度，降低需水量。但应注意，ZnO 掺入过多时，会影响水泥的凝结和强度。

（7）其他微量元素　锶的氧化物可以提高 C_2S 活性，也是 β-C_2S 的稳定剂。硼的化合物是一种助熔剂。钒的氧化物既能降低液相生成温度，也能防止 C_2S 向 γ 型转化，有利于熟料的形成和提高水泥熟料的强度。

思 考 题

1. 水泥生料在煅烧过程中发生哪些主要的物理化学变化？
2. 影响碳酸钙分解的因素有哪些？
3. 影响固相反应的因素有哪些？
4. 影响熟料煅烧的因素有哪些？
5. 熟料急冷的目的是什么？
6. 简述氧化硫和氧化镁对水泥熟料煅烧的影响。
7. 简述碱对水泥熟料煅烧和对水泥性能的影响。

第7章　预分解窑煅烧技术

　　水泥熟料的形成是水泥生产过程中最重要的环节，它决定着水泥产品的产量、质量和消耗三大指标，是长期以来科技与管理工作者十分关注的重要问题。在水泥工业的发展过程中，出现过多种类型的窑。目前，世界范围内广泛应用的水泥熟料煅烧设备是预分解窑。

7.1　预分解窑煅烧过程

7.1.1　预分解窑生产流程及工作原理

　　预分解窑系统由预热器、分解炉、回转窑、冷却机和煤粉燃烧器组成。预分解窑的生产流程有多种，预分解窑的生产流程如图 7-1 所示。预分解窑的工作原理如下。

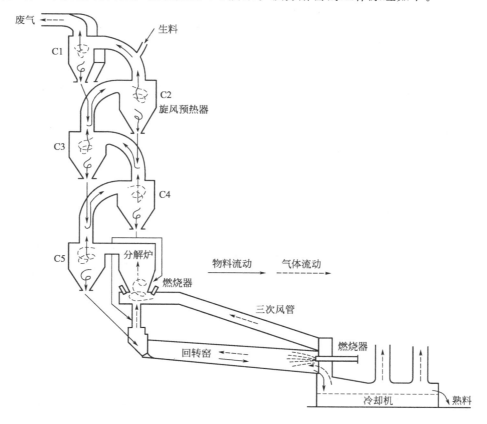

图 7-1　预分解窑的生产流程

　　第一，水泥生料粉从第 1 级旋风预热器和第 2 级旋风筒之间的连接管道加入，加入的生料进入两者连接管道后，迅速被高度分散在上升的气流中，然后被携带到第 1 级旋风筒（简称 C_1）内。在旋风筒内，生料和气体依靠离心力作用进行分离后，废气排出，而生料粉落入第 2 级和第 3 级旋风筒之间的连接管道，然后再一次被携带到第二级旋风筒（C_2）内进行气固分离。依次类推，生料粉依次通过各级旋风筒及其连接管道。生料粉和上升的气流每接触一次，就经过一次剧烈的热交换，达到通过回收废气余热来预热生料的目的。当生料达到一定温度时，会发生一定程度的碳酸盐分解。出第 4 级旋风筒（C_4）的预热生料进入分解炉，然后在分解炉内完成大部分碳酸钙的分解，分解反应所需热量来自于分解炉内燃料的燃烧。分解后的生料与废气一起进入第 5 级旋风筒（C_5），经 C_5 完成气固分离后，生料进入回转窑，再经过一系列物理化学反应后，最终被烧成水泥熟料。出窑后的熟料经冷却机冷却后被送入熟料库，而此过程产生的高温废气被回收。

第二，来自煤磨的煤粉被分成两部分，小部分煤粉（30％～45％）被送到窑头通过燃烧器喷入回转窑内燃烧，产生的高温烟气供给回转窑煅烧水泥熟料；大部分煤粉（55％～70％）则靠气力输送到分解炉内燃烧，供给预热生料中碳酸钙分解所需要的大量热量。

第三，整个系统燃料燃烧所需要的助燃空气被分为三部分。第一部分来自窑头鼓风机，称为一次风，其主要作用是携带从窑头煤粉仓下来的煤粉经煤粉燃烧器高速喷入回转窑内。另外两个部分助燃空气则是来自于水泥熟料冷却机内的预热空气，其中从窑头进入回转窑的称为二次风，是窑头煤粉燃烧的主要助燃空气（另外的少量窑内助燃空气是一次风）；经三次风管进入分解炉的称为三次风，是供给分解炉内煤粉燃烧所需的主要助燃空气。出窑废气和出炉废气则一起流经悬浮预热器，逐级预热生料。

7.1.2　预分解窑的热工布局

在由旋风筒、换热管道、分解炉、回转窑、冷却机和煤粉燃烧器组成的预分解窑系统中，每个子系统都承担着具体的热工任务。对于带五级悬浮预热器的预分解窑来说，物料的预热主要在最上面的四级旋风筒及相应的换热管道中进行；碳酸盐的分解主要在分解炉、第五级旋风筒和回转窑的尾部进行；固相反应及熟料的煅烧在回转窑中进行；熟料的冷却及其废热的回收在冷却机中进行；整个系统所需要的热量由煤粉燃烧器提供。

7.2　旋风预热器

干法窑尾悬浮预热器系统的功能是对物料进行预热并回收窑尾废气中的热量。从历史的角度看，悬浮预热器有旋风预热器和立筒预热器之分。随着时代的发展，旋风预热器在各个方面都表现出很大的优越性，在水泥行业已取得优势地位，而立筒预热器在技术上已经被淘汰。

7.2.1　旋风预热器的构造

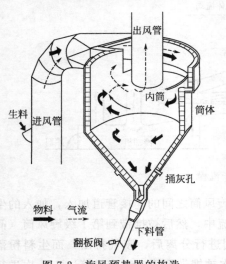

图 7-2　旋风预热器的构造

由图 7-1 可知，旋风预热器由多个旋风筒及连接管道组合而成，其构成单元是一个旋风筒和连接管道（图 7-2）。筒体是由 6～10mm 的钢板焊接而成。为了保护筒体及管道免受热气体烧坏，筒内镶砌或浇筑一层耐火材料；为减少散热损失，筒壁内一般砌筑有一层隔热保温材料；为适应连接管道的热胀冷缩，防止管道破裂漏风，连接管道上装有膨胀节；为防止卸料时下部空气向上泄漏而降低收尘效率，旋风筒的卸料管上装有排灰阀（或称翻板阀），它既能顺利排料，又能密闭锁风。

7.2.2　旋风预热器的工作原理

旋风预热器的一个换热单元必须同时具备三个功能才能完成换热任务，即料粉的分散与悬浮；气固相间的换热；气固相分离，料粉收集。

当料粉从喂料口进入连接管道后，被上升的气流迅速分散，并均匀地悬浮于气流，如图 7-3 所示。由于气体温度高，料粉温度低，它们直接接触，且接触面积很大，气固相之间立即进行热交换，且换热速率极快。据测算，每个单元所传递的热量，80%以上是在进风管道中就已完成，换热时间也只需 0.02～0.04s，也就是在粉料转向被加速的起始区段内完成换热；只有 20%以下的热量交换在旋风筒中完成。

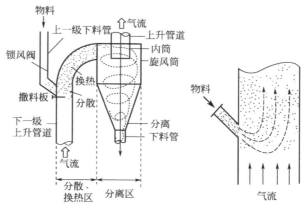

图 7-3　旋风预热器单元换热示意

当气流携带料粉进入旋风筒后，被迫在旋风筒筒体与内筒之间的圆柱体内做旋转流动，并且一边旋转一边向下运动，由筒体到锥体，一直可以延伸到锥体的端部，然后转而向上旋转上升，由内筒排出。料粉被气流携带做旋转流动时，由于物料密度大于气体密度，受离心作用，物料向边部移动的速度远大于气体，致使靠近边壁处浓度增大；同时，由于黏滞阻力作用，边壁处流体速度降低，使得悬浮阻力大大减小，物料沉降而与气体分离，并从下料管排出。

旋风预热器往往由多级旋风筒串联而成，这是因为对于每一个换热单元来说，即使换热效果极好，也不能有效回收窑尾废气中的热量，而必须进行多次换热。例如，将 40℃ 的 0.5kg 物料喂入单级预热器，与 1000℃ 的 1kg 气体进行热交换后（物料与气体的热容之比为 0.95），废气温度只能降至 690℃，而回收的热量仅占废气总热量的 31%。

分析表明，预热器出口废气温度随级数 n 的增大而降低，即回收热效率提高；但随着 n 值的增大，废气温度降低趋势逐渐减小，预热物料的升温曲线也趋于平缓，即级数越多，平均每级所能回收的热量趋于减少。但是，每增加一级预热器，动力消耗增大，设备投资增加，土建投资也加大。因此对于具体工厂条件，不是级数越多越好，而是存在一个最佳级数。目前，大部分水泥厂都采用五级预热器。

7.2.3　旋风预热器工作参数

（1）**热效率**　预热器热效率是指物料在预热器中所获得的热量与输入预热器的热量之比，见式(7-1)。

$$\eta = 1 - \frac{Q_1 + Q_2 + Q_3}{Q} \times 100\% \tag{7-1}$$

式中　η——预热器的热效率，%；

$\quad Q$——输入预热器的热量，kJ/kg；

$\quad Q_1$——出预热器废气带走的热量，kJ/kg；

$\quad Q_2$——预热器废气中浮尘带走的热量，kJ/kg；

Q_3——预热器表面散热损失，kJ/kg。

（2）升温系数　升温系数指物料在预热器内实际提高的温度与最大理论可能提高的温度之比，见式(7-2)。升温系数越接近于1，表明预热器的换热效果越好，逆流换热升温系数高于同流换热升温系数。从换热单元看，旋风预热器属于同流换热方式，但落料点瞬间是逆流的。

$$\varphi = \frac{t_{m2} - t_{m1}}{t_{g1} - t_{g2}} \tag{7-2}$$

式中　　φ——升温系数，用小数表示；

t_{m1}，t_{m2}——进出预热器物料的温度，℃；

t_{g1}，t_{g2}——进出预热器气体的温度，℃。

（3）分离效率和压力损失　分离效率和压力损失是预热器的另外两个重要技术参数，结构良好的预热器应同时具有较高的分离效率和较低的压力损失。

7.2.4　影响旋风预热器热效率的因素

要保持及提高旋风预热器的热效率，必须强化旋风预热器的三个功能，即悬浮、换热和分离。

（1）粉料的分散　物料从下料管进入旋风筒上升管道，与上升的高速气流相遇。在高速气流冲击下，物料折向随气流流动，同时被分散悬浮。为使物料在上升管道内均匀、迅速地分散、悬浮，应注意以下主要问题。

① 选择合理的喂料位置　为了充分利用上升管道的长度，延长物料与气体的热交换时间，喂料点应选择靠近进风管的起始端，即下一级旋风筒出风内筒的起始端。但必须以加入的物料能够充分悬浮、不直接落入下一级预热器（短路）为前提。一般情况下，喂料点距进风管起始端应有1m以上的距离，它与来料落差、来料均匀性、物料性质、管道内气流速度、设备结构等有关。

② 选择适当的管道风速　要保证物料能够悬浮于气流中，必须有足够的风速，一般要求料粉悬浮区的风速为16~22m/s。

③ 合理控制生料细度　实验研究发现，悬浮在气流中的生料粉，大部分以凝聚态的"灰花"（粒径在300~600μm，个别达1000μm）游浮运动着，灰花在气流中的分散是一个由外及里逐步剪切剥离的过程。生料越细，颗粒间吸附力越大，凝聚倾向越明显，灰花数量越多；生料越粗，灰花数量减少，但传热速率减小。

④ 喂料的均匀性　为保证喂料均匀，要求来料管的翻板阀灵活、严密；来料多时，它能起到一定的阻滞缓冲作用；来料少时，它能起到密封作用，防止系统内部漏风。

⑤ 在喂料口加装撒料装置　在预热器下料管口下部的适当位置设置撒料箱，如图7-4和图7-5所示。当物料喂入上升管道下冲时，首先撞击在撒料箱上被冲散并折向，再由气流进一步冲散悬浮，从而提高了物料分散效果。

（2）管道内气固相之间的换热　由于废气温度不太高，旋风筒管道内气固相之间的换热方式以对流为主（占总传热量的70%~80%）。气固间的综合传热系数在0.8~1.4 W/(m²·K)之间，气固间的平均温差开始时在200~300℃，平衡时趋于20~30℃。因此，影响换热速率的主要因素是接触面积。当生料细度一定时，接触面积与生料在气流中的分散程度有很大关系。

（3）气固相的分离　旋风筒的主要作用是气固分离。提高旋风筒的分离效率是减少生料粉内、外循环，降低热损失和加强气固热交换的重要条件。影响旋风筒分离效率的主要因素

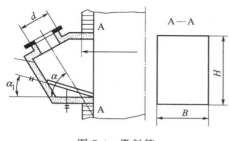

图 7-4　撒料箱

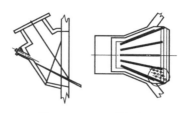

图 7-5　NC 型撒料箱

如下：①旋风筒的结构；②旋风筒下料管锁风阀漏风，将引起分离出的物料二次飞扬，漏风越大，扬尘越严重，分离效率越低；③物料颗粒大小、气固比（含尘浓度）及操作的稳定性等，也都会影响分离效率。

（4）锁风　为避免排出旋风筒的粉料被下一级管道逆流上升的气流吹起而造成"二次飞扬"，以致降低气固分离效率，在下料管上要设置锁风阀（又称翻板阀）。它既保持下料均匀畅通，又起密封作用。常用的锁风阀一般有单板式和双板式，其结构分别如图 7-6 和图 7-7 所示。对于板式锁风阀的选用，一般来说在倾斜式或料流量较小的下料管上，多采用单板式锁风阀；在垂直的或料流量较大的下料管上，多装设双板式锁风阀。

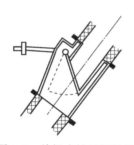

图 7-6　单板式锁风阀结构

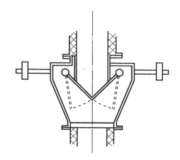

图 7-7　双板式锁风阀结构

7.2.5　各级旋风预热器性能的配合

由于各级旋风筒及其连接管道作为换热单元在整个预热器系统中所处的位置不同，所以对其性能的要求也有所差异，这就要求各级换热单元能够合理地配合。对于五级旋风预热器系统，以下是关于各级旋风筒的几个因素对整个预热器系统热效率影响的讨论。

（1）各级旋风筒的气固分离效率的影响　各级旋风筒的气固分离效率 η 对整个预热系统热效率影响的顺序是：$\eta_{C_5} > \eta_{C_4} > \eta_{C_3} > \eta_{C_2} > \eta_{C_1}$。但考虑到从 C_1 排出的粉尘量对整个系统运行经济性的影响最大（这是因为出一级旋风筒的生料就出了整个预热系统而成为飞损的粉尘，从而增加料耗、热耗以及后面收尘器的负担），因而各级旋风筒的气固分离效率对整个预热系统热效率影响的顺序应改为：$\eta_{C_1} > \eta_{C_5} > \eta_{C_4} > \eta_{C_3} > \eta_{C_2}$。要降低预热器系统的阻力损失，应主要对中间几级旋风筒做出改进，这是由于降低旋风筒阻力损失与提高其气固分离效率是一对矛盾。目前，在新型干法水泥熟料烧成系统中，中间几级甚至最下一级均采用低压损的旋风筒。

最下一级旋风筒 C_5 的气固分离效率不仅影响整个旋风预热器系统的热效率，而且决定回流到上一级旋风筒 C_4 物料量的多少。由于高温细颗粒物料循环量的增加易造成预热器的堵塞，因此应该尽可能使 C_5 具有较高的分离效率。

（2）各级旋风筒表面热损失的影响　在整个旋风预热器系统中，越往下，旋风筒及其连接管道的温度越高，表面散热损失也越大。因此，越靠下的旋风筒越要加强保温措施，尤其在第 5 级旋风筒和窑尾上升烟道处。

（3）各级旋风筒漏风量的影响　冷风从 C_5 漏入不仅降低其自身的温度和热效率，而且还会影响上面各级换热单元的热效率，因此漏风对热效率的影响顺序为：$l_{C_5} > l_{C_4} > l_{C_3} > l_{C_2} > l_{C_1}$，其中 l_{C_i} 表示 i 级的漏风量对热效率的影响程度。因此，应十分重视高温级旋风筒的密封堵漏。

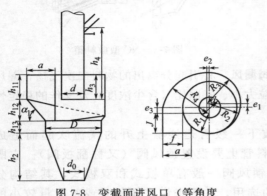

图 7-8　变截面进风口（等角度变高度）旋风筒的结构

7.2.6　旋风预热器的结构参数

提高旋风预热器的分离效率并降低其阻力，是旋风筒结构设计的关键。历史上曾出现过许多形式的旋风筒，但目前主要采用如图 7-8 所示的变截面进风口形式。对于这种旋风筒，不同公司设计的差异主要是各个参数的取值不同。当然，由于对各级旋风筒收尘效率的要求不同，因而其结构尺寸也不同。表 7-1 是日本原小野田公司低压损旋风筒结构尺寸。

表 7-1　日本原小野田公司低压损旋风筒结构尺寸

级数	δ/D	h_{11}/D	h_{12}/D	h_{13}/D	h_2/D	d/D	de/D	h_3/D	R_1/D	R_2/D	R_3/D	R_4/D	e_1/D	e_2/D	e_3/D	a/D	f/D	h_4/D	J/D	α_1/(°)
C_1	0	0.545	0.330	0.949	0.890	0.514	0.132	—	0.523	0.556	0.589	0.676	0.033	0.033	0.053	0.272	0	—	0.549	90
C_2	0.036	0.386	0.325	0.102	0.983	0.505	0.138	0.583	0.540	0.578	0.617	0.755	0.038	0.038	0.100	0.469	0.299	1.059	0.568	50
C_3	0.037	0.410	0.337	0.106	1.020	0.505	0.143	0.515	0.560	0.600	0.640	0.783	0.040	0.040	0.104	0.487	0.311	0.967	0.494	50
C_4	0.039	0.364	0.346	0.096	1.036	0.527	0.148	0.473	0.544	0.588	0.632	0.790	0.044	0.044	0.113	0.502	0.329	0.946	0.5922	50
C_5	0.039	0.364	0.346	0.096	1.036	0.527	0.148	0.473	0.544	0.588	0.632	0.790	0.044	0.044	0.113	0.502	0.329	0.946	0.592	50
C_6	0.043	0.312	0.400	0.061	1.156	0.506	0.116	0.303	0.546	0.582	0.619	0.077	0.036	0.036	0.115	0.484	0.279	0.794	0.554	50

注：δ 为耐火砖厚度，m。

上述旋风筒设计的主要特点是进风口采用大蜗壳、大包角，蜗壳下边缘采用斜坡面，通过增大进风口截面来适当降低进口风速，进而降低旋风筒阻力。此外，新型旋风筒还较多采用以下技术：①在旋风筒入口或出口处增设导流板（图 7-9），减少该处气流与旋风筒内循环气流的碰撞，并降低气流循环量，在保持旋风筒具有较高气固分离效率的前提下，降低流体阻力；②采用靴形内筒（图 7-10），其当量内径扩大，并具有迫使气流向下的作用，或采用偏心内筒（图 7-11），使进口通道宽度逐渐变小，为加大内筒直径创造条件；③$C_2 \sim C_5$ 筒下部采用歪斜锥体结构，以解决堵料问题。当然，不同公司的旋风筒还具有各自的一些特色。

7.2.7　国产新型旋风筒

7.2.7.1　TC 型旋风筒

天津水泥工业设计研究院 TC 型新型低压损旋风筒如图 7-12 所示。其特点是：①采用 270°三心大蜗壳，扩大了大部分进口区域与蜗壳，减小了进口区域涡流阻力；②大蜗壳内设

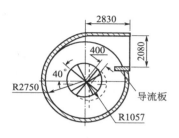

图 7-9　普通导流板的
结构形式

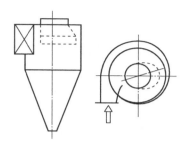

图 7-10　靴形内筒旋风筒

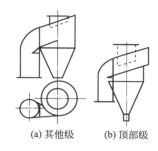

(a) 其他级　　(b) 顶部级

图 7-11　偏心内筒及倾斜
进风旋风筒

有螺旋结构，可将气流平稳引入旋风筒，物料在惯性力和离心力的作用下达到筒壁，有利于提高分离效率；③进风口尺寸优化设计，减少进口气流与回流相撞；④适当降低旋风筒入口风速，蜗壳底边做成斜面，适当降低旋风筒内气流旋转速度；⑤适当加大内筒直径，缩短旋风筒内气流的无效行程；⑥旋风筒高径比适当增大，减少气流扰动；⑦旋风筒出口与连接管道取合理的结构型式，减小阻力损失；⑧保持连接管道合理风速。

TC 型五级预热器系统，总压降为（4800±300）Pa，分离效率 $\eta_{C_1}=92\%\sim96\%$，$\eta_{C_2\sim C_4}=87\%\sim88\%$，$\eta_{C_5}\approx88\%$。旋风筒截面风速一般为 3.5～5.5m/s；旋风筒高径比 C_1 级为 2.8～3.0，$C_2\sim C_5$ 级为 1.9～2.0；进口风速为 15～18m/s。

7.2.7.2　NC 型旋风筒

南京水泥工业设计研究院 NC 型高效低压损旋风筒如图 7-13 所示。其特点是采用多心大蜗壳、短柱体、等角变高过渡连接、偏锥防堵结构、内设挂片式内筒、导流板、整流器、尾涡隔离等技术。旋风筒单体具有低阻耗（550～650Pa）、高分离效率（$C_2\sim C_5$，86%～92%；C_1，95% 以上）、低返混度、良好的防结拱堵塞性能和空间布置性能。

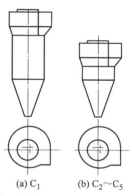

(a) C_1　　(b) $C_2\sim C_5$

图 7-12　天津水泥工业设计研究院 TC 型
旋风筒的结构

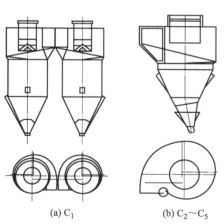

(a) C_1　　(b) $C_2\sim C_5$

图 7-13　南京水泥工业设计研究院 NC 型
旋风筒的结构

7.2.7.3　CNC 型旋风筒

成都水泥工业设计研究院 CNC 型高效低压损旋风筒如图 7-14 所示，其特点如下。第一，进风口断面为五边形，且以 270°三心大蜗壳式、等角度变高度的向下旋转螺旋线与筒体相连接。采用短而粗的内筒（$C_2\sim C_5$ 的内筒直径与旋风筒内径之比约为 0.6，插入深度

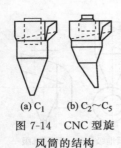

(a) C_1　　(b) $C_2 \sim C_5$

图 7-14　CNC 型旋风筒的结构

与进风口高度比为 0.4～0.6），材质为耐热钢，分片悬挂。第二，旋风筒内风速较高（$C_2 \sim C_5$ 的表观截面风速为 5～6m/s），进出口风速较低（17～18m/s）；$C_2 \sim C_5$ 的锥体部分设计成斜锥。C_1 的截面尺寸及高径比都较大（表观截面流速小于 4m/s；高径比大于 3）。此外，C_1 底部设置了反射锥，进风口处设置了导流板。第三，每级连接管道上均设置固定式撒料箱。在下一级旋风筒出口至撒料箱间设置"缩口"，可避免料流短路下冲，也使料流具有脉动变速效果，从而强化生料的分散。CNC 型旋风筒对气固分离效率的要求是：$\eta_{C_1} > \eta_{C_2} > \eta_{C_5} > \eta_{C_4} > \eta_{C_3}$。

7.3　分解炉

分解炉是预分解窑系统中十分重要的设备，其作用是完成燃料燃烧、碳酸盐分解、气固两相的输送与混合（分散）、换热传质等一系列过程。这些任务能否顺利完成，取决于生料与燃料能否在炉内很好地分散、混合和均匀分布；燃料能否在炉内迅速、完全燃烧，并及时地把热量传递给物料；生料中的碳酸盐能否迅速分解，逸出的 CO_2 能否及时排除，上述这些要求与分解炉的结构密切相关。

7.3.1　分解炉的结构和原理

分解炉的作用是完成燃料燃烧、碳酸盐分解、气固两相的输送与混合（分散）、换热传质等一系列过程。分解炉的结构形式很多，如图 7-15 所示为 RSP 分解炉的结构。它由涡流燃烧室（SB）、涡流分解室（SC）和混合室（MC）三部分组成，内表面镶砌耐火材料，耐火材料与炉壳之间砌有隔热材料。从冷却机抽来的三次风从 SC 室上部对称地以切向方向入炉。从上一级旋风筒（C4）下来的生料，在三次风入炉之前加入气流中，使风和料混合入炉。煤粉燃烧器从 SB 室的上部伸入，将煤粉从上部呈涡旋状喷入并使之起火燃烧。在 SC

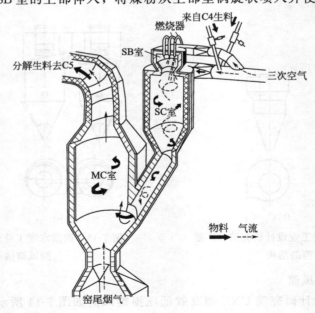

图 7-15　RSP 分解炉的结构

室内，煤粉燃烧放热，生料中碳酸盐吸热分解。由 SC 室出来的热气流、生料粉和未完全燃烧的煤粉进入 MC 室后，与呈喷腾状进入的高温窑尾烟气混合；燃料进一步燃烧，生料进一步分解。最后，所有烟气和分解后的生料由分解炉出口进入最下一级旋风筒（C5）。

与 RSP 分解炉类似，一般分解炉都应有适当形状和大小的炉体，使物料和气流在其中能够有充分的停留时间，以便燃料充分燃烧、物料充分分解；应有燃料及生料的加入装置；应有气流的进、出口，其结构应有利于造成炉内气流的适当运动，从而利于燃料和生料的悬浮，燃料的燃烧，温度的均布，实现气固间的快速传热和生料的快速分解。

7.3.2　分解炉的工作参数

（1）**分解率**　入窑物料分解率 λ 是衡量分解炉工作效率的重要指标，也是表示生料中碳酸钙分解程度的参数。分解率分为表观分解率 e_0 和真实分解率 e_t，生产上常用表观分解率表示。表观分解率是从窑尾下料管中取样，经测定其烧失量后计算得到的分解率，见式(7-3)。

$$e_0 = \frac{10000(L_1 - L_2)}{L_1(100 - L_2)}\qquad(7\text{-}3)$$

式中　L_1，L_2——生料和入窑生料的烧失量，%。

为了能够真实地反映出"预热/预分解"系统的工作效果，就必须将已大部分分解的出窑飞灰对所取样品的影响排除，从而求出入窑生料的真实分解率。e_0 和 e_t 之间的关系如式(7-4)。

$$e_t = e_0 - \frac{100 m_{\text{fh}}(100 - L_1)(L_2 - L_{\text{fh}})}{L_1(100 - L_2)}\qquad(7\text{-}4)$$

式中　m_{fh}——出窑飞灰的数量，kg/kg；

　　　L_{fh}——出窑飞灰的烧失量，%。

（2）**停留时间**　停留时间是设计分解炉尺寸的重要参数，也关系到系统能否正常运行。分解炉的容积要满足生料升温和分解，以及煤粉充分燃烧所需要的时间。停留时间分为气体停留时间和物料（生料和煤粉）在炉内的停留时间。

①**气体停留时间**　气体停留时间 τ_g 按式(7-5)进行计算，一般要求其值大于 3.5s。

$$\tau_g = \frac{3600V}{Q}(\text{s})\qquad(7\text{-}5)$$

式中　Q——炉内气流量，m^3/h；

　　　V——炉的容积，m^3。

②**物料停留时间**　物料停留时间 τ_m 与生料分解率高低和煤粉燃尽度有直接关系，其值的大小应满足预分解窑对碳酸盐分解率的要求，并保证煤粉充分燃烧。

7.3.3　分解炉的分类

由于分解炉是预分解窑的核心设备，因此分解炉的分类方法也成为预分解窑的分类和命名方法。国际上曾经有 50 多种预分解窑，分类方法基本上有四种。

（1）**按制造厂名分类**　分解炉的制造厂商较多，如日本小野田公司研制的 RSP 型分解炉，日本神户制钢公司研制的 DD 型分解炉，丹麦史密斯公司研制的 FLS 型分解炉，天津水泥工业设计院研制的 TDF 型分解炉等，此处不再一一赘述。

（2）**按分解炉内气流的主要运动形式分类**　分解炉中的气流运动形式十分复杂，悬浮于气流中的生料和燃料主要依靠"旋风效应"、"喷腾效应"、"悬浮效应"、"流态化效应"或几种流型的叠加高度分散于气流之中，从而增加物料与气流间的接触面积，延长物料在分解炉内的停留时间。按分解炉内流场，可将分解炉分为旋风式、喷腾式、旋风-喷腾式、悬浮式和流化床式。

（3）按全窑系统气体流动方式分类　按全窑系统气体流动方式的不同组合，预分解窑可分为三种基本类型。

第一种类型：分解炉所需助燃空气全部由窑内通过，不设三次风管道，有时也不设专门的分解炉，而是利用窑尾上升烟道经过适当改进或加长作为分解室，如图7-16（a）所示。其特点是系统简单、投资少，但窑内过剩空气系数大，烧成带火焰温度降低。

第二种类型：设有三次风管，来自冷却机的热风在炉前或炉内与窑气混合，如图7-16（b）所示。这是目前普遍采用的方式。

第三种类型：设有三次风管，分解炉内燃料燃烧所需的空气全部从冷却机抽取，窑气不进分解炉，如图7-16（c）所示。这种方式可保持分解炉内较高的氧气浓度，有利于燃烧及分解反应。这种类型窑对窑尾烟气的处理又有三种方式。方式1，窑尾烟气在分解炉后与分解炉烟气混合，可简化工艺流程，如图7-17（a）所示；方式2，窑尾烟气不与分解炉烟气混合，而是各经过一个单独的预热器系列，如图7-17（b）所示；方式3，窑尾烟气单独排出，用于原料烘干或余热发电，或在原料中有害成分较高时采用旁路放风，如图7-17（c）所示。

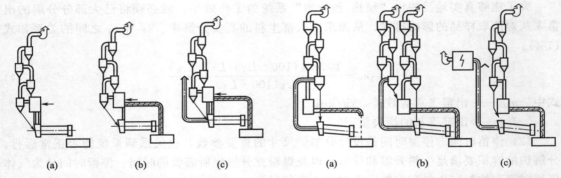

(a)　　　　(b)　　　　(c)　　　　　　(a)　　　　(b)　　　　(c)

图7-16　预分解窑的三种基本类型　　　　图7-17　预分解窑窑内废气利用的三种方式

（4）按分解炉与窑、预热器及主排风机匹配方式分类　按分解炉与窑、预热器及主排风机的匹配方式，预分解窑可分为同线型、离线型及半离线型三种。

① 同线型　分解炉设在窑尾烟室之上，窑尾烟气进入分解炉后与炉气汇合进入最下级旋风筒，窑尾烟气与炉气共用一台主排风机，如图7-16（b）所示。

② 离线型　分解炉设在窑尾上升烟道一侧，窑尾烟气与炉气各进入一个预热器系列，并各用一台排风机，如图7-17（b）所示。

③ 半离线型　分解炉设在窑尾上升烟道一侧，窑尾烟气与炉气在上升烟道汇合后进入最下级旋风筒，两者共用一个预热器系列和一台主排风机，如图7-17（a）所示。

7.3.4　分解炉的工艺性能

分解炉的主要作用是使碳酸钙颗粒在悬浮状态下进行分解，而碳酸钙的分解过程及其影响因素已在第6章进行了讨论。

这里需要提及的是，生料中碳酸盐平均分解率达95％所需的分解时间比平均分解率为85％时长约1倍；若要求分解率达到99％，分解时间要延长2倍以上。因此，一般生产中对出炉料粉分解率的要求以90％～95％为宜。要求过高，粉料在炉内停留时间就要延长很多，炉的容积就大；分解率越高时，分解速率越慢，吸热越少，容易使物料过热，炉气超温，从而引起结皮、堵塞等故障。而少量粗粒中心未分解的料粉，到回转窑中进一步加热时，它有足够的分解时间，且分解热量不多。如果对分解率要求过低，例如 80％ 以下，也是不合适的。因较低的分解率在分解炉内只需特征粒径分解时间的 0.4 倍左右，是比较容易获得的。而如果分解率低的生料入窑，窑外分解的优越性就得不到充分发挥。

7.3.5 分解炉的热工特性

分解炉的主要热工特性是：燃料燃烧放热、悬浮态传热和物料的吸热分解三个过程紧密结合在一起进行；燃烧放热的速率与物料分解吸热的速率相适应。分解炉生产工艺对热工条件的要求是：①炉内气流温度不宜超过 950℃，以防系统产生结皮、堵塞；②燃烧速率要快，以保证供给碳酸盐分解所需要的大量的热量；③保持窑炉系统较高的热效率和生产效率。

7.3.5.1 分解炉内燃料的燃烧

（1）分解炉内的燃烧特点 当煤粉进入分解炉后，悬游于气流中，经预热、分解、燃烧发出光和热，形成一个个小火星，无数的煤粉颗粒便形成无数的迅速燃烧的小火焰。这些小火焰浮游布满炉内，从整体看，见不到一定轮廓的有形火焰。分解炉中煤粉的燃烧并非一般意义的无焰燃烧，而是充满全炉的无数小火焰组成的燃烧反应，有人把分解炉内的燃烧称为辉焰燃烧。分解炉内无焰燃烧的优点是燃料均匀分散，能充分利用燃烧空间，不易形成局部高温。燃烧速率较快，发热能力较强。

（2）分解炉内的温度分布 煤粉喷燃温度可达 1500～1800℃，分解炉内气流温度之所以能保持在 800～900℃ 之间，主要是因为燃料与物料混合悬浮在一起，燃料燃烧放出的热量，立即被料粉分解所吸收；当燃烧快，放热快时，分解也快；相反燃烧慢，分解也慢。所以，分解反应抑制了燃烧温度的提高，并将炉内温度限制在略高于 $CaCO_3$ 的平衡分解温度。

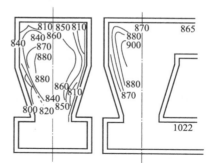

图 7-18 SF 型分解炉内的等温曲线
（图中标示温度为℃）

由于炉内气流的旋流或喷腾运动，炉内的温度分布是比较均匀的。如图 7-18 所示为 SF 型分解炉内的等温曲线图。由图可见：①分解炉的轴向及平面温度都比较均匀；②炉内纵向温度由下而上逐渐升高，但变化幅度不大；③炉的中心温度较高，边缘温度较低。主要是炉壁散热、中心料粉稀而边缘浓所致。

（3）分解炉内煤粉的燃烧速率 在分解炉内，煤粉燃烧速率一般都低于碳酸盐分解速率，即煤粉完全燃烧所需时间较碳酸盐分解所需时间长。因此，如何加快煤粉燃烧速率，缩短煤粉燃尽时间，就成为分解炉设计和充分发挥其应用功能的关键。煤粉的燃烧经历挥发物的挥发燃烧以及固定碳的燃烧两个连续过程。由于前者速率很快，所以决定煤粉燃烧速率及燃尽时间的主要因素是固定碳的燃烧速率和燃尽时间。

煤的燃烧在低温下受化学反应控制，在高温下受扩散机制控制，在 1000℃ 左右时发生转变。对于化学反应控制的机制，其燃烧特点是：①煤种及其活性对燃烧的影响很大；②提高温度可大大提高反应速率，燃烧速率与温度成指数关系；③炭粒燃尽时间与其初始直径成正比。对于表面扩散控制的机制，特点是：①煤种及其活性对燃烧的影响甚微；②燃烧受温度的影响较小；③炭粒燃尽时间与其初始直径的平方成正比；④燃烧与气流流速和湍流度密切相关。当温度不变时，随着炭粒的缩小直至燃尽，燃烧过程总是要转入动力区的。由此可知，在实际中为了保证火焰尾部的炭粒得到完全燃烧，必须保持足够高的温度。

分解炉的温度在 800～900℃ 之间，煤粉的燃烧性质处于由低温化学反应控制范围向高温扩散控制范围的交界。因此，影响这两种过程的因素对分解炉内煤粉的燃烧速率均有重要影响。这样，分解炉内煤粉的燃烧状况，除受煤粉自身的燃烧性能影响外，还受炉内操作温度、氧气浓度、空气和煤粉混合状况、生料与煤粉比例及煤粉在炉内的停留时间等因素的影响。为适当加快分解炉内煤粉燃烧速率，控制好炉温，一般应注意下列几个方面。

① 选择适当的煤种　例如煤粉含有适当挥发物，使挥发物与焦炭先后配合燃烧，以达到较好的热效应。不过，当需要使用低挥发分燃料时，需要采取适当措施。

② 煤粉细度　不管煤粉燃烧是处于化学反应控制范围，还是处于扩散控制范围，增加煤粉细度都有利于其着火燃烧，特别是在使用低挥发分燃料时。当然，这必须同时考虑煤磨的经济性。

③ 分解炉操作温度　固定碳的燃烧速率 r 与温度 T 的关系遵循阿累尼乌斯公式 $r = Ke^{-\frac{E}{RT}}$，即当温度升高时，固定碳燃烧速率将大幅度提高。因此，在保证分解炉不发生结皮堵塞的前提下，应尽量提高炉内煤粉着火区的温度。

④ 分解炉中氧气浓度　煤粉燃烧是可逆反应，反应产物及其中间产物均为 CO 及 CO_2。根据化学反应浓度积规则，要加快炉内煤粉的燃烧反应速率，必须增加氧浓度。分解炉采用离线式布置或设置预燃室，使煤粉在氧含量较高的情况下先期燃烧。

⑤ 空气和煤粉的均匀混合　在设计分解炉时应尽量考虑使气体和煤粉间保持较高的相对运动速度，或采用高效煤粉燃烧器，促进气体扩散，加速空气和煤粉的均匀混合。

⑥ 调整下料点和下料量　煤和生料下料点在位置和时间上应错开，避免煤粉过早与大量生料接触。一般情况下，下煤点在前，下料点在后；或采取分步多点喂料。

⑦ 煤粉在炉内的停留时间　燃料必须在分解炉内充分燃尽才能产生足够的热量，满足生料分解的要求，保证预热器系统的正常运行。煤粉颗粒的燃尽需要一定时间，因此必须考虑适当延长煤粉在炉内停留时间的技术措施。如增大炉容、延长炉-筒联结管道的长度以增加停留时间，还可采用增加喷腾和漩涡效应的结构形式，以增大固气停留时间比。

（4）分解炉的容积热负荷　分解炉每立方米容积每小时发出的热量称分解炉的容积热负荷。热负荷的高低与炉的生产能力相对应。一般来说，炉的热负荷高，燃烧能力强，炉的容积相对较小，散热较小；反之亦然。早期，各种分解炉的单位容积热负荷一般在 $5 \times 10^5 \sim 8 \times 10^5 \text{kJ}/(\text{m}^3 \cdot \text{h})$ 之间。目前，为有效利用低质燃料，分解炉的容积热负荷远低于这一范围，需查阅具体分解炉的资料。由于分解炉的主要功能是使碳酸盐充分分解，并要求其结构简单，过分追求热负荷的高低是没有意义的。

7.3.5.2　分解炉内的传热

在分解炉内，由于料粉分散在气流中，燃烧放出的热量在很短时间内被物料吸收，既达到高的分解率，又防止了过热。

分解炉的传热方式主要为对流传热，其次是辐射传热。炉内燃料与料粉悬浮于气流中，燃料燃烧热把气体加热至高温，高温气流同时以对流方式传热给物料。由于气固相充分接触，传热速率高。分解炉中燃烧气体的温度在 900℃ 左右，其辐射放热性能没有回转窑中燃烧带的辐射能力大。然而由于炉气中含有很多固体颗粒，CO_2 含量也较多，增大了分解炉中气流的辐射传热能力，这种辐射传热对促进全炉温度的均匀极为有利。

分解炉内传热最主要的因素是传热面积大大增加，料粉与气流充分接触，其传热面积即为料粉的比表面积。因此，气流与料粉的温度差很小，使料粉的升温（例如 750～900℃）瞬间即可完成。也是由于这个原因，燃料放出的大量热量，能迅速地被碳酸盐分解吸收而限制了气体温度的提高。传热（及传质）速率的提高，使生料的碳酸盐分解过程由传热传质的扩散控制过程转化为分解的化学动力学控制过程。这种极高的悬浮态传热传质速率，边燃烧放热、边分解吸热共同形成了分解炉的热工特点。

7.3.6 分解炉内的气体运动

7.3.6.1 分解炉对气体运动的要求

分解炉内的气流具有供氧燃烧、浮送物料以及作为传热介质的多重作用。为了获得良好的燃烧条件及传热效果，要求分解炉各部位保持一定的风速，以使燃烧稳定，物料悬浮均匀。为使在一定炉体容积内物料滞留时间长些，确保燃料燃烧及物料分解，要求气流在炉内呈旋流或喷腾状；为提高传热效率及生产效率，又要求气流有适当高的料粉浮送能力，在加热分解同样的物料量时，以减少气体流量，缩小分解炉的容积，并提高热的有效利用率。在满足上述要求的条件下，还要求分解炉有较小的流体阻力，以降低系统的动力消耗。概括来说，对分解炉气体的运动有如下要求：①适当的速度分布；②适当的回流及紊流；③较大的物料浮送能力；④较小的流体阻力。

7.3.6.2 分解炉内气体运动速度的分布

分解炉内要求一定的气体流速，以旋风型分解炉为例，一般要求进口流速在 20m/s 以上；出口风速相应减小，圆筒部分流速最小。一般用气体流量除以其断面积计算其断面风速，通常取 4.5～6.0m/s。但这种断面风速是虚拟风速，用于相互比较负荷程度。实际风速要比断面风速大，因为实际风速的方向不是垂直于筒体断面，而是回旋上升或下降的。分解炉要求一定风速的目的是：①保持炉内有适当的气体流量，以供燃料燃烧所需的氧气，保持分解炉的发热能力；②使喷入炉内的燃料与气流良好混合，保证燃烧稳定、完全；③使加入炉中的物料能很快地分散，均匀悬浮于气流中，并使气流有较大的浮送物料的能力；④使气流产生回旋运动，使其中的料粉及燃料在炉内滞留一定时间，使燃烧、传热及分解反应达到一定要求。

7.3.6.3 气流在分解炉内的运动阻力

为了将料粉悬浮加速并使含尘气流通过分解炉，必须克服加速物料的压头损失及气体流动的阻力损失。阻力大小主要与分解炉结构和内部风速有关。分解炉中阻力较大的部位主要在其进出口处、缩口处以及流体转向处。这些位置的截面积越小，风速越高，阻力越大。要降低分解炉的阻力，合理的结构和风速分布是关键。

7.3.6.4 旋风效应与喷腾效应

在保持相同断面风速的条件下，气流直接流过分解炉与旋转或喷腾通过分解炉所需的时间是相同的。不过旋转通过的线速度较高，所走的路程曲折而长。但是气流中的物料在做旋转或喷腾运动时，与气流所走的路程却大不相同，在炉内的停留时间会大幅度延长。为此提出旋风效应及喷腾效应的概念。

（1）旋风效应 旋风效应是气流在分解炉内做旋回运动，使物料滞后于气流的效应。在如图 7-19 所示的旋风型分解炉中，气流即存在旋风效应。

悬浮于气流中的物料，由于旋转运动，受离心力的作用，逐步被甩向炉壁。其中较大颗粒所受离心力较大，因而比较小颗粒及气流容易达到炉的边缘。当料粉颗粒到达炉壁的滞流层时，或与炉壁摩擦碰撞后，动能大大降低，或运动速度锐减，有的大颗粒甚至失速坠落，降至缩口时再被气流带起。

运动速度锐减的料粉，如果是在旋风预热器内，便沿筒壁逐渐下降至锥体而从气流中分离出来。但在旋风分解炉中的料粉不会沉降下来，这是因为在炉内气流"后浪推前浪"的作用下，前面的气流将料粉滞留，而后面的气流又将料粉继续推向前进。所以物料总的运动趋向还是顺着气流，旋回前进而出炉。但料粉的运动速度却远远落后于气流的速度，造成料粉在炉内的滞留现象。颗粒越细，滞留越短；颗粒越粗，滞留越长。

（2）喷腾效应　喷腾效应是分解炉内气流做喷腾运动，使物料滞后于气流的效应。如图 7-20 所示为喷腾效应示意，这种炉的结构是炉筒直径较大，上、下部为锥体，底部为喉管，入炉气流以 20～40m/s 的流速通过喉管，在炉筒一定高度内形成一条上升流股，将炉下部锥体四周的气体及料粉、煤粉不断裹挟进来，喷射上去，造成许多由中心向边缘的漩涡，从而形成喷腾运动。

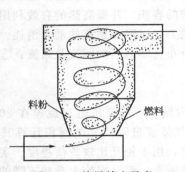

图 7-19　旋风效应示意

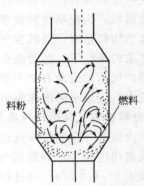

图 7-20　喷腾效应示意

气流的喷腾运动，造成了由炉中心向边缘的旋回运动。在喷腾口，进入气流的料粉及煤粉被气流吹起、悬浮，有的被直接抛向炉的周壁，有些随气流做旋回运动。在离心力作用下，较大颗粒碰壁后沿壁下坠，降到喉口处再被吹起而作大循环；较小颗粒在向炉壁运动的过程中，有的被下面气流带走，有的到达炉壁后进入滞流层。处于炉筒上部的颗粒能直接被气流沿炉壁带走，处于炉筒下部的颗粒则再次进入喷腾层。喷腾效应与旋风效应类似，也使炉内气流的平均含尘浓度大大增加，使料粉和煤粉在炉内的停留时间大幅度延长。

（3）旋风或喷腾效应的作用　在分解炉内，为了使碳酸盐充分分解，煤粉充分燃烧，必须延长它们在炉内的停留时间。而延长物料的停留时间，单靠降低风速或增大炉容是难以解决的，还应使炉内气流做适当的旋回运动或喷腾运动，或是两者的结合，以造成旋风效应或喷腾效应，使气流与料粉之间产生相对运动而使料粉滞留，从而达到延长物料停留时间的效果。

7.3.7　生料和煤粉的悬浮及含尘浓度

7.3.7.1　生料和煤粉均匀悬浮的意义

料、煤粉的均匀悬浮，对于分解炉内的传热、传质速率以及生料的充分分解有着巨大的影响。如果燃料分散悬浮不好，会使燃料与氧气的燃烧扩散面积减小，燃烧速率减慢，燃烧不完全，发热能力降低，以致造成分解炉温度的降低和生产强度的下降。如果料粉分散悬浮不好，不能迅速吸收燃料燃烧放出的热量，将造成炉温局部过高，容易引起结皮堵塞。同时，物料因分解速率减慢而使其分解率降低。如果燃料与物料局部分散悬浮不好，有的地方浓，有的地方稀，或时好时坏，则造成炉内有的地方温度高，有的地方低；或有时温度高，有时温度低，使炉的热工制度不稳，生产强度下降。

7.3.7.2　影响生料和煤粉悬浮的因素及改进措施

分解炉中料粉的悬浮受到多种因素的影响，现以旋风筒进料情况加以分析。当物料由旋风筒进入分解炉时，由于卸料阀门距进料口有一个相当大的高差，物料以相当大的速度向下冲击，如果向上风速不能将其向下冲击速度抵消，物料会下沉到分解炉缩口下，造成料粉的沉积。对于进入分解炉的料股，如果物料颗粒互相干扰，不能充分分散，虽然其四周的物料可以被悬浮带走，但中间的物料受气流冲击力小，也可能沉入炉底而短路入窑。

影响分解炉中生料和煤粉悬浮的因素及改进方法与旋风预热器的相似，此处不再赘述。

7.3.7.3　适宜含尘浓度的确定

气流的含尘浓度对预热器和分解炉的设计或生产都是一个重要的参数。对输送或预热物料来说，希望在不落料的情况下，气流中的含尘浓度越高越好。因为在其他条件相同时，含尘浓度高，气体流量可小些，设备规格尺寸可较小，废气带走的热损失也较少。但是在分解炉中，含尘浓度的确定，一方面需要考虑气流对物料的浮送能力，以免造成生料沉积；另一方面需要考虑气流供燃料燃烧放出的热量能否满足生料分解的需要。

计算表明，当分解炉缩口风速在 17m/s 以上时，气流的浮送能力远大于生料分解率大于 90% 时气流的适宜含尘浓度。因此，分解炉适宜含尘浓度的确定应主要考虑生料的分解率。

由于含尘浓度与分解率的密切关系，在实际生产中，当分解炉的通风量一定时，其喂料量应限制在一定范围内，以保证达到一定的分解率。

7.3.8　国产新型分解炉

7.3.8.1　TC 系列分解炉

TC 系列分解炉由天津水泥工业设计研究院开发，主要有 TDF、TWD、TFD、TSD 和 TTF 等类型。

（1）TDF 分解炉　　TDF 分解炉是根据国内燃料的燃烧特性，在 DD 炉基础上研制开发的，如图 7-21 所示。它的特点如下。

① 分解炉直接安装在窑尾烟室上，窑气以 30～40m/s 喷入。炉与烟室之间的缩口可不设调节阀板，炉中部设有缩口，保证炉内气固流产生二次"喷腾效应"。

② 炉的顶部设有气固流反弹室，使气固流产生碰顶反弹效应，延长物料在炉内滞留时间。

③ 三次风切线入口设于炉下锥体的上部，使三次风涡旋入炉；炉的两个三通道燃烧器分别设于三次风入口上部或侧部，以便入炉燃料斜喷入三次风气流之中迅速起火燃烧。

④ 在炉的下部圆筒体内的不同高度设置四个喂料管入口，以利物料分散均布及炉温控制。

⑤ 炉的下锥体部位的适当位置设置有脱氮燃料喷嘴，以还原窑气中的 NO_x，满足环保要求。

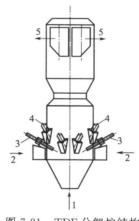

图 7-21　TDF 分解炉结构
1—窑气；2—三次风；
3—燃料；4—C_4 来料；
5—去 C_5

⑥ 炉容较大，气流、物料在炉内滞留时间较长，有利于燃料完全燃烧和碳酸盐物料分解。

（2）TWD 分解炉　　TWD 分解炉是带下置涡流预燃室的组合分解炉，如图 7-22 所示。应用 N-SF 炉结构作为该型炉的涡流预燃室，将 DD 炉结构作为炉区结构的组成部分，这种同线型炉适用于低挥发分或质量较差的燃煤，具有较强的适应性。

（3）TFD 分解炉　　TFD 分解炉是带旁置流态化悬浮炉的组合型分解炉，如图 7-23 所示。将 N-MFC 炉结构作为该型炉的主炉区，其出炉气固流经"鹅颈管"进入窑尾 DD 炉上升烟道的底部与窑气混合，该炉型实际为 N-MFC 炉的优化改造，并将 DD 炉结构用作上升烟道。

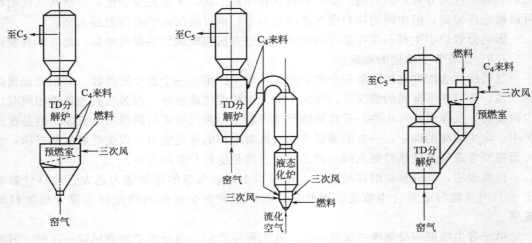

图 7-22　TWD 分解炉示意　　　图 7-23　TFD 分解炉示意　　　图 7-24　TSD 分解炉示意

（4）TSD 分解炉　TSD 分解炉是带旁置旋流预燃室的组合式分解炉，如图 7-24 所示。它结合了 RSP 和 DD 炉的特点，炉内既有强烈的旋转运动，又有喷腾运动。主炉坐落在窑尾烟室之上，上有鹅颈管道，下部、中部均有固定缩口，中下部有与预燃室相连接的斜烟道。从冷却机抽来的三次风，以一定的速度从预燃室上部以切线方向入炉。由 C_4 旋风筒下来的生料，在三次风入炉前喂入气流中。由于离心力的作用，使预燃室内中心成为物料浓度

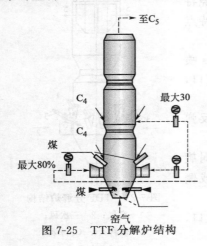

图 7-25　TTF 分解炉结构

的稀相区，为燃料的稳定燃烧、提高燃尽率创造了条件，周边成为物料的浓相区。燃烧器从预燃室上部伸入，将煤粉以 30m/s 速度喷入，该风量占三次风总量的 10% 左右。在预燃室内，煤粉与新鲜三次风混合，燃烧速率较快，出预燃室进入主炉的生料分解率可达 40%～50%，预燃室内截面风速为 10～12m/s。

物料随三次风以旋流状态进入预燃室，有利于炉内温度均匀分布及保护炉壁。窑气以较高速度进入主炉，形成喷腾运动，而主炉截面较大，风速降低，且增加了上升管道，因而既有利于物料的继续加热分解，又有利于延长物料及燃料在炉内的滞留时间，减少或避免了燃料在 C_5 筒内的燃烧，适合于低质燃料完全燃烧。

（5）TTF 分解炉　TTF 炉为喷腾型分解炉，其结构如图 7-25 所示，其特点是如下。

① 采用三喷腾效应，固气停留时间比大（$t_m/t_g = 4.8$）。在相同炉容下，炉流场大大优化，物料停留时间长，有利于煤粉的充分燃烧及生料充分分解。

② 上下喂料点合理分料，分解炉中部局部温度达 1300℃，可大幅提高煤粉燃烧效果；高温区间设计 1.5s，可保证劣质煤及无烟煤的充分燃烧；物料置于三次风正上方，可充分分散，分解炉物料分布均匀，流场更合理，同时可减少锥部塌料；分解炉的压损可大幅减少，系统阻力相应降低。

③ 两通道对称四点喷入煤粉，优化分解炉温度场；通过燃料分级及三次风的分级设置，分解炉的下柱段有较大脱硝空间，同时分解炉出口管道预留喷氨位置，根据实际情况可满足

更严格的环保排放要求等；分解炉中柱段预留设置废弃物处置口，可满足一定要求的废弃物处置。

④增设后置管道，适当增加分解炉的炉容，方便与 C_5 筒连接，降低塔架高度；分解炉操作简单，对燃原料适应强。

7.3.8.2　NC 型分解炉

NC 型分解炉系列是南京水泥工业设计研究院开发研制的，该炉是在 ILC 炉、Prepol 及 Pyroclon 型管道炉的基础上开发的，包括 NC-NST-I 型同线管道炉和 NC-NST-S 型半离线型炉。

① NC-NST-I 型同线炉（图 7-26）安装于窑尾烟室之上，为涡旋、喷腾叠加式炉型。其特点在于：扩大了炉容，并在炉出口至最下级旋风筒之间增设了"鹅颈管"，进一步增大了炉区空间；三次风切线入炉后与窑尾高温气流混合，由于温度高，煤、料入口装设合理，即使低挥发分煤粉入炉后也可迅速起火燃烧。同时，在单位时产 $10m^3/(t\cdot h)$ 的炉内，完全可以保证煤粉完全燃烧。炉下部结构如图 7-27 所示。

② NC-NST-S 型炉为半离线炉（图 7-28）的。主炉结构与同线炉相同，出炉气固流经"鹅颈管"与窑尾上升烟道相连。既可实现上升烟道的上部连接，又可采取"两步到位"模式将"鹅颈管"连接到上升烟道下部。由于固定碳的燃烧受温度影响很大，因此使低挥发燃料在炉下高温三次风及更高温度的窑尾烟气混合气流中起火燃烧，可以抵消其 O_2 含量较低的影响，所以 NC-SST-S 型炉能适应低挥发分煤。

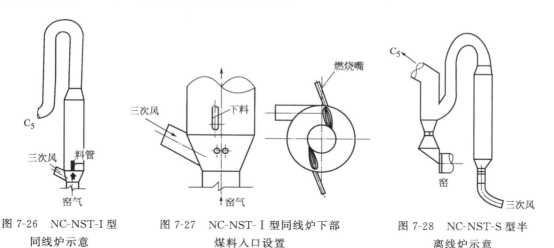

图 7-26　NC-NST-I 型　　　图 7-27　NC-NST-I 型同线炉下部　　　图 7-28　NC-NST-S 型半
　　同线炉示意　　　　　　　　　煤料入口设置　　　　　　　　　　离线炉示意

③ 结构简单的大炉容分解炉的优点：一是系统阻力低；二是可相应放宽燃料细度到20%（$80\mu m$ 筛余）以上。两者均为降低生产电耗的重要举措。

7.3.8.3　CDC 分解炉

CDC 分解炉是由成都水泥工业设计研究院研制开发的，如图 7-29 所示。CDC 分解炉是在分析研究 N-SF 炉的基础上开发的，炉底部采用蜗壳型三次风入口，坐落在窑尾短型上升烟道之上；在炉中部设有"缩口"形成二次喷腾；上部设置侧向气固流出口。煤粉加入点一处设置在底部蜗壳上部，一处设在炉下锥体处，可根据煤质调整。下料点也有两处，一处在炉下部锥体，一处在窑尾上升烟道上，可用于预热生料，调节系统工况。CDC 分解炉可根据原燃料需要，增大炉容，也可设置"鹅颈管"，满足燃料燃烧和物料分解的需要。

第二代 CDC 分解炉如图 7-30 所示，它有如下特点：在上升烟道处增设低氮燃烧器，分

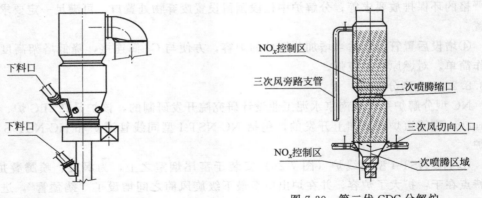

图 7-29　CDC 分解炉

图 7-30　第二代 CDC 分解炉

解炉实施分级控量供风，降低 NO_x 排放量；三次风沿切向进入分解炉锥体，采用喷腾流（窑气）与旋流（三次风）形成的复合流，兼具喷腾流与旋流的特点，两者强度的合理配合促使物料在分解炉锥体处充分分散。分解炉中部设置缩口，可以增大缩口下部物料的回流量并改善上部物料的分布，有利于延长物料的停留时间。分解炉出口采取顶出风方式，避免了因侧出风而出现的稀相区，提高炉内浓度场及温度场分布的均匀性，提高炉容利用率。采用长的鹅颈管，延长气体和物料的停留时间，保证燃料充分燃烧，防止了因燃料在 C_5、C_4 筒内燃烧引起的温度倒挂等现象。

7.4　回转窑

在预热器和分解炉中经预热和预分解后的生料，进入回转窑进行煅烧后才能成为水泥熟料，回转窑是水泥熟料矿物的最终形成设备。在预分解窑系统中，回转窑具有四大功能：燃料燃烧、热量交换、高温化学反应和物料输送。

7.4.1　回转窑的结构

回转窑主要由简体、支撑装置、传动装置和窑头窑尾密封装置等组成（图 7-31）。回转

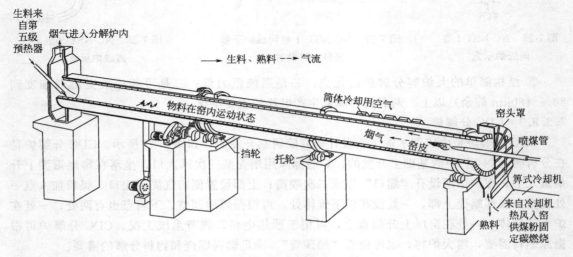

图 7-31　回转窑的结构及其生产流程

窑是圆形筒体，内镶耐火材料。筒体通过轮带倾斜安装在数对托轮上。为控制筒体上下窜动，在接近冷端轮带的下侧设有挡轮。电动机经减速后，通过小齿轮带动大齿轮使筒体做回转运动。回转窑筒体通过窑头窑尾密封装置分别与窑头罩和窑尾烟室相连。

7.4.1.1 筒体

筒体是回转窑的主要组成部分，它是一个钢质的圆筒，由不同厚度钢板事先卷成一节一节的圆筒，安装时再焊接起来。筒体外有若干道轮带，放在相对应的托轮上，为使物料能由窑尾逐渐向窑前运动，筒体一般有 3.5%～5% 的斜度（筒体倾斜角的正切值或正弦值）。为了保护筒体，其内部镶砌有 100～230mm 厚的耐火材料。回转窑的长度是从前窑口到后窑口的总长；直径是指窑筒体的内径。对于直径为 4.8m、长度为 72m 的回转窑，用 $\phi 4.8m \times 72m$ 表示其规格。

在预分解窑系统中，回转窑一般采用直筒形，如图 7-32(a) 所示。该窑筒体各部分直径都相同，因此结构简单，便于制造和维修，部件和所用耐火材料尺寸规格及品种

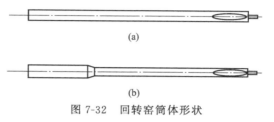

图 7-32 回转窑筒体形状

少，便于管理。对于直径在 6m 以上的窑，可采用冷端扩大型结构 [图 7-32(b)]，以扩大窑的预烧能力，降低窑尾风速。

随着回转窑直径的增加，筒体自重增加，加上耐火材料和窑内物料的重量，在两道托轮之间的筒体会产生轴向弯曲，轮带处产生横截面的径向变形，它们是影响回转窑长期安全运转和窑衬寿命的重要原因。因此，要求筒体在运转中能保持"直而圆"的几何形状是非常必要的，为此筒体必须具有一定的强度和刚度。为达到这一目的，在筒体结构上可以采取以下措施：①增加回转窑筒体钢板的厚度，以增加筒体的刚度；②加强轮带本身的刚性，轮带与筒体垫板之间的间隙要选择适当，以求筒体在热态下与轮带呈无间隙的紧密配合。

7.4.1.2 支承装置

支承装置是回转窑的重要组成部分，它承受着窑的全部重量，对窑体还起定位作用，使回转窑能安全平稳地运转。支承装置由轮带、托轮、轴承和挡轮组成，如图 7-33 所示。预分解窑通常依靠三对拖轮将回转窑支撑起来（俗称三挡窑）。

（1）轮带 轮带是一个坚固的大圆钢圈，套装在窑筒体上，整个回转窑（包括窑砖和物料）的全部重量通过轮带传给托轮，并由托轮支承。轮带随筒体在托轮上滚动，其本身还起着增加筒体刚性的作用。由于轮带附近筒体变形最大，因此轮带不应安装在筒体的接缝处。如图 7-34 所示为矩形轮带，其断面是实心矩形，形状简单，由

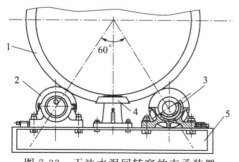

图 7-33 干法水泥回转窑的支承装置
1—轮带；2—托轮；3—托轮轴承；
4—挡轮；5—底座

于断面是整体结构，铸造缺陷和裂缝相对较少。矩形轮带加固筒体的作用较好，在国内外大型窑上应用较多。

轮带一般活套在筒体上。首先，在筒体上铆接或焊上垫板，然后将轮带活套在垫板上，两者之间留有适当间隙。合适的间隙应使轮带在正常生产中，轮带正好箍住筒体垫板，既无过盈又无缝隙，这样使轮带下的筒体变形与轮带变形一样，既起到加强筒体径向刚度的作用，

又不致产生大的热应力。

活套安装垫板厚度一般为 20～50mm，常见的垫板安装方式如图 7-35 所示。垫板一端自由，一端与筒体焊接，轮带与垫板间留有 3～6mm 的间隙，它既可以控制热应力，又可以充分利用轮带的刚性，使其对筒体起到加固作用。

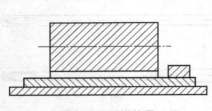

图 7-34　矩形轮带

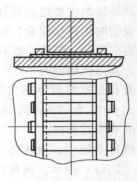

图 7-35　活套安装及垫板形式

（2）托轮　在每道轮带的下方两侧，设有一对托轮支承窑的部分重量。为使回转窑筒体平稳地回转，各组托轮中心线必须与筒体中心线平行。托轮安装时，必须将托轮的中心与窑的中心的连线构成等边三角形（图 7-36），以便两个托轮受力均匀，保证筒体"直而圆"地稳定运转。

托轮是一个坚固的钢质鼓轮，通过轴承支承在窑的基础上，为了节省材料和减轻重量，轮中设有带孔的辐板，托轮的中心贯穿一轴，两轴颈安装于两轴承之中（图 7-37）。托轮的直径一般为轮带直径的 1/4，其宽度一般比轮带宽 50～100mm。

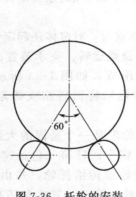

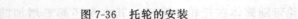

图 7-36　托轮的安装

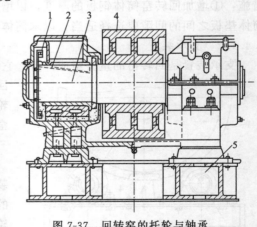

图 7-37　回转窑的托轮与轴承
1—油勺；2—分配器；3—托轮轴颈；
4—托轮；5—机架

（3）挡轮　回转窑筒体是以 3％～5％的斜度支承在托轮支承装置上，当窑回转时，回转窑筒体是要上、下窜动的，但这个窜动必须限制在一定范围之内。为了及时观察或控制窑的窜动，在某道（一般靠近大齿轮的一道）轮带两侧设有挡轮。大型回转窑一般采用如图 7-38所示的液压挡轮装置。挡轮通过空心轴支承在两根平行的支承轴上，支承轴则由底座固定在基础上。空心轴可以在活塞、活塞杆的推动下，沿支承轴平行滑移。当窑体在弹性滑动作用下向下滑动达一定位置后，经限位开关启动液压油泵，油液再推动挡轮和窑体向上窜

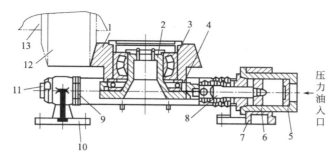

图 7-38　液压挡轮

1—挡轮；2—空心轴；3—径向轴承；4—止推轴承；5—油缸；6—活塞；7—右底座；

8—活塞杆；9—折叠式密封；10—左底座；11—导向轴；12—轮带；13—回转窑

动。当上窜到一定位置后，触动限位开关，油泵停止工作，筒体又靠弹性向下滑动。如此往返，使轮带以每 8~12h 移动 1~2 个周期的速度游动在托轮上。如果移动速度过快，会使托轮与轮带以及大小齿轮表面产生轴向刻痕。

7.4.1.3　传动装置

水泥回转窑是慢速转动的煅烧设备，窑型、安装斜度和煅烧要求的不同，回转窑的转速也有区别。新型干法回转窑的窑速可达 3.8r/min 以上。慢速转动的目的在于使煅烧物料翻滚、混合、换热和移动，控制煅烧时间，保证物料在窑内充分地进行物理和化学反应。传动装置的作用就是把原动力传递给筒体并减小到所要求的转速。回转窑的传动装置由电动机、减速机及大小齿轮所组成，如图 7-39 所示。

大齿轮由于尺寸较大，通常制成两半或数块，用螺栓将其连接在一起。大齿轮一般安装在靠近窑筒体尾部，在运转中远离热端，灰尘较少。要保证回转窑的正常运转，大齿轮必须正确地安装在筒体上，大齿轮的中心线必须与筒体中心线重合。大齿轮一般采用切线方式固定在回转窑筒体上，如图 7-40 所示。弹簧板一般用 20~30mm 厚的钢板，板宽与齿轮相等，一端呈切线与垫板及窑固定在一起，一端用螺栓与大齿轮接合在一起，接合处可以插入垫板，这样可以调节大齿轮中心与窑体中心位置，使其对准。

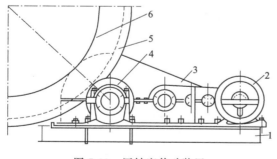

图 7-39　回转窑传动装置

1—底座；2—电动机；3—减速机；

4—小齿轮；5—大齿轮；6—窑体

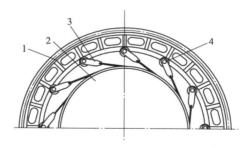

图 7-40　大齿轮与筒体切向连接

1—齿轮；2—窑体；

3—加固垫板；4—螺栓

回转窑广泛采用减速机传动方式，如图 7-41 所示。减速机的高速轴用弹性联轴器与电机相连，低速轴一般用允许有较大径向位移的联轴器与小齿轮轴连接。回转窑载荷的特点是恒力矩、启动力矩大、要求能均匀地进行无级调速。现代大型回转窑上，则多采用双传动系统。

7.4.1.4　密封装置

回转窑是在负压下操作的热工设备，在进、出料端与静止装置（烟室或窑头罩）连接处，难免要吸入冷空气，为此必须装设密封装置，以减少漏风。如果密封效果不佳，在热端将降低燃烧温度，增加热耗；在冷端将影响窑内正常通风，加大主排风机负荷。密封装置要求具有密封性好，能适应窑体上下窜动、摆动，耐高温、耐磨，结构简单，便于维修等特点。用于回转窑上密封装置的种类很多，以下是三种应用较多的密封方式。

（1）汽缸式　这种密封主要靠两个大直径的摩擦环（一动一静）端面保持接触实现。为了使静止密封环能做微小的浮动，以适应筒体轴向位移，还用缠绕一周的石棉绳进行填料式密封。这种密封方式常用在窑尾。如图 7-42 所示是汽缸式窑尾密封。这种密封技术成熟，效果良好。缺点是气动装置系统复杂，而且需要安装专用的小型空压机，单独供气，造价较高，维护工作量大。

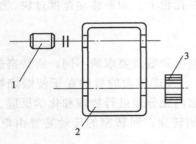

图 7-41　减速机传动

1—电动机；2—减速机；3—小齿轮

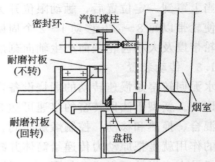

图 7-42　汽缸式窑尾密封

（2）石墨块密封　石墨块密封装置如图 7-43 所示，石墨块在钢丝绳及钢带的压力下可以沿固定槽自由活动并紧贴筒体周围。紧贴筒外壁的石墨块相互配合可以阻止空气从缝隙处漏入窑内。石墨块的外套有一圈钢丝绳，此钢丝绳绕过滑轮后，两端各悬挂重锤，使石墨块始终受径向压力，由于筒体与石墨块之间的紧密接触，冷空气几乎完全被阻止漏入窑内，密封效果好。实践表明，石墨有自润滑性，摩擦功率消耗少，筒体不易磨损；石墨能耐高温、抗氧化、不变形，使用寿命长。使用中出现的缺点是下部石墨块有时会被小颗粒卡住，不能复位。用于窑头的密封弹簧易受热失效，石墨块磨损较快。

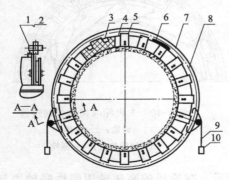

图 7-43　石墨块密封装置

1—滑轮；2—滑轮架；3—楔块；4—石墨块；

5—压板；6—弹簧；7—钢带；

8—固定圈；9—钢丝绳；10—重锤

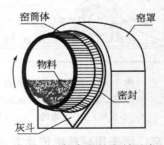

图 7-44　复合柔性密封示意

（3）**复合柔性密封**　复合柔性密封装置（图 7-44）是由一种特殊的新型耐高温、耐磨损的半柔性材料，做成密闭的整体形锥体，能很好地适应回转窑端部的复杂运动，使用时其一端密闭地固定在窑尾烟室及窑头罩上，另一端用张紧装置柔性地张紧在回转窑的筒体上，有效地消除了回转窑轴向、径向和环向间隙，实现了无间隙密封，且内部辅助设置了自动回灰和反射板装置，因而其结构科学，密封效果好。该密封装置实现了柔性合围方法，集迷宫式、摩擦式和鱼鳞式密封为一体，博采所长，充分发挥材料特性优势，突出刚性密封挡料、柔性密封隔风的特点，使得动、静密封体在设备有限的活动区域内，发挥出良好的稳定效果。

该装置主要优点是：刚性体安装准确牢固，柔性体结构紧凑耐用；法兰制作安装强度和精度要求高、贴合严；密封采用固液混合方式，效果好；柔性密封体材料抗高温老化和力学性能好，隔热效果好，弹性强；摩擦片具有自润滑特点，耐磨性强；张紧装置结构简便可靠，方便调整与维修。

7.4.2　回转窑工作原理

如图 7-31 所示，煤粉在高压一次空气的作用下通过燃烧器从窑头喷入，然后与来自冷却机的高温二次空气边混合边燃烧，为窑内熟料煅烧提供热量。废烟气向窑尾流动并进入分解炉（或预热器）。生料由最下一级预热器的下料管从窑尾加入，在窑内与热烟气进行热交换，物料受热后，发生一系列的物理化学变化，逐渐变成熟料。由于窑的筒体有一定斜度，并且不断地回转，使物料逐渐向前移动，烧成后的熟料最后从窑头卸出，进入冷却机。

7.4.2.1　回转窑内的工艺带及工艺反应

（1）**工艺带的划分**　根据回转窑内物料的工艺变化，一般将预分解窑分为三个工艺带：过渡带、烧成带及冷却带（有的划分为四个带：分解带、过渡带、烧成带和冷却带）。

从窑尾起至物料温度 1280℃止（也有以 1300℃止）为过渡带，主要任务是使物料升温及小部分碳酸盐分解和固相反应；物料温度 1280～1450～1300℃区间即至窑头的前结圈止为烧成带；窑头端部为冷却带。

（2）**物料在窑内各带的工艺反应**

① **过渡带**　一般从五级预热器进入窑内的粉状物料，其分解率为 90%～95%，温度为 820～850℃。当它刚喂入窑内时，还能继续进行分解，但由于重力作用，随即沉积在窑的底部，形成堆积层。随窑的转动料粉又开始运动，但这时即使气流温度（窑尾烟气温度）达 1000℃，料层内部的分解反应也将暂时停止。这是因为料层内部颗粒周围被 CO_2 气膜所包裹，气膜又受上部料层的压力，因而使颗粒周围 CO_2 的压力达到 1atm（1atm＝101325Pa）左右，料温在其平衡分解温度 900℃以下是难以进行分解的。当然，处于料层表面的料粉仍能继续分解。

随着时间的推移，粉料颗粒受气流及窑壁的加热，温度从 820℃上升到 900℃时，料层内部再剧烈地进行分解反应。在继续进行分解反应时，料层内部温度将继续保持在 900℃附近，直到分解反应基本完成。

当粉料中分解反应基本完成以后，料温逐渐提高，开始发生固相反应。一般初级固相反应于 800℃在分解炉内就已开始，但由于在分解炉内呈悬浮态，各组分间接触不紧密，所以主要的固相反应在进入回转窑并使物料温度升高后才能大量进行，最后生成 C_2S、C_3A 和 C_4AF。上述反应过程是放热反应，它放出的热量，直接全部用来提高物料温度，使窑内料温较快地升高到烧结温度。

② 烧成带 熟料中主要矿物 C_3S 的形成，完成熟料的最后烧成任务。在此带内，液相大量生成，它一方面使物料结粒；另一方面促进 C_3S 的形成。

在生料化学成分稳定的条件下，C_3S 的生成速率随温度的升高而激增，因此烧成带首先必须保证一定的温度。C_3S 的生成温度范围在回转窑条件下一般为 $1400\sim1450\sim1400℃$，此温度称为熟料烧成温度。烧成带还必须具有一定的长度，使物料在烧成温度下持续一段时间，使化学反应尽量完全，以尽量减少熟料中游离氧化钙含量。

③ 冷却带 熟料移动到冷却带，温度降至 1300℃ 以下时，熟料开始凝固，C_3S 的生成反应结束。冷却带承担部分熟料的冷却任务，使熟料中的一部分熔剂矿物 C_3A 和 C_4AF 形成结晶体析出；另一部分熔剂矿物因冷却速率较快来不及析晶而形成玻璃体。现在预分解窑的冷却带很短，熟料的冷却任务主要由冷却机承担。

以上是根据熟料的大致形成过程对回转窑进行人为划分的，各带在窑内的位置和长度也不是截然不变的。此外，各带不是截然分开的，而是互相交叉的。

(3) 预分解窑熟料煅烧进程 如图 7-45 所示是 KHD 公司提供的 $\phi4.0m\times56m$ 至 $\phi4.4m\times64m$（$L/D=14$）的预分解窑（窑速 3.0r/min）熟料的煅烧进程。该图中的分解带指的是回转窑窑尾剩余 $CaCO_3$ 分解一段的长度，在我国则属于过渡带的一部分。

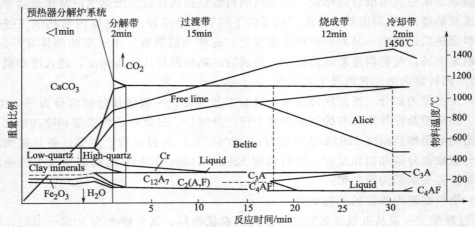

图 7-45 KHD 公司提供的 $\phi4.0m\times56m$ 至 $\phi4.4m\times64m$

（$L/D=14$）的预分解窑熟料煅烧进程

7.4.2.2 窑内物料的运动

物料由窑尾进入回转窑后，逐渐由窑尾向窑头运动。这一运动影响到物料在窑内的停留时间、物料的填充系数和物料受热面积等。

当运转中的回转窑停窑后，物料停留在窑截面的斜下方，如图 7-46 所示。物料上表面与水平面的夹角 θ，称为物料的静休止角。当回转窑再转动时，由于内摩擦力的作用，物料随窑体转动到一定位置后（由 B 点到 B' 处）才滚动下来，形成一个新的物料表面，此表面与水平面的夹角大于原来的休止角，称为动休止角 β。观察 A' 点处的物料可以发现，随着窑转到 B' 处，由于重力作用而沿着 $A'B'$ 平面滑落或滚动下来，但是由于窑筒体具有一定斜度，它不会再落到原来的位置 A' 处，而是向低端移动了一段距离 Δs。以上运动过程不断重复，物料也就不断地向窑头运动。

经理论推导，当回转窑的转速为 n（r/min）时，物料沿轴线方向运动的理论速度为：

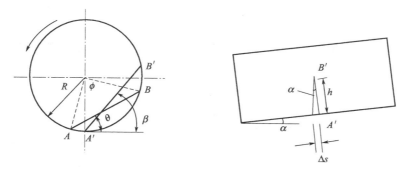

图 7-46　回转窑内物料运动示意

$$W_{\mathrm{m}}^{0} = n \frac{\pi}{\beta - \theta} D_{\mathrm{i}} \sin \frac{\varphi}{2} \tan\alpha \qquad (7\text{-}6)$$

式中　W_{m}^{0}——物料在回转窑内沿轴线方向的理论速度，m/min；

　　　D_{i}——回转窑筒体的有效内径，m；

　　　φ——物料弦对窑而言的中心夹角，rad；

　　　α——回转窑筒体的斜度。

　　物料的实际运动速度很复杂，但由式(7-6) 可以清楚地看出，影响物料运动速度的因素很多，首先与窑的直径和斜度有关，当窑一定后，影响物料运动速度的主要因素是窑的转速；其次是物料的填充率、物料性质、窑壁的光滑程度。它们是通过物料弦所对的中心角 φ 和动、静休止角差 $(\beta-\theta)$ 在公式中反映出来。物料填充率增大，φ 角增大，物料运动速度加快。在同一窑内各带的物料性质不同，动、静休止角不同，物料运动速度也不同。

　　回转窑内不同带，物料的运动速度相差较大，而物料在各带的运动速度决定着物料在各带内停留的时间。在实际生产条件下，窑的直径 D_{i} 和斜度 α 是固定不变的；各带物料的 β 值也基本不变，由式(7-6) 可知，此时影响窑内物料运动速度的因素主要是窑的转速 n。实际上，生产操作中经常用调整窑的转速来控制物料的运动速度。当喂料量不变时，窑速越慢，料层越厚，物料被带起的高度也越高，贴在窑壁上的时间越长，在单位时间内的翻滚次数越少，物料前进的速度也越慢。窑速越快，料层越薄，物料被带起的高度越低，单位时间内翻滚的次数越多，物料前进的速度越快。窑内料层厚，物料受热不均匀，质量不易稳定。预分解窑常用较快的窑速，采用"薄料快烧"的方法。根据国内外的测定数据表明，物料在窑内停留时间为 32～42min。

　　当回转窑的喂料量一定时，物料运动速度还影响着物料在回转窑内的填充系数（又叫物料的负荷率），即窑内物料的体积占筒体容积的百分比。各带物料填充系数可用下式表示。

$$\phi = \frac{m}{3600 \times w_{\mathrm{m}} \frac{\pi}{4} D_{\mathrm{i}}^{2} \rho_{\mathrm{m}}} \qquad (7\text{-}7)$$

式中　ϕ——窑内物料填充系数，%；

　　　m——单位时间通过某带的物料量，t/s；

　　　w_{m}——物料在某带的运动速度，m/s；

　　　D_{i}——某带有效内径，m；

　　　ρ_{m}——通过某带物料的容积密度，t/m³。

　　由式(7-7) 看出，当喂料量 m 保持不变时，物料运动速度加快，窑内物料负荷率减小；

反之，就要加大。但在生产过程中，要求窑内的负荷率最好保持不变，以稳定窑内的热工制度，ϕ 值一般为 5%～17%。要使物料的负荷率保持不变，物料的运动速度（主要决定于窑的转速）与喂料量必须有一定比例，所以要求回转窑的电动机与喂料机的电动机能同步运转，即窑速打快，下料量也多；反之，下料量也减少。

7.4.2.3　回转窑内的燃料燃烧

　　熟料在回转窑内的煅烧需要一定的热量，这些热量来自窑内燃料的燃烧，因此也可将回转窑看做圆筒形的燃烧设备，进行燃料燃烧的一段空间，一般称为"燃烧带"。以下主要讨论煤粉在回转窑内的燃烧。

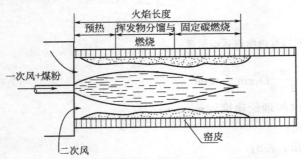

图 7-47　煤粉在回转窑内燃烧形成火焰示意

　　（1）煤粉在回转窑内的燃烧过程　煤粉与鼓风机提供的一次空气先进行混合并自窑头喷煤管一起喷入窑内，形成喷射流股，煤粉颗粒悬浮在流股之中，一方面燃烧；另一方面随气流运动。通过冷却机被熟料预热后的二次空气，在窑尾排风机的抽引下，由窑头进入窑内，扩散包围在射流周围，在流股边缘涡流的带动下，逐步进入燃烧的流股中并参与燃烧。边运动边燃烧的煤粉在窑内形成一定形状的火焰，其结构如图 7-47 所示。

　　由图 7-47 可以看出，煤粉颗粒在回转窑内的燃烧过程与一般燃烧过程相似，入窑后首先被干燥，排除水分；随着温度升高，挥发分开始逸出，并在颗粒周围形成一层气体薄膜，这一过程称为干燥、预热阶段，这段流股在生产上称为"黑火头"（或称火焰根部）。当温度继续升高，达到挥发分燃点后，挥发分开始燃烧，并形成明亮火焰。在挥发分没有燃烧完全以前，焦炭颗粒被挥发分和燃烧产物的气体膜所包围，无法与氧气接触，因而无法燃烧，只能进行焦化。待挥发分燃尽后，空气中的氧才能扩散到焦炭颗粒表面，进行焦炭颗粒的燃烧。

　　（2）影响回转窑内煤粉燃尽时间的因素　火焰温度高达 1700℃，因而煤粉的燃烧是在"扩散燃烧区域"进行的，即燃烧受温度的影响较小。对于煤粉的扩散燃烧来说，要缩短其燃尽时间，首先，应将煤粉磨得更细些，这是因为炭粒的燃尽时间与其初始直径的平方成正比关系，而不像在分解炉中那样成正比关系。其次，增大氧气向炭颗粒表面的扩散速度，而这与炭颗粒同其周围空气之间的相对速度有关。一次空气是预先和煤粉混合的，扩散阻力较小，因此一次空气的比例越大，煤粉燃尽时间越短。二次空气是由火焰流股表面卷吸进去的，由表面逐步向火焰内部扩散，阻力比较大，特别是火焰中心部位。然而对于回转窑来说应尽可能增加高温二次空气的利用，因此要加快煤粉燃烧速度、缩短其燃尽时间，还必须从改善煤粉燃烧器的结构着手。其他因素对回转窑和分解炉内煤粉燃尽时间的影响类似，这已在前面章节中做过介绍。

　　（3）煤粉燃烧过程的控制

　　① 火焰温度　对于预分解窑来说，由于窑速较快，产量较高，要提高物料的升温速率，必须提高火焰温度，实现"薄料快烧"。否则，如果火焰温度过低，熟料难烧，f-CaO 含量高，烧失量大，从而影响熟料的质量。当然，如果火焰温度过高，容易产生熟料过烧现象，烧坏窑衬，甚至发生红窑现象。因此，回转窑内煤粉的燃烧首先要控制火焰温度。根据燃料燃烧学得知，燃料理论燃烧温度的计算公式为：

$$t_{fe} = \frac{Q_{net,ar} + Q_{fu} + Q_a - Q_{ch} - Q_{ma} - Q_s}{c_{fe} V_{fe}} \tag{7-8}$$

式中　t_{fe}——燃料理论燃烧温度，℃；

$Q_{net,ar}$——燃料的收到基低位发热量，kJ/kg；

Q_{fu}——燃料和一次空气带入的显热，kJ/kg；

Q_a——二次空气带入热量，kJ/kg；

Q_{ch}——燃料的化学不完全燃烧损失，kJ/kg；

Q_{ma}——燃料的机械不完全燃烧损失，kJ/kg；

Q_s——火焰向周围传出的热量，kJ/kg；

c_{fe}——燃烧废气的比热容（标准状态），kJ/(m³·℃)；

V_{fe}——燃烧产生的废气量（标准状态），m³/kg。

由式(7-8)看出，影响火焰温度的主要因素是燃料的发热量、燃料和一次空气的温度、二次空气的温度、火焰向周围传递的热量。至于机械与化学不完全燃烧，在回转窑中是较少的。另外一个因素是公式中不能直接看出的，也是在操作中经常变动的一项，即过剩空气系数。它不仅影响着化学不完全燃烧，更重要的是影响着废气量 V_{fe} 的大小，因此它对火焰温度有着明显的影响。当所使用的燃料和设备一定时，在操作中应经常控制过剩空气量的多少，即所谓"风煤配合"要适当。由于二次空气的温度远高于一次空气的温度，因而尽量减少一次空气用量对于火焰温度的提高和热量的回收都是有益的。

② 火焰形状　火焰形状对回转窑熟料煅烧的稳定具有十分重要的作用，对保护窑体，尤其是窑口和窑衬更为重要。在回转窑操作中，必须控制好火焰的形状。火焰形状是指火焰长度、粗细和完整性。

a. 火焰长度　火焰长度有两种情况，即全焰长度和燃焰长度，前者指从喷煤管至火焰末端的距离，后者指开始着火处至火焰末端的距离。两者区别是：是否将黑火头计算在内。所谓火焰末端是指发光火焰的末端，事实上大约 90% 的煤粉燃尽后发光火焰终止。两种火焰长度的区分如图 7-48 所示。通常所讨论的火焰长度是燃焰长度。

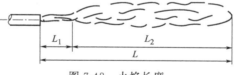

图 7-48　火焰长度

L—全焰长度；L_1—黑火焰；L_2—燃焰长度

在熟料煅烧过程中，熟料形成的每个阶段都有温度和时间要求。所以火焰长度及其分布应与工艺过程相适应。特别是烧成带的火焰长度，必须保证物料有足够的停留时间，才能煅烧出高质量的熟料。烧成带的火焰长度是火焰的高温部分，约占整个火焰长度的一大半，它所形成的窑皮比较坚固，称为主窑皮；火焰两头部分形成的窑皮比较松散，时长时消是动态过程，称为松散窑皮或副窑皮。窑皮形成的长短、厚薄、位置、均匀与否和稳定程度等，是判断火焰质量和性能的依据，同时也是衡量操作水平的重要指标。火焰长度对烧成工艺影响很大，当发热量一定时，若不适当地拉长火焰会使烧成带温度降低，过早出现液相，易结圈，还会造成废气温度提高，使煤耗增加等；相反，若火焰太短，高温部分过于集中，易烧垮"窑皮"及衬料，不利于窑的长期安全运转。因此，火焰长度应根据窑内实际情况进行调整。影响火焰长度的主要因素如下。

ⓐ 气体流速对火焰长度的影响　火焰长度主要取决于气体在燃烧带的流速及煤粉燃烧所需时间，可用下式表示。

$$L_f = \omega_f \tau \tag{7-9}$$

式中 L_f——煤粉燃烧的火焰长度，m；

ω_f——燃烧带气流的平均速度，m/s；

τ——燃料完全燃烧所需的时间，s。

燃烧带内气流的平均速度与一次风喷射出口流速有关。一次风速增加，一方面能提高煤粉的有效射程，使火焰拉长；另一方面又强化风煤混合，使燃烧速度加快，火焰缩短。总体上说，火焰长度随一次风速度的增加及其所占比例的增加而缩短。然而更重要的是，火焰长度受燃烧带内气体流速的影响。当窑的直径一定时，窑尾排风增加，会使气体流速加快，从而将火焰拉长。在实际生产中，一次风量和风速变动是有限的。

ⓑ 煤粉燃尽时间对火焰长度的影响　由式(7-9)还可知，火焰长度与煤粉燃尽时间 τ 成正比关系，而影响煤粉燃尽时间的因素可参见前文。

ⓒ 煤粉燃烧器结构对火焰长度的影响　现代新型干法水泥窑均采用多风道煤粉燃烧器，在保持一次风量不变的情况下，可通过调节其直流风和旋流风的比例灵活调节火焰的长度。详细情况见煤粉燃烧器一节内容。

ⓓ 二次空气温度　虽然回转窑内煤粉的燃烧速率受温度影响较小，但提高二次空气温度可加快煤粉的干燥和预热过程，使其燃烧速率加快，从而使火焰有所缩短。

b. 火焰粗细　回转窑内的火焰粗细应与其截面积大小相适应。一般来说，火焰应均匀地充满整个窑截面，外廓与窑皮之间保持 100～200mm 的空隙；在不易烧坏窑皮和窑衬的前提下，尽可能使火焰接近物料但不触料。火焰的粗细对于一般的燃烧器来说，都可以在一定的范围内进行调整，但有一定的限度。因此，必须根据窑型选择与其适应的燃烧器。

c. 火焰完整性　完整性好的火焰在其任何一个横断面上均呈现圆形，通过中心线的纵断面呈柳叶形，最好是棒槌形（图 7-49）。这种火焰既可以保护窑口，使火焰长度在整个烧成带进行高效的热交换，又能保护燃烧器喷嘴不会过早烧坏，保证筒体温度均衡。任何一种燃烧器，如果没有外界因素的影响，都可以形成这样的规整性火焰。但实际窑内的情况大不相同，影响因素较多，诸如燃烧器与窑的相对位置，燃烧器本身的性能，窑的工况，窑尾排风机的吸力，二次风的强度和分布，窑内结圈与否等因素，对火焰的规整性均有影响。

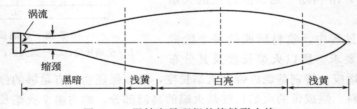

图 7-49　回转窑最理想的棒槌形火焰

d. 火焰根部　火焰根部，即黑火头的长短对熟料煅烧有很大影响。黑火头过长，则影响火焰的有效长度，使回转窑的有效传热面积降低，对煅烧不利；黑火头过短，则容易烧坏喷煤嘴。对于预分解窑用多通道燃烧器，黑火头较短，有的基本没有，所以对燃烧器的材质要求较高。

(4) 回转窑对燃煤的要求　前面讨论了回转窑对火焰温度和形状的要求，而煤的质量也会对它们造成一定的影响。在实际生产中，如果用一种煤不能满足上述要求，可考虑几种煤搭配使用。在选择煤种时，应尽量选用含硫、氮量低的煤。

为了充分利用地方资源，节约运输成本，许多水泥厂在窑头使用无烟煤，而且取得了很好的效果。其所采取的主要措施有：①选用大推力多风道煤粉燃烧器；②采用厚料层算冷机，使入窑风温大于 1200℃；③提高煤粉细度。

（5）回转窑的发热能力及热负荷　回转窑的发热能力是指窑单位时间内发出的热量，计算公式为：

$$Q = MQ_{net.ad} \tag{7-10}$$

式中　Q——回转窑的发热能力，kJ/h；

　　　　M——窑小时用燃料量（空气干燥基），kg/h；

　　$Q_{net,ad}$——燃料空气干燥基发热量，kJ/kg。

当熟料的单位热耗一定时，增加每小时的燃料用量，即可提高窑的发热能力，从而提高窑的产量。但是窑的发热能力不可能无限制地提高，它要受到窑内燃烧带热负荷的限制，否则容易烧坏窑衬。窑热负荷有以下三种表示方法。

燃烧带容积热负荷是指燃烧带单位容积、单位时间所发出的热量。燃烧带衬料表面热负荷是指燃烧带单位表面积、单位时间内所承受的热量。窑的断面热负荷是指燃烧带单位截面积、单位时间内所承受的热量。就目前 5000t/d 新型干法水泥窑，烧成带容积热负荷一般为 2.2～2.6kJ/(m^3 · h)；衬料表面热负荷一般为 2.4～2.8kJ/(m^2 · h)；烧成带容积热负荷一般为 4.0～4.4kJ/(m^2 · h)。

7.4.2.4　回转窑内的气体流动

为了使窑内燃料完全燃烧，必须不断地向窑内供给大量的助燃空气；燃烧后的烟气和生料分解出来的大量气体，在将热量传给物料以后，必须及时从窑内排出，因此就产生了气体在窑内的流动问题。

气体在回转窑内流动时，伴随有燃料的燃烧、物料的煅烧以及气体的温度、组成随时都在变化。因此气体的流动是相当复杂的，特别是燃烧带内的气体流动更为复杂。燃烧带火焰长度，主要取决于燃烧带内气体流速，为了保持适当的火焰长度。燃烧带气体流速可按下式进行计算。

$$W_0 = \frac{100Amq}{0.785 \times 3600 D_b^2 Q_{net,ad}} \tag{7-11}$$

式中　W_0——燃烧带内气体流速（标准状态），m^3/(m^2 · s)；

　　　　A——1kg 燃料燃烧生成的气体量（标准状态），m^3/kg；

　　　　q——熟料的单位热耗，kJ/kg 熟料；

　　　D_b——燃烧带内径，m；

　　$Q_{net,ad}$——燃料的空气干燥基低位热值，kJ/kg 煤；

　　　　m——回转窑的小时产量，t/h。

气体在窑内流动，流速是一个重要的参数。它一方面影响对流换热系数的大小；另一方面影响着高温气体与物料的接触时间。如果气体流速增大，传热系数增大，但气体与物料接触时间缩短，总的传热量反而减少，使废气温度升高，熟料热耗增加，窑内扬尘增大；相反，流速过低，传热速率降低，影响窑的产量。窑内的气体流速主要取决于窑内产生的废气量和窑筒体的有效截面积，废气量又取决于窑的发热能力，因此窑内气体流速与窑内径的关系为：

$$W \propto \frac{Q}{\frac{\pi}{4}D^2} \propto \frac{D^3}{D^2} \propto D \tag{7-12}$$

式中　W——回转窑内气体流速；

　　　　Q——回转窑的发热能力。

由此可以看出，窑内气体流速与窑的直径成正比，即随窑径的增加，窑内风速也要求增加，当然窑尾风速也必然提高。但是，许多学者认为窑尾风速不宜过高，否则飞灰将会从窑内大量逸出。一般窑尾实际风速不应超过 10m/s（标态风速为 $1\sim1.5$m/s），否则可适当加大窑尾筒体直径。若窑径大于 4m，其燃烧带的标态风速 $\leqslant$2m/s。

7.4.2.5 回转窑内的传热

回转窑内燃料燃烧、气体流动、物料运动，归根结底是要把热量传递给物料。回转窑内热量传递的条件是物料与气体之间存在温差。由于窑内各带气体温度不同，传热情况也各不相同。

(1) 燃烧带的传热 这一带火焰温度最高（约 1700℃），燃料的燃烧产物中含有大量的 CO_2，同时含有大量的煤灰、细小熟料等固体颗粒及正在燃烧的灼热的焦炭粒子，且火焰具有一定的厚度，因此火焰具有较强辐射能力。在燃烧带内，主要是高温气体向物料和窑壁进行辐射传热，其次也有对流和传导传热。其中，辐射传热约占整个烧成带传热的 90%，后两者约占 10%。

火焰直接地或通过窑衬间接地将热量传给物料。因此若要提高该带的传热速率，必须设法提高火焰对窑衬和物料的净辐射热量。影响燃烧带传热速率的主要因素如下。

① 火焰的黑度 在煤粉燃烧的火焰中，具有辐射能力的物质有三原子气体（CO_2、H_2O 等）和固体颗粒（焦炭粒子、煤灰粒子及其悬浮状态的飞灰、熟料细粒等）。火焰的黑度可视为净气体黑度与固体粒子黑度的叠加。由于固体粒子的黑度远大于气体，所以火焰的黑度主要取决于固体粒子的黑度。有人认为，对于直径在 4m 以上的回转窑，火焰黑度可近似等于 1。

② 火焰的温度 辐射传热速率随温度的四次方而变化，因此提高火焰温度可以很有效地提高辐射传热能力。但是火焰温度的提高，受到窑衬损坏温度的限制，不可能过高。

③ 窑衬与物料的平均温度 窑衬的温度随着窑的转动，从脱离物料开始，接受火焰传给的热量，温度逐渐升高，直至与物料再接触时，达到最高；埋入物料后，把热量以传导的方式传给物料，温度逐渐降低，到离开物料前降到最低，如此周而复始地循环。在一般正常情况下，其平均温度是不变的。此时衬料与物料的平均温度主要取决于物料上表面的温度。

物料上表面温度，取决于物料截面上温度的均匀性。由于物料上表面接受火焰辐射、对流传热，温度较高，物料下表面接受衬料传导传热，温度也较高，而截面中心温度较低。如果物料的均匀性好，则物料上表面温度越低，接受的传热量越多。在一定程度上提高窑的转速，使窑内物料翻滚次数增加，可提高整个物料层温度的均匀性，有利于热量的传递。但窑速进一步增加，不仅传热量变化不大，反而会使窑内物料运动速度过快，在烧成带停留时间过短，以致影响熟料质量。

(2) 中空部分的传热 回转窑中空部分的传热与烧成带的传热基本相同。传热能力除了与高温气体、窑衬与物料之间的温度差、传热系数大小有关外，传热面积是一个主要的因素。由于物料在窑内的填充系数很小（只有 10% 左右），气体及窑衬与物料接触面积也很小，因此回转窑中空部分的传热能力较差。不过对于预分解回转窑来说，该问题不是主要矛盾，原因如下：①吸热量很大的碳酸盐分解反应仅有不到 10% 在窑内进行；②回转窑中空部分的气流温度均在 1000℃以上，辐射传热较明显；③在过渡带中进行的固相反应为放热反应。

7.4.3 预分解窑系统回转窑的特点

7.4.3.1 热工特性

(1) 熟料形成理论热耗 由于预分解窑的入窑生料碳酸钙分解率已达 90% 以上，在回转窑内仅进行部分碳酸钙的分解（<10%）及固相反应、熟料形成和冷却等。因此，回转窑（包括冷却机）内熟料形成理论热耗与从 20℃ 作为基准的熟料理论热耗有着根本性变化。

如熟料形成热化学一节中所述，以 20℃ 为基准，采用普通原料配料，则 1kg 熟料的理论热耗为 1630～1800kJ；而预分解窑（包括冷却机）内的熟料形成理论热耗是一个负值。实际上，预分解窑内的熟料形成理论热耗是随碳酸钙分解率的提高而下降的，只是当分解率大于某一临界值时，熟料形成理论热耗才成为负值。该值虽有一定变动，但大致在 70% 左右。

（2）烧成带长度和熟料在烧成带的停留时间　烧成带的长度主要取决于火焰长度，且一般为火焰长度的 0.6～0.65 倍；在实际生产中则以坚固窑皮的长度表示烧成带长度。预分解回转窑烧成带长度为窑内径的 5～5.5 倍，物料在该带停留时间一般 10～15min。

由于预分解窑的入窑物料温度已达 820～860℃，要使入窑后堆积料层中的碳酸钙继续分解，物料温度需达 950℃ 左右。如果温度过低，将使回转窑内低温区的传热效率过低。有关资料指出，窑尾废气温度最佳值为 1130℃。较高的窑尾废气温度，有利于加速窑内物料的分解，并提高窑后上升烟道的传热和预热器的传热。因此，在保证窑后系统不结皮、不堵塞的条件下，可控制较高的废气温度（可达 1050～1100℃），从而也延长了火焰长度和烧成带长度。

7.4.3.2　预分解回转窑产量

由于预热器和分解炉的介入，预分解窑的生产能力不单纯由回转窑的规格决定。预分解窑产量受多种因素的影响，还没有很好的理论方法对其进行计算。目前，预分解窑产量一般按经验公式计算，这些公式也较多，常见的有：

$$G = \sqrt[0.8]{k\left(\frac{nD_i}{i}\right)^{0.2} D_i^{1.5} L \frac{\left(\Delta t_0 + \frac{t_g - t_m}{2}\right)}{q_m}} \quad (\text{t/d}) \qquad (7\text{-}13)$$

$$G = 8.495 D_i^{2.328} L^{0.6801} \quad (\text{t/d}) \qquad (7\text{-}14)$$

$$G = 53.5 D_i^{3.14} \quad (\text{t/d}) \qquad (7\text{-}15)$$

式中　k——由回转窑的实际生产数据求取；

q_m——单位熟料热耗，kJ/kg 熟料；

n——窑速，r/min；

D_i——窑有效内径，m；

i——窑的斜度，%；

L——窑长，m；

t_g——窑尾气体温度，℃；

t_m——入窑物料温度，℃；

Δt_0——初始气固平均温差，℃。

随着水泥装备设计制造技术水平、工艺操作水平及自动化水平等的不断完善，预分解窑产量计算经验公式必须随之修改。

7.4.3.3　预分解回转窑长径比

预分解回转窑的长径比（L/D）一般为 14～17，有时碱、氯、硫等有害成分含量较高，为避免结皮，长径比可达 20。也有 L/D 较小的短型窑（通常为两挡窑），如 KHD 公司开发的 $\phi4m \times 40m$ 窑；天津水泥工业设计研究院开发的 $\phi5m \times 60m$ 窑；南京水泥工业设计院开发的 $\phi5.1m \times 61m$ 窑。

短型窑主要是将窑内过渡带缩短,使物料停留时间由大约 15min 减少到 6min 左右。由于物料在窑内加热速度快,C_2S 和 CaO 晶体来不及生长,使其活性增大,有利于熟料烧结。同时,熟料矿物可生成微晶、微孔结构,其性能及易磨性都会优于长径比较大的窑。

必须注意的是,回转窑长径比缩小,欲保持一定的火焰长度,则窑尾温度势必升高,从而易于引起碱、氯、硫等有害物质在预热器系统的结皮,甚至引起堵塞,影响窑系统热工制度的稳定性和窑的正常操作。如废气温度过低,如小于 950~1000℃,则短窑火焰会被压缩,火焰温度升高,既影响熟料质量,又影响耐火砖寿命,窑的产量随之下降。

7.5 冷却机

在当代预分解窑系统中,熟料冷却机与旋风筒、换热管道、分解炉和回转窑等密切结合,组成一个完整的新型水泥熟料煅烧装置体系,成为一个不可缺少的具有多种功能的重要装备。

7.5.1 冷却机的作用

熟料冷却机的功能和作用如下。

① 冷却机作为一个工艺设备,它承担对高温熟料的骤冷任务。骤冷可以阻止熟料中 C_3S 晶体的长大和分解,同时骤冷还可以使 MgO 及 C_3A 大部分固定在玻璃体内,有利于熟料安定性的改善及抗化学侵蚀性能的提高。同时,也可以防止 β-C_2S 向 γ-C_2S 的转变。

② 作为热工装备,在对熟料骤冷的同时,承担着对入窑二次风及入炉三次风的加热升温任务。在预分解窑系统中,尽可能地使二、三次风加热到较高温度,这不仅可有效地回收熟料中的热量,而且有利于中低质燃料的着火和预燃,提高燃料燃尽率,提高燃烧效率,从而保持全窑系统有一个优化的热力分布。

③ 作为热回收装备,它承担着对出窑熟料带出的大量热量回收的任务。一般来说,其回收的热量为 1250~1650kJ/kg 熟料。这些回收的热量主要用于提高二次风及三次风的温度,以降低整个熟料烧成系统的热耗。另外,这些回收的热量还可以用于煤磨,也可以进入低温余热发电系统。

④ 冷却机对高温熟料进行有效冷却,有利于熟料的输送、储存与粉磨。

7.5.2 冷却机性能评价指标

熟料冷却机的技术评价指标主要有以下几个。

(1)热效率 热效率是指从出窑熟料中回收并用于熟料煅烧过程的热量($Q_{收}$)与出窑熟料带入冷却机的热量($Q_{出}$)之比。其计算公式为:

$$\eta_c = \frac{Q_{收}}{Q_{出}} \times 100\% \tag{7-16}$$

式中 η_c——冷却机热效率,%;

$Q_{收}$——熟料带入冷却机的热量,kJ/kg 熟料;

$Q_{出}$——回收并用于熟料煅烧过程的热量(包括入窑二次风显热和入炉三次风显热),kJ/kg 熟料。

各种冷却机热效率一般在 40%~80% 之间。

(2)冷却效率 冷却效率是指从出窑熟料中回收的总热量与出窑熟料物理热的百分比,其计算公式为:

$$\eta_L = \frac{Q_{出} - q_{料}}{Q_{出}} \times 100\% = 1 - \frac{q_{料}}{Q_{出}} \times 100\% \qquad (7\text{-}17)$$

式中　η_L——冷却机的冷却效率,%;

$q_{料}$——出冷却机熟料带走的热量,kJ/kg 熟料。

各种冷却机的冷却热效率一般在 80%～95% 之间。

（3）空气升温效　即鼓入各室的冷却空气与离开熟料料层空气温度的升高值同该室区熟料平均温度的比值,其计算公式为:

$$\varphi_i = \frac{t_{a2i} - t_{a1i}}{\bar{t}_{cli}} \qquad (7\text{-}18)$$

式中　φ_i——空气升温系数;

t_{a1i}——鼓入某区冷却空气温度（即环境温度）,℃;

t_{a2i}——离开该区熟料层空气温度,℃;

$\bar{t}_{cli}$——该区冷却机算床上熟料平均温度,℃。

当 $\dfrac{t_{cl2}}{t_{cl1}} > 2$ 时,$\bar{t}_{cli} = \dfrac{t_{cl2} - t_{cl1}}{2.3 \lg \dfrac{t_{cl2}}{t_{cl1}}}$;　当 $\dfrac{t_{cl2}}{t_{cl1}} < 2$ 时,$\bar{t}_{cli} = \dfrac{t_{cl2} - t_{cl1}}{2}$。

一般情况下,$\varphi_i < 0.9$。

（4）入窑二次风及入炉三次风温度　这两个温度值越高越好。

（5）出冷却机熟料温度　一般冷却机的出料温度为 70～300℃,现代算式冷却机一般能将熟料冷却到 100℃ 以下,其设计指标普遍能达到 "65℃＋环境温度"。

7.5.3　冷却机的种类及其发展

熟料冷却机主要有三种类型:一是筒式（包括单筒和多筒）;二是算式（包括振动、回转、推动算式）;三是其他形式（包括立式及 "g" 式）。在预分解窑诞生之前的相当长时期内,单筒式、多筒式与算式冷却机长期并存,各自经过不断改进,形成 "三足鼎立" 的局面。预分解窑问世之后,由于分解炉用三次风的抽取,筒式冷却机难以满足需要,所以基本上已被淘汰。对于算式冷却机,由于振动式算冷机和回转式算冷机也早已淘汰,所以目前在水泥行业,特别是新型干法水泥领域,应用最为广泛的是推动算式冷却机,而通常所说的算式冷却机也均是指该类冷却机。

推动算式冷却机由美国 Fuller 公司于 1937 年发明,发展至今已经历四代。目前,国际上主要有四种品牌的第四代算冷机:丹麦 FLSmith 公司的 SF-CrossBar 算冷机,德国 Polysius 公司的 Polytrack 算冷机,德国 C.P 公司的 η-冷却机,以及德国 KHD 公司的 Pyrofloor 算冷机。由于第四代算冷机发明时间较短,所以第三代算冷机在我国的使用仍较为广泛。

7.5.4　推动算式冷却机

7.5.4.1　推动算式冷却机的结构和工作原理

如图 7-50 所示是福拉克斯算冷机的结构简图,属于第二代推动式算冷机。它主要有上下壳体、算床、算床传动装置、算床支承装置、集料斗、卸料锁风装置、喷水装置、熟料破碎机和拉链机等组成。算床是冷却机的主要部件,由横向一行行间隔排列的固定算板和活动算板组成,算板上开有一定数量的通孔（图 7-51）。活动算床在传动装置带动下,做水平往复运动,将熟料向前推进（图 7-52）。算床可分为 2～4 段,各算床之间可有高度落差,也可没有落差,各段算床可分别调速。

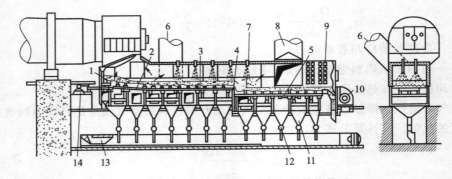

图 7-50　福拉克斯算式冷却机的结构简图

1—骤冷算板；2—倾斜算床；3，5—水平算床；4—高差；6—三次风；7—水喷射装置；8—余风；
9—链幕；10—熟料破碎机；11—集料斗；12—卸料阀门；13—拉链机；14—算床传动系统

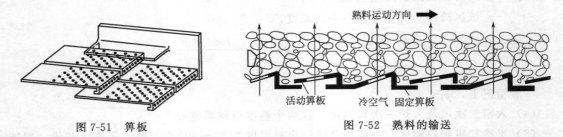

图 7-51　算板　　　　　　　　　　　　图 7-52　熟料的输送

　　出窑高温熟料经窑口卸落到算冷机的热端算床上，被倾斜安装并做往复运动的活动算板推向卸料端。厚度为 $500\sim600\text{mm}$ 的高温熟料在被推送的过程中受来自算下各冷风室的冷却风的连续冷却。在算床末端，小块熟料落入算冷机下方的熟料破碎机中，大块熟料被快速回转的锤头击碎并被抛射回算床上再冷却，这样反复打击直至块度小于 25mm 后，落入机下熟料输送机。

　　熟料在冷却过程中由于算板的推动和冷却风的吹动作用，细小熟料通过算板上的小孔和算板间的缝隙漏入算下各冷风室中，再通过冷风室底板下的漏料锁风阀落入算冷机下料槽内，由漏料拉链机拉走，汇入算冷机下熟料输送系统中。

　　在算冷机热端区段，料层厚，温度高，高压冷却风由下而上渗透红热厚料层时对热熟料起强烈的淬冷作用，同时通过充分的热交换吸收大量的热量，离开料层时已成高温空气。其中，温度最高部分作为二次风入窑；次高温部分作为三次风去窑尾分解炉。算冷机中温区段的热风主要用以烘干物料和发电。冷却熟料后未被利用的热风经降温和除尘处理后排入大气。

　　第二代算冷机存在较多问题，如风室之间的漏风、窜风严重；冷却风分布不均且无法精确调节；从回转窑落入进料区算床上的熟料会形成粗、细料的离析，或出现"堆雪人"现象。算床上熟料粗、细和厚、薄分布不均，个别地方会被短路的冷却风"吹穿"，而其他地方的熟料由于得不到冷却风的充分冷却，便会出现"红河"。以上现象会影响熟料质量，增加烧成热耗，也会使算板等部件局部过热，甚至烧毁。针对上述问题，开发出了新的算冷机。

7.5.4.2　第三代算式冷却机

　　第三代算冷机主要是使用了阻力算板，如图 7-53 所示为算床阻力与空气分配示意，其中，R_R 为算床阻力；R_g 和 R_f 分别为粗料和细料的阻力；V_g 和 V_f 分别为通过粗料和细料的风量。

算床阻力对空气分配作用关系为：

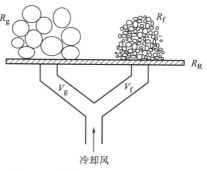

$$\frac{V_g}{V_f} = \frac{R_f + R_R}{R_g + R_R} \qquad (7\text{-}19)$$

由上式可知，若 $R_R \gg R_g$、R_f，则 $V_g/V_f \approx 1$。这表明：如果算床阻力比料层阻力大得多时，则粗料和细料侧的风量基本相等，即风量能在全算床上均匀分布。阻力算板就是基于上述原理发明的，它可在一定程度上消除因布料不均而引起的气流短路、吹穿等现象。

图 7-53 算床阻力与空气分配示意

增加算床阻力的主要方法是提高算孔风速，因为阻力与风速的二次方成正比。然而，在传统算板上，要提高风速来达到空气分配均匀的目的是不可能的。这是因为所需风速太高，既不利于加热空气，也会搅起太多的物料像飞灰般被空气带出。只有通过脉冲式供气，才能将足以达到空气分配均匀的高风速和适于加热空气的中等风速相结合。恰当的脉冲频率可以利用高风速搅起细粒，但在未被带出料层以前又重新沉落下来。由于空气与颗粒之间存在很高的速差，有利于物料的快速冷却；同时被搅动的细粒有助于空气与大颗粒之间的热交换。基于上述原理，IKN 公司首先开发出适宜的阻力算板、空气梁及其脉冲充气装置，它们是第三代算冷机不同于第二代算冷机的核心部件。

第三代算冷机最显著特点是：采用阻力算板、充气梁技术及分区可控制流技术，其具体特点如下。

① 采用阻力算板及具有充气梁结构的算床以增加算板的气流阻力，从而降低料层内颗粒粗、细不均等因素对气流分布不均的影响。熟料进口端（骤冷区）为窄宽布置，并常用固定式倾斜算床（倾角约 15°）。为避免进口端堆料，常设置空气炮。进料区后面的热回收区为水平算床或倾斜角为 3°左右的倾斜算床，而冷却区多采用水平算床，该区也适当辅助喷水冷却装置。

② 在进料区配备脉冲高压鼓风系统，发挥脉冲高速气流对熟料的骤冷作用，用尽量少的冷却风来回收熟料余热以减少余风量，提高二次、三次风温。脉冲供风也能使细颗熟料不会被高速气流带走，同时细颗粒料的扰动作用也增加了气料之间的换热速率。

③ 高压冷却风通过充气梁（或称空气梁），特别是算冷机热端前部的数排空气梁，向算板下供风（充气算板），以提高料层中气流的均匀分布程度，也能强化气流对熟料和算板的冷却，从而消除"红河"现象和保护算板。

④ 设置了针对算床一、二室各排算板的自控调节系统，以对风量、风压及脉冲供气进行调控。有的算冷机也设置针对各块算板的人工调节阀门，以便根据需要手动调节。同时，对第一段算板速度及算板下的风压实行自动调节，以保持料层的设定厚度，其他段算床与第一段算床同步调节。

⑤ 多数采用液压传动方式。

⑥ 通常在算冷机中间或卸料处使用辊式破碎机。

⑦ 算床下密封程度较高，有的可将算床下（漏料）拉链机去掉以降低算冷机高度。

就第三代算冷机来说，尽管不同公司采用不同形式的阻力算板，且第一段算床的布置方式也不尽相同，但由于基本原理相同，所以收到了异曲同工的效果，不仅杜绝了"雪人"、"红河"等不良现象，而且单位算床面积产量和热效率提高，烧成热耗降低。

KHD公司开发的PYROSTEP算式冷却机是典型的第三代算冷机,其结构如图7-54所示。根据算板不同,大型算冷机内分为五个区。

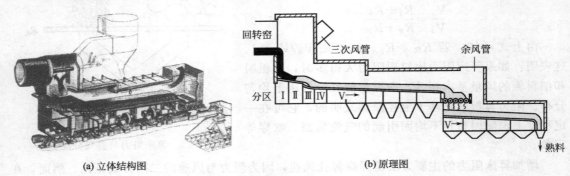

(a) 立体结构图　　　　　　　　　　　　　(b) 原理图

图7-54　PYROSTEP算式冷却机的结构

(1) Ⅰ区　装有固定的阶梯算板,称Step算板 [图7-55(a)],算板具有水平出风槽,冷却空气通过箱形结构梁引入,保证冷却空气以最佳状态进入熟料床层并防止热熟料穿过算板下落。各排又分横向通风区,通以脉冲、单个可调的冷却风,保证了熟料沿整个算冷机宽度均匀分布。通过将冷却风引入特定的熟料床层,消除了"红河"现象。由于算板上总有一层冷却熟料,阶梯算板的热应力和机械应力减少到最低程度。

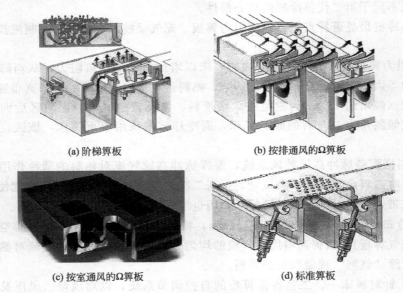

(a) 阶梯算板　　　　　　　　　　　(b) 按排通风的Ω算板

(c) 按室通风的Ω算板　　　　　　　(d) 标准算板

图7-55　PYROSTEP算式冷却机所用算板

(2) Ⅱ区　为往复算板段,配有按排通风的Ω算板 [图7-55(b)],冷却空气通过箱形结构梁从算板出口槽引出。该算板具有堆积熟料的小槽,气流弥散地通过熟料层,防止熟料由算板缝隙下落。算板上有积存熟料的小槽,保证了通过熟料层的气流分布均匀;算板的唇部用空气冷却以延长使用寿命,耐磨的外部伸缩密封用以通过结实的管子向移动算板提供冷却风,取消了低寿命的软管连接;对于小型冷却机,Ⅱ区后面就是按室通风的Ⅴ区。

(3) Ⅲ区　包括类似Ⅰ区的固定式阶梯算板。使阶梯算板的优点得到充分利用,即使熟料通过量很高,也无熟料暴溢的风险。

(4) Ⅳ区　配有类似Ⅱ区的算板,该区长度取决于工艺要求和工艺系统的能力。对于Ⅱ

区、Ⅲ区和Ⅳ区，采用1行、3行、5行和2行、4行、6行交替送风。对于大型高产量冷却机，由于算床较宽，也可将其从横向分为两部分交替送风。

（5）Ⅴ区　按室通风。配有 Ω 算板或标准算板［图 7-55（c）、（d）］。分布到各算板的单位冷却空气量是经过计算的，避免了气流将熟料向上旋转涌起，因此熟料冷却非常均匀，算板间的缝隙变窄，减少了熟料下漏的可能。这些算板用以替代标准算板。气流弥散地通过熟料层改善了冷却效果，降低熟料被气流旋转上卷的风险，减少算板磨损程度，降低熟料沿算板缝隙下漏量。

采用通用可调的侧面密封元件可大大减少漏风量和漏料量。锤式破碎机或辊式破碎机可安装在算冷机的后部或中部。

7.5.4.3　第四代算式冷却机

第四代算冷机为可控制流固定算床式，其最显著特点是：熟料的冷却与输送分别用相互独立的两套机构，算床固定；冷却空气分区可控；不用高阻力算板。其主要特点体现在以下几个方面：①算床不再承担输送熟料的任务，该任务由新设置的机构来完成（因机型而异），因而算床为固定式，只起到"充气床"的作用；②算床上靠近算板有一层静止低温熟料层，可以保护算板及充气梁等部件免受磨损与高温侵蚀，同时也能起到均化气流的作用。这样，可不用高阻力算板来均化气流，以降低算板的压损；③尽管算冷机内仍然有可动部件，但只限于熟料输送机构（一般为液压驱动），因而可动部件的数目大为降低，而且若该机构个别零部件偶尔损坏，也很容易更换，不会对熟料冷却有显著影响；④由于算床固定，不会漏料，不需密封风机和算下漏料输送装置，降低了算冷机的高度；⑤空气梁供气系统与算床的连接以及冷却风的操作与调节非常简便，漏风量也大为降低，因此使用阻力算板时平衡充气梁内风压所用的空气密封装置得以简化。

SF 型交叉棒式（或推动棒式、十字耙式）算冷机是 FLSmith 公司和美国 Fuller 公司共同研制开发的首台第四代算冷机（图 7-56）。SF 型算冷机的算床固定，其功能就是均匀合理地分配冷却空气。输送熟料的功能则由算床上部往复运动的交叉棒来承担。在算床的宽度方向，每一排算板上部都有一根横棒，棒与棒之间，一根是活动的，可以做往复运动；另一根则是固定的，相互间隔布置在整个算床的长度方向。活动棒采用液压传动，其往复行程为一块算板的长度（300mm）。横棒的运动使其上 500～600mm 厚的熟料混合、翻动并向前输送。在该过程中，料层中的所有熟料颗粒都能较好地接触到冷却空气，促进热交换，提高冷却效率。此外，横棒与算床之间有一层大约 50mm 厚相对静止的低温熟料，如图 7-57 所示，起到保护算板、防止烧坏和磨蚀的功能，避免了整个算床在长度或宽度方向的不均匀热胀冷缩问题。固定棒紧固在算板框架的两侧，活动棒则用紧固块卡在液压传动的推拉杆上。所有的棒及其紧固件均用耐磨蚀的材质制成，使用寿命可达 2 年以上。因为 SF 型算冷机的冷却空气分配系统与其熟料输送系统，两者完全独立，互不影响，其突出的优点在于，当这些棒磨损到相当程度时，只要无碍于其输送功能，它对整台算冷机的正常操作及其冷却效率均不会引起负面影响。此外，这些磨损件的更换都可以在算床上面进行，具有充足的工作空间，无需钻进布满空气梁的算板下面的狭小空间去进行维修，安装维修条件大有改善。

SF 型交叉棒式算冷机的关键部件是装设在每一块算板下面的机械式自动风量调节器，其构思巧妙，结构简单，反应灵敏，调节准确（图 7-58）。它能够根据每一块算板上熟料层阻力的大小，自动地实时调节通过该算板的冷却风量（图 7-59）。当算板上熟料颗粒偏粗、料层空隙偏大、阻力偏小、冷却风量趋于"短路"时，由于风力作用，装于算板下面特制的通风阀门就会自动关小，相应地减少其冷却风量；反之，当熟料层阻力偏大，冷却风量受到

图 7-56　SF 型交叉棒式箅冷机

图 7-57　箅板上面的熟料层

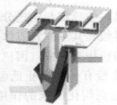

图 7-58　机械式自动风量调节器及箅板

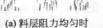
(a) 料层阻力均匀时

(b) 料层阻力不均匀时

图 7-59　冷却风通过 SF 型箅冷机箅板的示意

遏制时，则由于该阀门的重力作用，它就会自动开大，增加冷却风量。当料层阻力与冷却风量均适中时，则风力与阀门的重力相平衡，阀门将会自动地浮动在一定的角度内（开度），保持其冷却风量均匀稳定。

生产实践表明，这种纯机械式的风量自动调节器可以及时准确地调节每一块箅板的冷却风量，抵消因熟料层颗粒组成变化对冷却风量的不利影响，调节时间更短、更准，而且无需采用控流型的高阻力缝形箅板，用普通的箅板即可，简化了箅板制造工艺，还能降低冷却风机的需用风压及其台数，节省投资与电耗。

SF 型交叉棒式箅冷机的下部是一个通畅的通风室，无需分隔，用几台鼓风机由通风室两侧的前、中、后部鼓入冷却风。全部冷却空气都是经由每一块箅板下面的机械式自动风量调节阀分配到整个料床的各个部位的，其调节控制范围可以准确到每一块箅板面积内。比控流型箅冷机分成若干小区来调节的方法更准确及时，所以消除了气流"短路"、"穿孔"、"红河"等现象。

因为 SF 型交叉棒式箅冷机的结构简单，部件便于标准化、模块化，所以丹麦F. L. Smith 公司已经将其设计制造改进为标准模块。根据每个用户的要求，将若干个模块相拼合在一起就可组成各种规格和生产能力的 SF 型箅冷机，既可缩短交货期又便于运输与安装。FLSmith 公司在 SF 型交叉棒式箅冷机的基础上，经过进一步改进后，又推出了多级移动棒式箅冷机（简称 MMC 箅冷机）。

伯力鸠斯公司的第四代冷却机是 Polytrack 箅冷机，如图 7-60 所示。该冷却机的 QRC区为固定式倾斜箅床，RC 区和 C 区也是固定式水平箅床，输送熟料的任务由输送道（track）来完成，每条输送道分别在"输送模式"和"回车模式"下工作，如图 7-61 所示。在输送模式下，输送道将其上面的热料推向前进；而在回车模式下，输送道却是一个一个地交替进行，这时每一条回车输送道上面的热料由于受到冷却机进口端的阻碍以及相邻输送道上面热料的摩擦力作用而不会后退，也就是说，回车模式期间输送道上的熟料层不动。每条输送道都由安装在充气梁下方且位于纵向两端的两个汽缸驱动，所有输送道两端的汽缸都由

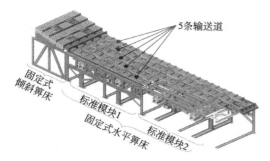

图 7-60　Polytrack 篦冷机的篦床

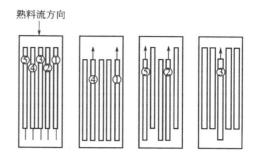

图 7-61　Polytrack 篦冷机输送熟料原理

设置在前后两端的两个共用液压泵驱动。汽缸的冲程和频率都是可调的，从而可方便灵活地调整熟料在篦床上的分布和厚度，以及调整和处理生产中出现的各种问题，例如在处理"红河"事故时可以将相关位置的料层变薄。

RC 区内的气固换热对篦冷机的热效率最为重要，为防止 RC 区料层内的气流短路，Polytrack 篦冷机在该区充气单元底部安装有分布空气开关（ADS 装置）。ADS 装置金属壳体内设置不同自重的单摆锤，当壳体内压强与料层顶部压强之差突然减小时，例如发生穿风时，单摆锤将迅速摆向关闭位置，于是冷却风量将迅速减小；问题解决后，单摆锤又回复到开启位置。

7.6　煤粉燃烧器

在窑外预分解窑系统中，煤粉的燃烧分别在回转窑烧成带和分解炉内进行。组织煤粉燃烧的装置称为煤粉燃烧器（又称喷煤管）。回转窑用燃烧器是烧成系统的重要工艺装备，它不仅影响窑的热耗和系统的操作性能，还影响熟料质量以及烟气中的有害物排放量。

7.6.1　煤粉燃烧器的要求

不同燃烧器的结构和性能差异较大，但好的燃烧器必须具备如下性能：较低的一次风用量，以增加对二次风的利用，提高系统热效率；煤粉与助燃空气均匀混合，以提高燃烧效率；火焰峰值温度稳定，形状和长度易于调节；有利于低挥发分、低活性燃料的利用；CO 和 NO_x 排放量低。分解炉用燃烧器则主要要求风煤能够均匀混合。

7.6.2　煤粉燃烧器工作原理

对水泥回转窑来说，煤粉借助于一次空气通过燃烧器吹送到窑内燃烧，为熟料煅烧提供热量。为强化风煤混合，方便火焰形状的调节，目前广泛采用多风道煤粉燃烧器。多风道煤粉燃烧器的一次风可分为两部分：一部分用以输送煤粉，称为"煤风"；另一部分用以强化风煤混合并增大火焰推力，称为"净风"，有的净风又分成几股喷射。各风道内的风又有轴流风和旋流风之分，调节它们之间的比例，可以方便地调节火焰形状。

不管什么样的燃烧器，风煤混合物都是以射流的形式喷入横截面和长度都相当大的回转窑中燃烧。回转窑内火焰总的流动谱型是由其几何形状、燃料和空气的送入方式以及燃烧器的性能所决定的。燃烧器一旦确定，其喷口布置、燃料性质及一、二次风量、风速的大小和流动情况取决于所需要的燃烧强度。此外，还必须考虑防止煤粉在管内的沉积，以及避免回流或回火的产生。通常的做法是使煤粉悬浮在一次风的气流内，对于性能优良的四风道燃烧器，一次风量可降到 6%～8%。燃烧所需的其余空气以"二次风"的形式进入回转窑。培

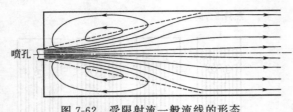

图 7-62 受限射流一般流线的形态

特松指出，一次风在管内的速度必须超过 20m/s，空气与煤粉的质量比必须大于 1.5∶1，否则就有可能使煤粉在水平管道中沉积。

从燃烧器喷出的风煤混合物，由于受到回转窑的限制，形成所谓的"受限射流"，如图 7-62 所示。这种射流的特点：一是静压随着远离喷口而逐渐增加；二是形成一种回流漩涡（外回流），这就是通常所说的热烟气返混。对于回转窑燃烧器来说，当受限射流的动量冲量（射流的质量流量×喷出速度）超过完全卷吸二次风量的需要时，过剩的冲量将把燃烧产生的废气卷吸回来，从而产生外部回流。燃烧器的动量冲量越大，卷吸的气流越多。

下游炽热烟气的回流，一方面增加了上游火焰活性基团和温度，从而加快煤粉后期燃烧速度；另一方面冲淡了可燃混合物中氧含量和挤占燃烧空间，从而引起燃烧速度降低，增加火焰长度，所以外回流的大小应有一个最佳范围。值得指出的另一个重要方面是，适度的外回流可以防止"扫窑皮现象"。

当射流从喷口喷出时不仅有轴向和径向速度，而且还伴随有绕纵轴旋转的速度，这种射流称为"旋转射流"。旋转射流分为圆形和圆环形，回转窑多风道煤粉燃烧器基本上都有圆环形旋转射流。

当空气以旋转状态从燃烧器喷出时，呈螺旋式运动。旋转流中心区的低压在射流从燃烧器喷口喷出时不断恢复，导致轴向反压力梯度的产生。当旋流度足够高时，气体将反向流动，形成中心环形漩涡。例如，当旋流度为 1.57 时，该漩涡区内流动的流线如图 7-63 所示。这个回流区在射流的中心，故称"内部回流区"。环形漩涡核心的长度，即从燃烧器出口到流动反向反转点之间的距离，随旋流度的增加而增大。

回转窑用多风道煤粉燃烧器一般都有一个螺旋体，并借此产生具有内部回流区的环形旋转射流。内部回流区的存在可以增加火焰的稳定性和燃烧强度，形成一种短而阔的火焰。在燃烧器出口处，这个回流涡流越大，火焰就越稳定，燃烧强度越高。内部回流区还可以使下游炽热的燃烧产物回流到火焰根部以提高该处一次风和煤粉的温度，这对于促进低挥发分燃料的燃烧非常重要。

对于旋转射流，一个非常重要的参数就是旋流数（喷口处角动量与线动量之比）。旋流数越大，旋流强度越高，射流角越大，最大速度的衰减速度也随之增大。旋流数主要控制着火焰形状，因此被称为火焰形状系数。随着旋流强度的增加，火焰变粗、变短，可强化火焰对熟料的热辐射。但过强的旋流会引起发散火焰，易使局部窑皮过热、剥落；另外也易引起"黑火头"消失，喷嘴直接接触火焰根部而被烧坏。反之，增加轴流风的比例，火焰变细并延长。虽然大多数多风道燃烧器的旋流强度可在操作中调节，但极限参数的限定是很重要的。旋流数可通过调节旋流风量、风速及燃烧器旋流叶片的角度来实现。

7.6.3 多风道煤粉燃烧器

7.6.3.1 水泥窑用四风道煤粉燃烧器

目前，水泥回转窑主要采用四风道煤粉燃烧器，其整体结构如图 7-64 所示。以下介绍三种典型四风道煤粉燃烧器的结构。

（1）Rotaflam 煤粉燃烧器 法国皮拉德公司的 Rotaflam 四风道煤粉燃烧器如图 7-65 所示。其特点如下：第一，点火用的燃油烧嘴或燃气烧嘴的中心套管配有钝体（火焰稳定器），

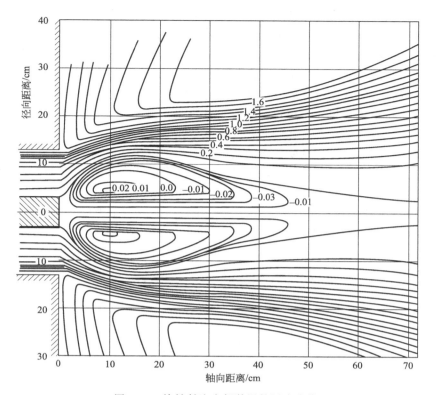

图 7-63　旋转射流内部漩涡的回流流线

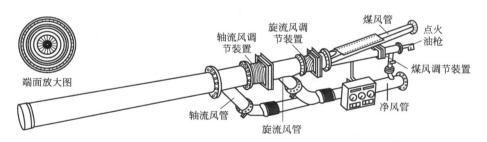

图 7-64　四风道煤粉燃烧器结构

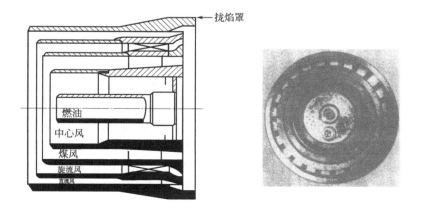

图 7-65　Rotaflam 型四风道煤粉燃烧器

可在火焰根部形成回流区来确保火焰稳定；第二，旋流风设在直流风和煤风之间，以延缓煤粉与空气的混合，使火焰根部前几米的形状良好，这可降低火焰峰值温度来保护窑皮和防止结圈，也降低了 NO_x 生成量；第三，外套管向外延伸到超过燃烧器喷口（形成拢烟罩），以避免空气过早扩散，使窑的高温带变长，避免了局部高温，有利于保护窑皮，此外，拢烟罩对加强气流混合、促进煤粉分散、保证煤粉的充分燃烧也十分有利；第四，直流风通过分散开的小型圆孔喷出，它与外伸套管相结合可使火焰更加集中有力，同时使 CO_2 含量高的烟气向火焰根部回流，从而通过降低 O_2 含量来降低 NO_x 生成量；第五，可在操作状态下调整各风道之间的相对位置，改变各自的出口截面积，以调整火焰的形状，用以调整内、外风量的阀门，只在开窑点火初期使用，正常生产时则全部开启以减小阀门压损；第六，一次风量降到 6%。

（2）Duoflex 煤粉燃烧器　丹麦 F. L. Smith 公司的双调节伸缩式 Duoflex 煤粉燃烧器如图 7-66 所示，其主要特点如下。

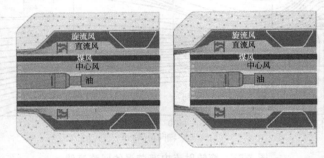

图 7-66　丹麦 F. L. Smith 公司的双调节伸缩式 Duoflex 煤粉燃烧器

① 在保持一次风量为 6%～8% 的前提下，优化选择一次风喷出速度和一次风机风压，燃烧器的推动力大幅度提高，强化燃烧速率，充分满足各种煤质及二次燃料的燃烧条件，同时还能维持一次风机的单位电耗较低。

② 为降低因提高一次风喷出速度而引起的风道阻力损失，在旋流风和轴流风出口端较大的空间处使两者预混合，之后由同一个环形风道喷出。由于喷煤管前端的缩口形状，使轴流风相混时具有趋向中心的流场，对旋流风具有较强的穿透力，以利于一次风保持很高的旋流强度，有助于对燃烧烟气的卷吸回流作用。

③ 将煤风管置于旋流风和轴流风管的双重包围之中，借以适当提高火焰根部 CO_2 浓度，减少 O_2 含量，同时在不影响着火燃烧速率的条件下维持较低温度水平，从而有效抑制热力 NO_x 的生成量。

④ 为了抵消高旋流强度在火焰根部可能产生的剩余负压，防止未点燃的煤粉被卷吸而压向喷嘴出口，造成回火，影响火焰稳定燃烧，在煤风管内增设多孔板火焰稳定器，其中通风量约为一次风总量的 1%。此外，中心风管还具有冷却和保护点火用油（气）管的作用。

⑤ 煤风管可前后伸缩，采用手动蜗轮调节，并有精确的位置刻度指示。借助煤风管的伸缩，在维持轴流风和旋流风比例不变的情况下，一次风量的调节范围可达 50%～100%，而且在操作过程中就可以进行无级调节。这对于适应煤质变化，及时控制燃烧和调节火焰形状十分方便。所谓"双调节"，其含意是只要前后移动煤风管的位置，就可以按比例同时减少或增加轴流风量与旋流风量，相应起到减增一次风总量的作用，而不需分别去调节轴流风和旋流风的两个进口阀门，不需要考虑两者的风量和两者的比例关系，减少了调节难度和流体阻力。

⑥ 煤风管伸缩处采用膨胀节相连，确保密封，其伸缩长度范围一般为 100mm 左右。当其退缩到最后端位置时一次风出口面积最大，相应地一次风量也最大，这时在燃烧器出口端就形成了一段约 100mm 的拢焰罩，对火焰根部有一定的紧缩作用；反之，当其伸到最前端位置与喷煤管外套管出口几乎相齐时，则出口面积最小，风量最小，拢焰罩的长度将趋于零。一般生产情况下，大都将煤风管的伸缩距离放在中间位置，拢焰罩的长度也居中，以便前后调节。

⑦ 燃烧器各层管径都加大，以加强其总体刚度与强度，管道之间的前后两端相互连接或相互支撑的接触处均进行精密机加工，后端用法兰连接，前端由定位突块、恒压弹簧和定压钢珠等精密部件组成的紧配合装置相连。这种结构同时还具有内外套管之间的调中、定位与锁定功能，确保各层风道的同心度。设计中准确地考虑了热胀冷缩的因素，套管间允许一定的轴向位移，另有一个刻度标记专用于测量其热胀冷缩产生的位移，以便操作中煤风管位置的准确复位或校正一次风的出口面积等参数。

⑧ 加大了煤风管进口部位的空间（面积），降低该处风速，同时缩小了煤粉进入的角度，在所有易磨损的部位都敷上耐磨浇注料，尽量减少磨损，延长使用寿命。喷嘴前端及其部件都用耐热合金钢制成。喷嘴外部包有约 120mm 厚的耐火浇注料，所有浇注料的寿命完全可以与窑头的耐火砖相匹配，甚至更长。

⑨ 中心管较大，留有一定的空间，可以增设二次燃料的喷射管，替代部分煤粉，以备水泥窑日后烧废料的需要。

（3）PYRO-JET 煤粉燃烧器　德国 KHD 公司开发的四风道 PYRO-JET 煤粉燃烧器如图 7-67 所示。其特点是外风（喷射风）通过 8～18 个沿圆周分布的小喷口（ϕ15～25mm）喷出，目的是为了减小喷射口面积来提高喷射速度，或者在保持一定喷出速度的情况下能减少外净风量，从而

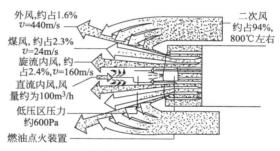

图 7-67　德国 KHD 公司开发的四风道 PYRO-JET 煤粉燃烧器

减少不能被预热的一次风量。该燃烧器内风道为旋流向外扩展，煤风道为轴流向外扩展，各风道出口截面可以调节。此外，PYRO-JET 燃烧器各风道之间还采取了较大的风速差，具体来说，外直流轴向风速高达 130～350m/s；中间煤风风速为 28m/s；内旋流风速为 140～160m/s。少量的中心风可清扫火焰回流气体中携带的粉尘，防止其沉积。

该燃烧器也适合于低活性、低质燃料，包括挥发分含量较低的贫煤、无烟煤和焦炭，质量较差的褐煤和石油焦等。采用该燃烧器的回转窑，其烧成带的窑皮均齐，耐火砖使用寿命延长，操作稳定，熟料的产量和质量都有所提高。另外，PYRO-JET 燃烧器可降低 NO_x 的生成量。

7.6.3.2　分解炉用多风道燃烧器

一般认为，分解炉内的燃料燃烧是一种特殊的无焰燃烧，而且因分解炉内温度较回转窑燃烧带内温度要低得多，因此对炉用燃烧器的性能要求不像窑用燃烧器那样苛刻。目前，分解炉多使用双风道或多风道燃烧器。

炉用双风道煤粉燃烧器由煤风风道、内净风风道组成，内净风多为直流风以抵消煤风中心的负压，避免引起回流。炉用三风道煤粉燃烧器由外净风风道、煤风风道和内净风风道组成。法国皮拉德公司制造的三风道煤粉燃烧器的结构如图 7-68 所示。它的外净风为旋流风，

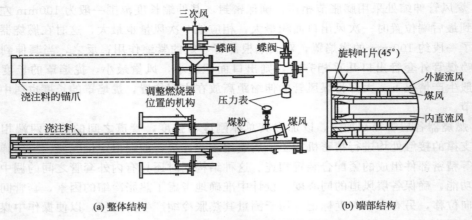

(a) 整体结构　　　　　　　　　　　　　(b) 端部结构

图 7-68　法国皮拉德公司制造的三风道煤粉燃烧器

以加强风煤混合。内净风为直流风，以防止煤风回流和火焰回火，从而避免燃烧器堵塞以及受到高温侵蚀。该分解炉用煤粉燃烧器的伸入深度和倾斜角度都可调节。

7.7　烧成系统废气的降温处理

如前所述，水泥熟料煅烧时，会从预热器出口和冷却机排出大量高温废气，这些废气在排入大气之前必须经过除尘。目前，这两个部位广泛采用袋式收尘器。由于废气温度较高，在其进入收尘器之前必须进行降温处理，否则容易将滤袋烧坏。

7.7.1　增湿塔

增湿塔的主要作用是对出预热器的高温废气进行降温处理，同时也起到一定的预收尘作用。

增湿塔一般由塔体、喷水装置、水泵站、控制装置和保温层组成（图 7-69）。增湿塔的塔体大部分是一个圆筒形的构造物，包括进气口及分布板（图 7-70）、筒体和下部灰斗三部分。

进气口位于塔体的最顶部，由圆形的进气管与上部锥体组成。为了增加气体的均布性，在进气管内层沿气流方向设置三层导流板，在锥体内还设置两层分布板，以便烟气能沿增湿塔断面均匀分布。分布板采用多孔结构板式，气体均布性好，制作安装方便。

增湿塔的筒体是一个圆筒形的构造物，喷枪喷入的雾化水和高温烟气在这里进行热变换。为使热交换达到预定的要求，筒体应满足一定的规格尺寸要求。

下部灰斗包括灰斗、输灰装置和锁风装置。增湿塔的出气口一般与灰斗组合在一起，可增加筒体有效高度，减少增湿塔的重量。输灰装置采用可逆式螺旋输送机，正常工作时，螺旋输送机正转，粉尘由正常出料口排出；发生湿底等不正常现象时，螺旋输送机反转，粉尘由另一端的事故出料口排出。锁风装置一般采用双翻板阀，防止湿底时积灰。

喷水装置是增湿塔的核心，能将水泵站提供的具有一定压力和流量的水进行雾化，并按一定的布置和扩散角喷入筒体内。增湿塔的喷枪均匀布置在塔体的四周。

增湿塔外壁设置保温层，主要是使其工作状态不受环境影响，塔体被保持在一个较高的温度，避免从喷嘴喷出的水雾接触到塔体时凝聚成水流，有利于雾化水的蒸发。保温层厚度为 80～100mm。

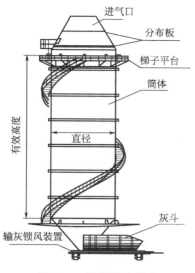

图 7-69　增湿塔的组成

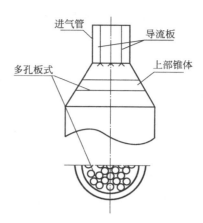

图 7-70　气流分布装置示意

7.7.2　管道增湿技术

由于目前窑尾废气的收尘一般采用袋式除尘器，不需要对其进行增湿调质处理；当窑尾余热发电锅炉工作时，增湿塔不再工作，所以有许多水泥厂不设置增湿塔，而是采用管道增湿技术。

管道增湿是直接在出预热器的废气管道上安装喷水装置，以达到废气降温的目的。与增湿塔相比，管道增湿技术具有占地面积小、投资少和节能等优点，但对喷水雾化颗粒的平均直径、喷水量、水的有效蒸发高度等参数的要求较高。

余热发电锅炉投入运行时，管道增湿系统不喷水，回转窑投料运行七八个小时稳定正常之后，余热发电系统才能投入运行，在这段时间内管道增湿系统要工作。

7.7.3　空气冷却器

水泥窑头废气的降温一般采用空气冷却器（图 7-71），采用的是热交换原理。含尘热烟气被分散进入众多冷却管内，管外是被轴流风机吹动的快速空气流，一冷一热，形成热交换，管外的气流变热，而管内的高温热烟气温度降下来。由于烟气在冷却器灰斗内转向和自然沉降，冷却器还具有少量除尘作用。

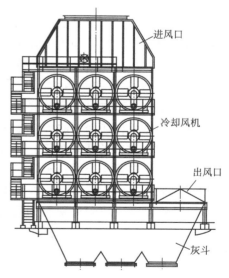

图 7-71　窑头空气冷却器结构原理

7.8　熟料的储存

水泥熟料出冷却机后，不能直接送到粉磨车间进行粉磨，而是需要经过储存。其目的是：①降低熟料温度，以保证磨机正常工作；②熟料中部分 f-CaO 吸收空气中水汽水化，从而改善熟料质量，提高易磨性；③保证窑磨平衡，有利于控制水泥适量。

现代水泥厂熟料的储存一般采用帐篷库，其散热好、投资较少。

7.9　预分解窑用耐火材料

回转窑是煅烧水泥熟料的高温设备，其烧成带火焰温度达 1800℃以上，熟料温度可达 1450℃左右，而窑筒体是钢板制成的，如果没有耐火衬料就无法生产。预分解窑系统其他部位温度虽较低，但钢的强度随温度升高而下降，如在 500～600℃时，普通钢材的强度仅为 20℃时的 50％。在回转窑筒体内镶砌耐火材料可保护筒体，使其不受高温热气流及物料的化学侵蚀和机械磨损，保持正常生产。同时，耐火衬料，特别是隔热耐火衬料还能降低高温设备的表面温度，减少其表面散热损失。

7.9.1　预分解窑耐火衬料的损毁

造成预分解窑用耐火衬料损毁的原因主要有热应力、机械应力和热化学侵蚀。

（1）热应力　耐火材料内部产生热应力的因素主要有：耐火材料不同部位因存在温差而引起的温度梯度应力；耐火材料与其周围支撑材料的热膨胀系数不同；耐火材料本身不同组分之间的热膨胀系数存在差异。

（2）机械应力　预分解窑系统内衬受到机械应力主要有：高速含尘气流对耐火衬料的磨蚀作用；物料对耐火衬料的冲刷和剥蚀作用；回转窑在转动过程中发生变形，从而在衬料内产生应力，使衬砖之间发生相对运动，造成衬料裂缝剥落或脱落；在处理结皮、"雪人"等故障时人为对耐火衬料的损坏等。

（3）热化学侵蚀　窑衬受到的化学侵蚀主要有：煅烧物料的组分以熔融状态扩散或渗入衬料内部，从而引起化学和矿物的变化；热气流中的碱、氯、硫等挥发物在窑尾或预热器等低温部位富集，形成硫化碱、氯化碱等熔体，渗入耐火材料内部，引起"碱裂"破坏；在还原气氛下，砖内 Fe^{3+} 还原成 Fe^{2+}，体积膨胀，使砖的结构破坏。

7.9.2　预分解窑对耐火材料的要求

耐火材料本身的质量、能否合理选用、施工和维护情况是影响其使用寿命的重要因素。预分解窑对耐火材料的要求如下：①具有足够的抗化学侵蚀能力；②具有良好的抗热震性能；③具有足够的机械强度；④具有足够的耐火度；⑤具有较低的膨胀系数；⑥易于挂好并保护好窑皮；⑦气孔率要低；⑧抗水化性能要好；⑨低铬或无铬，以减小铬公害。

7.9.3　预分解窑系统耐火材料的配置

表 7-2 为预分解窑系统耐火衬料的配置，表 7-3 为预分解窑系统不动设备材料的配置它们分别摘自于 GB 50295—2008《水泥工厂设计规范》。

表 7-2　预分解窑系统耐火材料的配置

部位名称	耐火材料品种	配置长度
窑出口	刚玉质浇注料、高强高铝浇注料、莫来石高强耐火浇注料、硅莫砖	<700mm
冷却带	碱性砖、抗剥落高铝砖、硅莫砖	1D
烧成带	直接结合镁铬砖、镁铝尖晶石砖、镁铁铝尖晶石砖、白云石砖、镁锆砖	5D～8D
过渡带	碱性砖（尖晶石砖）、抗剥落高铝砖、特种高铝砖、硅莫砖	2D～4D
入料口	高铝质浇注料、抗剥落高铝砖、特种高铝砖	<1000mm

注：D 为回转窑筒体内径。

表 7-3　预分解窑系统不动设备耐火材料的配置

部位名称	隔热层	工作层
预热器、分解炉、上升管道	硅酸钙板、陶瓷纤维板、隔热板	拱顶形耐碱砖、高铝耐碱砖、抗剥落高铝砖、高强耐碱浇注料、高铝质浇注料、碳化硅质抗结皮浇注料
三次风管	硅酸钙板	硅莫砖、高铝耐碱砖、高强耐碱浇注料、高铝低水泥浇注料
窑罩门	硅酸钙板、陶瓷纤维板、隔热板	抗剥落高铝砖、高铝质浇注料
箅冷机	硅酸钙板、陶瓷纤维板、隔热板	抗剥落高铝砖、碳化硅复合砖、高铝耐碱浇注料、高铝质浇注料、钢纤维增强浇注料、高铝低水泥浇注料
喷煤管		高性能喷煤管专用浇注料、莫来石浇注料、刚玉质浇注料

7.10　纯低温余热发电技术

在水泥熟料煅烧过程中，从窑尾预热器、窑头熟料箅冷机等排出大量 350℃ 以下的低温废气，带走的热量约占水泥熟料烧成总耗热量的 30% 以上，如果不加以利用，就会造成严重的能源浪费。纯低温余热发电技术在水泥工业的推广和应用，可对这些余热进行回收，从而实现国家节能减排的目标，具有显著的作用，同时也具有良好的经济效益和社会效益。我国水泥窑余热发电经历了中空窑高温余热发电、预热器及预分解窑带补燃炉中低温余热发电和预热器及预分解窑低温余热发电三个发展阶段。目前，我国总体余热发电技术水平已接近国际先进水平。

7.10.1　热力系统方案

从热力学角度看，纯低温余热发电技术的实现包括以水为工质的朗肯循环、有机朗肯循环和卡林纳循环。后者的应用只限于小范围运行阶段，尚未进入商业化阶段。对于水泥生产中的低温余热，采用以水为工质的朗肯循环进行回收，在技术上更为成熟。目前，水泥行业纯低温余热发电技术主要有三种基本方案：单压系统、双压系统和闪蒸系统。此外，为了充分利用余热，还有许多改进的技术方案。下面主要介绍基本方案。

（1）单压系统　单压系统的流程如图 7-72 所示。窑头余热锅炉（AQC）和窑尾余热锅炉（SP）生产相同或相近参数的主蒸汽，混合后进入汽轮机，汽轮机只有一个进汽口——主进汽口。主蒸汽在汽轮机内做功，然后经凝汽器凝结成水，再补给部分化学水，经除氧后由给水泵向窑头余热锅炉供水，窑头余热锅炉生产的热水再为窑头余热锅炉蒸发段和窑尾余热锅炉供水，两台余热锅炉生产出合格的主蒸汽，从而形成一个完整的热力循环。单压热力系统简单可靠，没有补汽的中间环节和设备，对运行人员的要求相对较低，其维护也比其他种热力系统方便。

（2）双压系统　双压系统是根据水泥窑余热品位的不同，余热锅炉分别生产较高压力和较低压力的两路蒸汽。余热锅炉生产出较高压力的蒸汽过后，烟气温度降低，余热品质下降，根据低温烟气的品位，再生产低压蒸汽。较高压力的蒸汽作为主蒸汽进入汽轮机主进汽口，较低压力的蒸汽进入汽轮机的低压进汽口，共同做功发电。做功后的乏汽在凝汽器凝结成水后经凝结水泵加压到真空除氧器除氧，再进入热力循环，流程如图 7-73 所示。双压系统提高了余热资源的利用率，相对单压系统虽然投资成本有所提高，但双压系统排烟温度更低，发电量提高。

（3）闪蒸系统　闪蒸系统应用热力学上的闪蒸机理，根据废气余热品质的不同而生产一定压力的主蒸汽和热水，主蒸汽进入汽轮机高压进汽口，热水则在闪蒸器里产生出低压的饱和蒸汽，然后补入补汽式汽轮机的低压进汽口；主蒸汽及低压饱和蒸汽在汽轮机内一起做功，然后拖动发电机发电。低压蒸汽发生器内的饱和水进入除氧器，与冷凝水一起经除氧后由给水泵供给余热锅炉，流程如图 7-74 所示。闪蒸系统也提高了余热资源的利用率，但相对双压系统其利用率较低且运行调整不方便，系统散热和电耗较多。

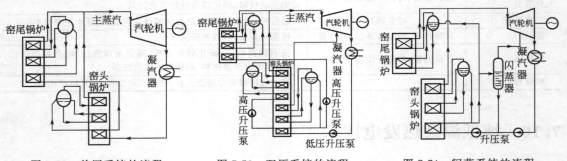

图 7-72　单压系统的流程　　　　图 7-73　双压系统的流程　　　　图 7-74　闪蒸系统的流程

7.10.2　低温余热发电系统工艺简介

图 7-75 所示为某水泥厂余热发电系统工艺流程，它主要由烟气系统和热力系统两部分组成。烟气系统主要由窑头 AQC 余热锅炉和窑尾 SP 余热锅炉组成。

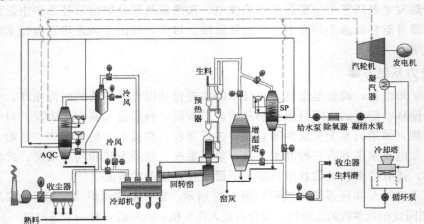

图 7-75　某水泥厂纯低温余热发电系统工艺流程

窑头 AQC 余热锅炉废气流程采用上进侧出，受热面形式为螺旋鳍片，循环方式为自然循环。窑头 AQC 余热锅炉废气含尘浓度较低，并且粉尘为水泥熟料颗粒，对受热面的吸附性差，因此不设清灰装置。窑头箅冷机中部的废气（约 360℃）经除尘后进入 AQC 炉，热交换后的气体进入收尘器净化达标后，与熟料冷却机尾部的废气汇合由引风机经烟囱排入大气。

窑尾 SP 余热锅炉废气流程采用上进侧出，受热面形式为膜式壁换热，循环方式为自然循环。窑尾 SP 余热锅炉由于废气含尘浓度较高，并且粉尘较细，对受热面的吸附性较强，采用机械振打方式连续清灰。出窑尾一级筒的废气（约 330℃）经 SP 炉换热后温度降至 225℃左右，由窑尾高温风机送至原料磨烘干，经除尘器净化后达标排放。

热力系统采用双压系统，主要由主蒸汽、主给水、除氧、轴封、疏水、凝结水、真空、循环冷却水和排污系统等部分组成。窑头 AQC 炉分为三段：Ⅰ段为高压蒸汽，Ⅱ段为低压蒸汽，Ⅲ段为热水段。AQC 炉Ⅲ段为其Ⅰ段、Ⅱ段及 SP 炉提供热饱和水。AQC 炉Ⅰ段产生的蒸汽与 SP 炉产生的同参数的蒸汽混合后进入汽轮机的主蒸汽进口。AQC 炉Ⅱ段产生的蒸汽进入汽轮机的低压进气口。蒸汽在汽轮机内做功，然后经凝汽器凝结成水，再补给部分化学水，经除氧后由给水泵向 AQC 炉Ⅲ段供水。从而形成一个完整的热力循环。

7.11 水泥窑协同处置可燃废弃物

随着经济发展和人口增长，可燃性废料（如生活垃圾和城市污泥）也随之增加，它们的处理问题也随之而来。目前，城市生活垃圾和城市污泥主要采用填埋、农用和焚烧等方式进行处理。就实际应用情况来看，这些处理方式均存在很高的环保风险。实践表明，采用水泥窑协同处理生活垃圾和城市污泥具有更好的安全性。水泥窑协同处置可燃废弃物有多种工艺，以下仅对铜陵海螺水泥有限公司的 CKK 生活垃圾处理项目以及广州越堡水泥有限公司的日处理污泥 600t 项目加以介绍。

7.11.1 水泥窑协同处置生活垃圾

铜陵海螺 CKK 项目垃圾处理工艺流程如图 7-76 所示。垃圾收集车运送的垃圾在垃圾储仓内储存，用行车进行搅拌和均化，然后被送至破碎机。垃圾被破碎后继续用行车进行搅拌和均化，然后经由供料装置被定量送至气化炉中。垃圾与炉内的高温流动介质（流化砂）充分接触，一部分通过燃烧向流动介质提供热源；另一部分气化后形成可燃气体被送至分解炉进行燃烧，然后经预热器及废气处理系统净化后排出。同时，垃圾中的不燃物在流动介质中沉降移动并从炉底部卸出。经过水冷后，将粗渣和细渣选出，少量的中等炉渣和石英砂通过提升设备送回炉中继续使用。从不燃物中分选出的金属可回收利用，其余灰渣则可作为水泥原料。垃圾坑渗出的污水经过滤后喷入气化炉，通过高温水泥窑系统进行蒸发氧化处理。CKK 项目的主要特点是：①垃圾适应性好，不用分选；②全密封式操作，无废气和废水泄漏；③全部垃圾均得到资源化利用；④污水得到无害化处理，重金属被固溶到水泥熟料中；⑤高效处理二噁英；⑥对水泥生产无不良影响。

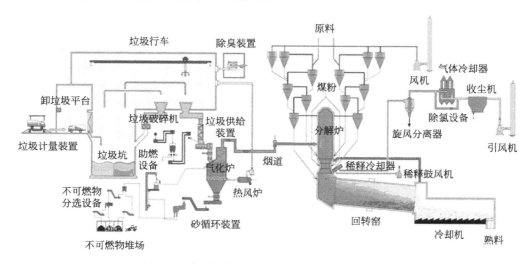

图 7-76 铜陵海螺 CKK 项目垃圾处理工艺流程

7.11.2 水泥窑协同处置城市污泥

广州越堡水泥有限公司在 6000t/d 生产线上建设了一座日处理污泥 600t（含水率 80%）的干化处理中心，将污泥干燥后作为燃料进行焚烧，焚烧残渣替代黏土作为硅铝质原料，该项目的工艺流程如图 7-77 所示。

　　利用水泥窑处置污泥的关键技术是污泥的干化，为此越堡公司在总结了流化床、热破碎、旋流和分级技术的基础上设计出一种热效率高、干燥速率快、适应性强的干燥装置，如图 7-78 所示。该装置以水泥窑系统废气为烘干热源。实际生产表明，污泥在干燥机内的平均停留时间约为 10s，含水率可从 80％ 降至 30％。上述得到的半干污泥最后被喂入窑尾分解炉，并随预分解后的生料进入回转窑，参与熟料的煅烧。污泥中的有机物被彻底分解，产生的热量可替代部分燃料，剩余的灰渣可作为铝硅质原料，资源利用率达到 100％。

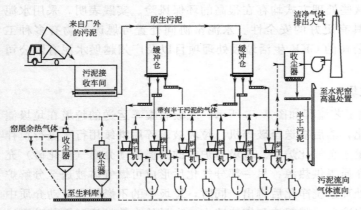

图 7-77　越堡公司日处理污泥 600t 项目工艺流程

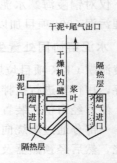

图 7-78　污泥烘干装置的结构

7.12　水泥窑氮氧化物的减排

　　水泥回转窑是典型的高温设备，其内部火焰最高温度可达 1800℃ 以上。在如此高的温

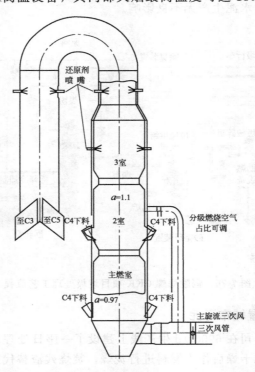

图 7-79　分解炉采用空气分级燃烧和 SNCR 脱硝技术示意

度下，空气中的 N_2 就会与 O_2 发生化学反应生成 NO_x（热力型 NO_x）。此外，水泥窑用燃料煤中约含有 $0.5\%\sim2.5\%$ 的氮，因而煤粉燃烧后同样有 NO_x（燃料型 NO_x）的生成。这些 NO_x 最终进入大气，从而对人类和生态环境带来严重的危害。

降低水泥窑 NO_x 的方法有两类：一类是抑制燃料燃烧过程中产生的 NO_x，即低 NO_x 燃烧技术；另一类是 NO_x 的脱除技术，即烟气脱硝技术。低 NO_x 燃烧技术包括：①使用低氮燃烧器；②分级燃烧；③使用可燃性废料，降低煤在燃料中的比例。烟气脱硝技术包括：①选择性非催化还原（SNCR）技术；②选择性催化还原（SCR）技术。

目前，低氮燃烧器、降低燃料量、分级燃烧等前段 NO_x 减排技术已在我国部分水泥企业得到使用。在尾部烟气处理技术方面，已有大量企业使用 SNCR 技术。由于 SNCR 技术和 SCR 技术需要使用氨水或尿素作为 NO_x 的还原剂，成本较高，因而将上述多种技术结合起来使用才能获得比较好的效果。图 7-79 为分解炉采用空气分级燃烧和 SNCR 组合脱硝技术示意。

思　考　题

1. 简述水泥熟料的形成过程。
2. 简述预分解窑的生产流程及工作原理。
3. 旋风预热器的工作参数有哪些？
4. 旋风预热器的工作原理是什么？
5. 影响旋风预热器热效率的因素有哪些？
6. 分解炉的工作参数有哪些？
7. 按全窑系统气体流动方式，分解炉可分为哪些种类？
8. 按分解炉与窑、预热器及主排风机匹配方式，分解炉可分为哪些种类？
9. 简述 TDF 和 NC-NST 分解炉的结构和工作特点。
10. 什么是旋流效应和喷腾效应？
11. 在预分解系统中，适宜含尘浓度是如何确定的？
12. 回转窑的支撑装置由哪几部分组成？各部分作用与种类如何？
13. 回转窑筒体为什么会产生窜动？如何控制筒体的窜动？
14. 预分解窑可分为哪些带？各带发生哪些物理化学作用？
15. 回转窑对火焰有哪些要求？
16. 为什么预分解回转窑内熟料形成理论热耗是负值？
17. 熟料冷却机的功能和作用有哪些？
18. 熟料冷却机性能评价指标有哪些？
19. 简述箅式冷却机的工作原理。
20. 阻力箅板的工作原理是什么？
21. 试论述 SF 型交叉棒式箅冷机的结构和工作原理。
22. 简述受限射流和旋转射流对火焰形状的影响。
23. 以 Rotaflam 煤粉燃烧器为例，说明四风道煤粉燃烧器的结构和调节方法。

第8章 硅酸盐水泥的制成

水泥制成是水泥制造的最后工序，也是耗电最多的工序。其主要功能是将按照一定比例合好的水泥熟料、混合材料和缓凝剂粉磨至适宜的细度，增大其比表面积，加速水化速率，满足水泥浆体凝结硬化的要求。

目前，水泥的粉磨主要采用辊压机或立磨与球磨机组成的预粉磨系统；立磨终粉磨系统则是水泥粉磨的发展方向；辊压机终粉磨系统也得到一定应用。

8.1 水泥粉磨工艺

8.1.1 水泥预粉磨系统

所谓预粉磨就是将入球磨机前的物料用其他破碎粉磨设备预先进行粉磨，将球磨机粗磨仓的工作移到磨前处理，用工作效率高的粉磨设备代替效率低的球磨机的一部分工作，降低入磨物料的粒径，以提高粉磨系统的产量和降低电耗。

8.1.1.1 辊压机预粉磨

对于辊压机预粉磨系统来说，辊压机、球磨机和选粉机之间有多种组合形式，比较常见的是联合粉磨系统和半终粉磨系统。国内目前应用较多的是联合粉磨系统，典型的工艺流程如图 8-1 所示。

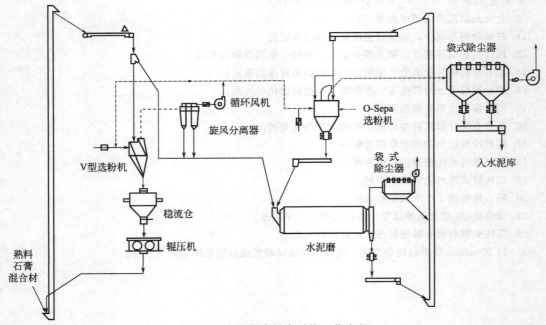

图 8-1　水泥联合粉磨系统工艺流程

在该系统中，辊压机与 V 形选粉机组成一个圈流系统，其工艺过程为：来自配料站的物料以及出辊压机的物料由循环斗提和上料皮带送至 V 形选粉机，选出的细粉经过旋风筒分离后进入水泥磨，而粗粉回稳流仓，经辊压机粉磨后由出料皮带送入循环斗提，然后重复上述过程。出旋风筒的含尘气体一部分在循环风机、V 形选粉机和旋风筒中循环；一部分作为 O-Sepa 选粉机的一次风。

水泥磨与 O-Sepa 选粉机组成另一个圈流系统，其工艺过程为：经旋风筒分离的细粉和 O-Sepa 选粉机分离的粗粉进入球磨机进行粉磨，出磨水泥经出磨斜槽、出磨斗提和输送斜槽送至 O-Sepa 选粉机，选出的粗粉重新入磨；出选粉机的含尘气体经系统袋式收尘器净化后排入空气，收下的细粉即为水泥成品。出磨含尘气体经磨尾袋收尘器净化后排入空气，而收下的物料同出磨水泥一起被送入选粉机。

辊压机和 V 形选粉机已在前面章节中介绍过，以下主要介绍水泥磨和 O-Sepa 选粉机。典型水泥粉磨用 φ4.2m×13m 中心传动双滑履球磨机的结构如图 8-2 所示。磨机主要由进料装置，进、出料滑履轴承，回转部分，出料装置及滑履轴承润滑和中心传动装置组成。

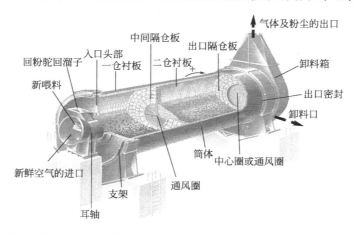

图 8-2 典型水泥粉磨用 φ4.2m×13m 中心传动双滑履球磨机的结构

O-Sepa 选粉机的基本结构如图 8-3 所示，它由壳体部分、传动部分、回转部分和润滑系统等部件组成。壳体部分由壳体、灰斗、进料口和弯管等组成。在壳体内设有导流叶片、缓冲板、空气密封圈，在壳体侧面及顶盖开有一、二次进风口。在灰斗部分则安装有三次风管。壳体上部安装主电机和减速机。回转部分由笼形转子、主轴、轴套、轴承等组成。转子固定在主轴上，主轴通过传动部分的驱动旋转。转子由撒料盘及水平分隔板、调整叶片、上下轴套和连接板等组成，转子是选粉机的主要部分。

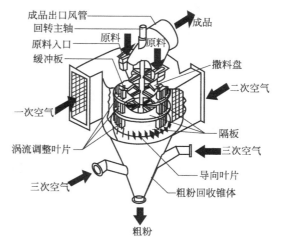

图 8-3 O-Sepa 选粉机的基本结构

气流分别由一次风管、二次风管切向进入蜗壳形筒体，经过导流叶片进入其与涡轮转子之间的环形分级区，形成一次涡流。然后进入涡轮内部的分级区，在高速旋转的涡轮叶片的带动下，形成二次涡流。最后气流经过涡轮中部，由细粉出口进入旋风筒或袋收尘器等细粉收集设备。

被分级的物料从喂料口进入，被撒料盘离心撒开，经缓冲板撞击失去动能，均匀地沿导流叶片内侧自由下落到分级区内，形成一个垂直料幕。在离心力、向心力和重力的作用下，较粗颗粒将向下方和转笼外侧移动。通过控制适当气流量和转子转速，较粗颗粒甩向导流叶片，沿分级室下降进入锥形灰斗；再经过由三次空气的漂洗，将混入粗颗粒中或凝聚的细颗粒分离出来后，粗颗粒和粗粉由出口排出。细粉由于气力的驱动，穿过笼形转子离开壳体上部的出风口，经收尘器收集后即为成品。当一、二、三次空气的比例大致为 67.5%：22.5%：10%时，选粉效率较高。

8.1.1.2 立磨预粉磨

由日本秩父小野田株式会社与川崎重工合作开发的 CKP 磨是典型的立磨预粉磨机，此外还有宇部的 UVP 磨、石川岛播磨重工的 IS-mill 和 PG-mill、三菱重工的 VR-mill 等。这种预粉磨机的辊子与磨盘之间的压力仅为辊压机的 1/10～1/4，所以设备的运转率较高。一般情况下，一台管磨机与 CKP 预粉磨机组成预粉磨系统后，产量可以达到原有管磨机的 150%以上，水泥粉磨电耗比原单独管磨降低 20%～30%。国内用于水泥预粉磨的立磨主要有苏州中材建设有限公司的 FPP 磨和南京旋立重型机械有限公司的 LXM 磨。

立磨预粉磨机是在部分外循环基础上演变而成的，其基本结构如图 8-4 所示。它与一般立磨的基本区别就是取消了内部选粉机。物料从磨盘四周的环形卸料口卸出，此处的喷嘴结构也取消，卸出的物料全部进入外部提升机提升入球磨机；或者另设外部选粉机分选，回料和新喂料一起喂入立磨，构成外部循环式立磨。少量的进风由上部排风口排出，目的是为了收尘，同时维持立磨内部的负压。

立磨和球磨可以组成开流预粉磨、循环预粉磨、混合粉磨和联合粉磨等多种系统，如图 8-5 所示为 UVP 立磨与球磨组成的开流预粉磨系统。

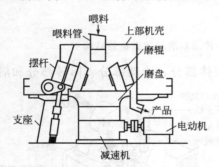

图 8-4 UVP 立磨结构示意

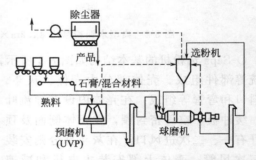

图 8-5 UVP 立磨与球磨组成的开流预粉磨系统

8.1.2 水泥终粉磨系统

8.1.2.1 水泥立磨终粉磨

立磨在生料粉磨系统上取得的成功，促使人们对水泥粉磨研究的深入。20 世纪 70 年代后期，几家主要生产立磨的公司，如 Loesch、Pfeiffer、Polysius 等纷纷进行水泥立磨的试验，初期的试验用的是生料立磨。碰到的问题是：水泥颗粒级配太窄，细颗粒较少，早期强度低，并出现泌水现象；由于物料干燥，而且水泥粉磨产品细度要求高，物料循环量大，循环料很细，流动性好，在磨盘运转离心力的作用下，很快被甩到磨盘外被风环吹出的高速气流带走，难以形成稳定的料层；由于水泥熟料的磨蚀性比较强，对磨盘和磨辊会产生比较严重的磨损，引起磨机产量下降和运行费用升高等问题。以后的试验调整了有关盘速、压力、料床厚度、风料比、选粉方法等工艺操作参数；改进了耐磨件的材质，得出了共同的结论，立磨可以成功地生产不同标号的硅酸盐水泥和矿渣水泥，而且金属磨耗费用较球磨低。水泥立磨终粉磨系统流程如图 8-6 所示。

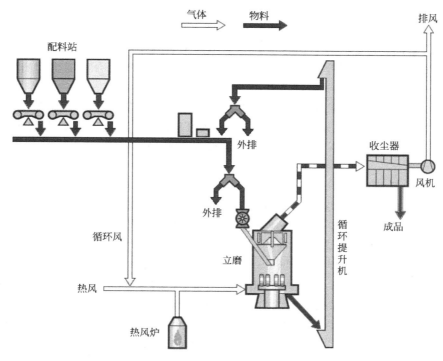

图 8-6　水泥立磨终粉磨系统流程

水泥立磨是在生料立磨的基础上经改进制造的，其改进措施如下。

① 对磨盘和磨辊结构进行改造。

莱歇公司创造了对辊联合粉磨工艺，随能力大小，可用"2＋2"、"3＋3"不同配置，如图 8-7 所示。辅辊（S 辊）起准备料床的作用；主辊（M 辊）起粉磨的作用。

OK 立磨应用单辊自行准备料床的原理，采用球形带槽辊减小振动，如图 8-8 所示。CK立磨与 OK 立磨类似，也采用单辊自备料床的方法，采用对称球形磨辊。

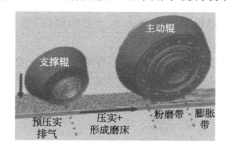
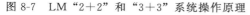

图 8-7　LM "2＋2" 和 "3＋3" 系统操作原理　　　图 8-8　OK 主磨的专利磨盘及磨辊侧面

② 选用更为耐磨的材质，如 Ni-HIV、高 Cr 铸铁等。有些厂家还提供辊面再修复技术，对磨损部分进行补焊，大大延长了寿命。另外改进磨辊形状，采用大直径窄辊的设计理念或降低磨盘转速，减少辊、盘之间的相对速度差，降低磨损。

③ 在解决水泥质量问题方面，主要采取降低磨盘转速、加高挡料环高度等方法，延长物料在磨盘上的停留时间，增加物料被研磨的次数的方法，同时提高研磨力（各种立磨结构

不同，其压力有所区别，但一般均较生料磨大大提高，有的要大一倍），目的是增加粉磨产生的细粉量。

④ 为使立磨水泥产品的 RRB 曲线趋于平缓，各公司分别改进分选设备，主要的措施是将原有的选粉机改成设有导风叶片的高效笼式选粉机。选粉效率高，分离清晰，其特点是细度、比表面积靠调节转子实现，高比表面积要求高的转速。颗粒级配受风量影响，降低风量、增加浓度可降低选粉效率，使颗粒分布变宽。两者的合理配合就能生产出符合要求的成品。

目前，水泥立磨主要有莱歇公司和 UBE 公司的 LM 磨，非凡公司的 MPS-BC 磨；伯力鸠斯公司的 RMC 磨和天津仕名粉体公司的 TRMK 磨。全球水泥立磨大约占 26% 的份额，但在中国应用还不多。不过，随着水泥立磨技术的成熟，其应用将会越来越广泛。

8.1.2.2　水泥辊压机终粉磨

1987 年，德国 Polysius 公司、KHD 公司和 Clauslhal 大学等单位对水泥辊压机终粉磨系统进行了一系列实验研究。研究发现采用辊压机终粉磨生产的水泥与球磨机生产的相比，在水泥比表面积和 SO_3 含量基本相同的条件下，水泥存在需水量增高、凝结时间缩短和早期强度下降三个问题。1989 年，法国 Cormeilles 水泥厂采用"多次循环工艺"建成了第一条辊压机水泥终粉磨生产线；1993 年，比利时 Lixhe 粉磨站建成由一台 $\phi 2.05\text{m} \times 1.3\text{m}$ 辊压机、一台 Sepol 310 型选粉机、一台 Despol 型打散机等组成水泥终粉磨系统。该系统主要存在故障频繁、维修时间长、年运转率较低（仅 67%）等问题。总体来说，水泥辊压机终粉磨系统应用不多。

8.1.2.3　水泥卧辊磨终粉磨

卧辊磨又称水平立磨、筒立磨，其英文名称是 Horomill，由法国 FCB 公司研制开发，其结构如图 8-9 所示。物料经布料板进入筒体的喂料区，随高速旋转的筒体贴壁转入粉磨区，被设置带有一定螺旋角度的刮板刮下，进入辊子与筒体咬入区，物料受辊压力，完成一次挤压；被挤压物料仍贴壁转入下一个粉磨区间，再次

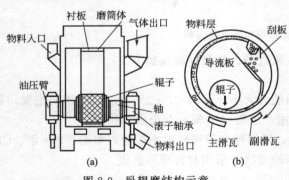

图 8-9　卧辊磨结构示意

被挤压。这样，物料按螺旋线前进，经过多次挤压后，进入卸料区。

与立磨和辊压机相比，卧辊磨的压辊与转筒之间主要是挤压力，不存在剪切力，故磨损较小；需要的工作压力低，具有研磨压力中等、多次碾压、无需风扫、无需打散的特点，因而能耗更低。当比表面积相同时，卧辊磨水泥较球磨水泥粒度分布偏窄，需水量略大，但强度有所提高。卧立磨在我国也到一定的应用。

8.2　水泥的包装与储运

水泥生产的最后工序是水泥的储存、包装与发运。由水泥磨粉磨出来的水泥，需要送入水泥库中储存一定时间，以便于检定水泥的物理、化学性能，保证出厂水泥的质量。出厂水泥分为袋装与散装两种。袋装是用包装机将水泥装入袋，散装是使用散装设备将水泥装运出厂。

8.2.1　水泥储存与均化

出磨水泥在包装出厂之前，首先是在水泥库中进行储存。水泥库与生料均化库一般具有类似结构。水泥储存有以下几个作用。

① 严格控制水泥质量。大、中型水泥厂的熟料质量较为稳定，用快速测定法几小时即可获得强度检验结果，但一般应看到3d强度检验结果，确认28d强度合格方可出库。

② 改善水泥质量。水泥在存放过程中可消解部分游离氧化钙，也可使过热水泥得到冷却。

③ 水泥库可分别存放不同品种和标号的水泥，及时满足不同客户的需要。

④ 起到缓冲作用，调节水泥粉磨车间的不间断操作和水泥及时出厂。

⑤ 对水泥进行均化，减小其波动。

8.2.2　水泥包装与散装

（1）水泥的包装　水泥包装系统一般由供料设备、振动筛、包装机、卸包机、正包机、清包机和装车机等设备组成，袋装水泥工艺流程如图 8-10 所示。其中，包装设备主要采用回转式包装机。

袋装水泥每包 50kg，采用纸袋或覆膜塑编袋。袋装水泥具有运输、储存和使用不需专门设施，便于清点和计量的优点。但是，袋装水泥需大量使用既要有足够强度又要有良好透气性的编织袋，因此增加了水泥成本；储运过程中，袋子易破损，不但水泥损失大，而且劳动强度大，粉尘污染严重，装卸和使用不便于实现机械化。但是，我国水泥用户比较分散，用量不稳定，袋装水泥仍占很大比例。

（2）水泥的散装　散装水泥是目前水泥行业发展的方向，其优点在于：不需包装，节约资源；减少粉尘污染；节约包装费用，降低水泥成本和流通使用成本；减少水泥损失，计量准确；储运中不易受潮变质。目前，水泥散装主要采用由库底卸料直接装车方式（图 8-10）。

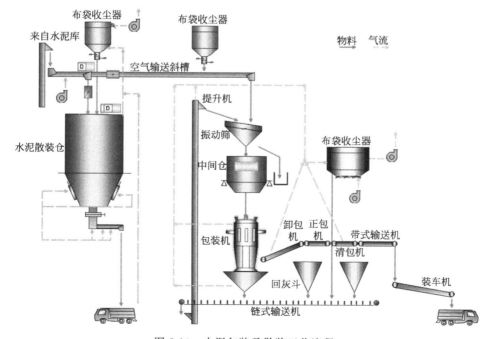

图 8-10　水泥包装及散装工艺流程

8.2.3　水泥质检与发运

（1）水泥的质量检验　为了有效控制出库水泥的质量，必须对出磨水泥按班次或库号进行全面检验。水泥出厂前必须按国家标准规定的编号、吨位取样，进行全套物理、化学性能检验，确认各项指标均符合国家标准及有关规定时，方可由化验室通知出厂。

（2）水泥的发运　袋浆水泥可通过公路、铁路或水路发运。散装水泥一般用专用火车、汽车和船舶等运输。近年来，国外还发展了用弹性集装箱散装水泥。

（3）出厂水泥的存放　水泥出厂后，使用单位要注意水泥的存放，存放的地点需慎重考虑，存放时间应加以限制。

袋装水泥在干燥环境可储存 3 个月，不会影响水泥质量。如存放于通风处，在雨季不宜储存太长，尤其是强度等级高的水泥易吸收水汽而发生水化反应。因此，正常包装的水泥以储存 2 个月以内为好。

散装水泥存放在散装库内，若存量多、密封好，存放期在 3 个月以内对强度的影响不会太大。若采用简易仓存放散装水泥，则不宜超过 1 个月。

思　考　题

1. 简述水泥辊压机联合粉磨系统的工艺过程。
2. 举例说明水泥立磨相对于生料立磨的主要改进措施。

第9章 硅酸盐水泥的水化与硬化

水泥用适量的水拌和后，形成能黏结砂石集料的可塑性浆体，随后逐渐失去塑性而凝结硬化为具有一定强度的石状体。同时，还伴随着水化放热、体积变化和强度增长等现象，这说明水泥拌水后产生了一系列复杂的物理、化学和物理化学的变化。由于水泥熟料是多矿物的聚集体，与水的相互作用非常复杂，通常先分别研究水泥单矿物的水化反应，然后再研究硅酸盐水泥的水化和硬化过程。

9.1 熟料矿物的水化

9.1.1 硅酸三钙

硅酸三钙在水泥熟料中的含量约占 50%，有时高达 60%，因此，C_3S 的水化作用、水化产物及其所形成的结构对硬化水泥浆体的性能有很重要的影响。

C_3S 在常温下的水化反应，大体上可用下面的方程式表示：

$$3CaO \cdot SiO_2 + nH_2O \Longrightarrow xCaO \cdot SiO_2 \cdot yH_2O + (3-x)Ca(OH)_2$$

即

$$C_3S + nH \Longrightarrow C\text{-}S\text{-}H + (3-x)CH$$

上式表明，其水化产物为水化硅酸钙和氢氧化钙。

硅酸三钙的水化速率很快，其水化过程根据水化放热速率-水化时间曲线（图 9-1），可分为五个阶段。

① 诱导前期　加水后立即发生急剧反应并迅速放热，但该阶段时间很短，大约在 15min 内结束。

② 诱导期　此阶段水解反应很慢，又称为静止期或潜伏期，一般维持 2～4h，是硅酸盐水泥能在几小时内保持塑性的原因。

③ 加速期　反应重新加快，反应速率随时间而增长，出现第二个放热峰，在峰顶达最大反应速率，相应为最大放热速率。加速期持续 4～8h，然后开始早期硬化。

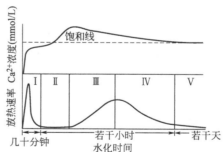

图 9-1　C_3S 水化放热速率和水化时间曲线

④ 减速期　反应速率随时间下降，持续 12～24h，水化作用逐渐受扩散控制而变慢。

⑤ 稳定期　反应速率很慢、基本稳定的阶段，水化完全受扩散速率控制。

由此可见，在加水初期，水化反应非常迅速，但反应速率很快就变得相当缓慢，这就是进入了诱导期。在诱导期末水化反应重新加速，生成较多的水化产物，然后水化速率即随时间的增长而逐渐下降。另外，C_3S 的水化又可比较笼统地分为三个阶段，即：将诱导前期和诱导期合并称为水化早期；加速期和减速期称为水化中期；稳定期称为水化后期。

（1）C_3S 的早期水化　硬化浆体的性能很多是在水化早期决定的；诱导期终止时间与水

泥初凝有着一定的关系，而终凝则大致发生在加速期的中间阶段。关于诱导期的开始及结束的原因，主要有"保护膜"理论和"晶核形成延缓理论"等。斯卡尔内（J. Skalng）和杨（J. F. Young）综合各方面的观点提出如下较为全面的见解：当 C_3S 与水接触后，在其表面

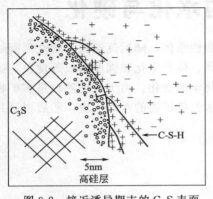

图 9-2　接近诱导期末的 C_3S 表面

有晶格缺陷的部位即活化点（图 9-2）上很快发生水解，Ca^{2+} 和 OH^- 迅速进入溶液，在 C_3S 表面形成一个缺钙的"富硅层"。接着，Ca^{2+} 吸附在"富硅层"表面形成双电层，从而使 C_3S 溶解受阻而出现诱导期。随着反应的不断进行，Ca^{2+} 和 OH^- 继续进入溶液，当溶液中氢氧化钙浓度达到一定程度而过饱和时，$Ca(OH)_2$ 析晶，诱导期结束。与此同时，还会有 C-S-H 沉淀析出。由于硅酸根离子比 Ca^{2+} 较难迁移，所以 C-S-H 的生长仅限于表面。$Ca(OH)_2$ 晶体开始可能也在 C_3S 颗粒表面上生长，但有些晶体可远离颗粒，或在孔隙中形成。

（2）C_3S 的中期水化　在 C_3S 水化的加速期内，伴随 $Ca(OH)_2$ 和 C-S-H 的成核结晶，液相中 $Ca(OH)_2$ 和 C-S-H 的过饱和度降低，又会使 $Ca(OH)_2$ 和 C-S-H 的生长速率逐渐变慢。随着水化物在颗粒周围的形成，C_3S 的水化作用也受到阻碍。因而，水化从加速过程又逐渐转向减速过程。最初的产物，大部分生长在颗粒原始周界以外由水所填充的空间（称"外部产物"），而后期的生长则在颗粒原始周界以内的区域（称"内部产物"）。随着"内部产物"的形成和发展，C_3S 的水化由减速期向稳定期转变，逐渐进入水化后期。

（3）C_3S 的后期水化　有关 C_3S 的后期水化，泰勒（F. H. W Taylor）认为在水化过程中存在一个界面区，并逐渐推向颗粒内部。水离解所形成的 H^+ 在内部产物中从一个氧原子（或水分子）转移到另一个氧原子，一直到达 C_3S 并与其作用，其情况与 C_3S 直接接触到水相差无几。而界面内部分 Ca^{2+} 和 Si^{4+} 则通过内部产物向外迁移，转入 $Ca(OH)_2$ 和外部 C-S-H。这样，界面区的 C_3S 得到 H^+，失去 Ca^{2+} 和 Si^{4+}，经离子重新组排，C_3S 转化成内部 C-S-H。随着界面区向内推进，水化继续进行。由于受空间限制及离子浓度的变

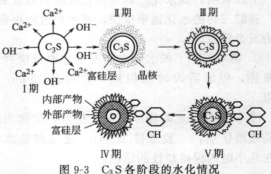

图 9-3　C_3S 各阶段的水化情况

Ⅰ期—初始水解期；Ⅱ期—诱导期；Ⅲ期—加速期；
Ⅳ期—衰减期；Ⅴ期—稳定期

化，作为内部产物的 C-S-H，在形貌和成分等方面和外部 C-S-H 会有所差异，通常较为密实。

C_3S 各阶段的水化情况如图 9-3 所示。

9.1.2　硅酸二钙

β-C_2S 的水化与 C_3S 相似，也有诱导期、加速期等。但水化速率很慢，约为 C_3S 的1/20。曾测得 β-C_2S 约需几十小时方达加速期，即使在几个星期以后也只有在表面上覆盖一薄层无定形的水化硅酸钙，而且水化产物层厚度的增长也很缓慢。β-C_2S 的水化反应可采用下式表示：

$$2CaO \cdot SiO_2 + mH_2O = xCaO \cdot SiO_2 \cdot yH_2O + (2-x)Ca(OH)_2$$

即

$$C_2S + mH = C\text{-}S\text{-}H + (2-x)CH$$

由于水化热较低，故较难用放热速率进行 $\beta\text{-}C_2S$ 水化的研究。但第一个放热峰的高低却与 C_3S 相当；第二峰则相当微弱，甚至难以测量。有一些观测结果表明，$\beta\text{-}C_2S$ 的某些部分水化开始较早，与水接触后表面就很快变得凹凸不平，与 C_3S 的情况极相类似，甚至在 15s 以内就会发现有水化物形成。不过以后的发展则极其缓慢。C_2S 所生成的水化硅酸钙与 C_3S 所生成的 C/S 比和形貌等方面都没有多大差别，故也统称为 C-S-H。据有关测试结果表明，$\beta\text{-}C_2S$ 在水化过程中水化产物的成核和晶体长大的速率虽然与 C_3S 相差并不太大，但通过水化产物层的扩散速率却要低 8 倍左右，而表面溶解速率则要相差几十倍之多。这表明 $\beta\text{-}C_2S$ 的水化反应速率主要由表面溶解速率所控制；提高 C_2S 的结构活性，选择合适的水化介质，改善水化条件，有可能加快其水化速率。

9.1.3　铝酸三钙

铝酸三钙与水反应迅速，放热快，其水化产物组成和结构受液相 CaO 浓度和温度的影响很大。常温下，其水化反应依下式进行：

$$2(3CaO \cdot Al_2O_3) + 27H_2O = 4CaO \cdot Al_2O_3 \cdot 19H_2O + 2CaO \cdot Al_2O_3 \cdot 8H_2O$$

即

$$2C_3A + 27H = C_4AH_{19} + C_2AH_8$$

C_4AH_{19} 在低于 85% 的相对湿度下会失去 6mol 的结晶水而成为 C_4AH_{13}。C_4AH_{13} 和 C_2AH_8 都是片状晶体，常温下处于介稳状态，有向 C_3AH_6 等轴晶体转化的趋势。

$$4CaO \cdot Al_2O_3 \cdot 13H_2O + 2CaO \cdot Al_2O_3 \cdot 8H_2O = 2(3CaO \cdot Al_2O_3 \cdot 6H_2O) + 9H_2O$$

即

$$C_3AH_{13} + C_2AH_8 = C_3AH_6 + 9H$$

上述反应随温度升高而加速。在温度高于 35℃ 时，C_3A 会直接生成 C_3AH_6。在液相 CaO 浓度达到饱和时，C_3A 还可能依下式水化：

$$3CaO \cdot Al_2O_3 + 6H_2O = 3CaO \cdot Al_2O_3 \cdot 6H_2O$$

即

$$C_3A + 6H = C_3AH_6$$

在硅酸盐水泥浆体的碱性液相中，CaO 浓度往往达到饱和或过饱和，C_3A 还可能按照下式水化：

$$3CaO \cdot Al_2O_3 + Ca(OH)_2 + 12H_2O = 4CaO \cdot Al_2O_3 \cdot 13H_2O$$

即

$$C_3A + CH + 12H = C_4AH_{13}$$

这个反应在硅酸盐水泥浆体的碱性环境中最易发生；而处于碱性介质中六方片状的 C_4AH_{13} 在室温下又能稳定存在。随着 C_4AH_{13} 数量的迅速增多，当足以阻碍粒子的相对移动时，就会使水泥浆体产生瞬时凝结。在有石膏和氧化钙同时存在的情况下，C_3A 虽然开始也快速形成 C_4AH_{13}，但接着会与石膏发生反应：

$$4CaO \cdot Al_2O_3 \cdot 13H_2O + 3(CaSO_4 \cdot 2H_2O) + 14H_2O = $$
$$3CaO \cdot Al_2O_3 \cdot 3CaSO_4 \cdot 32H_2O + Ca(OH)_2$$

即

$$C_4AH_{13}+3C\overline{S}H_2+14H === C_3A \cdot 3C\overline{S} \cdot H_{32}+CH$$

所形成的三硫型水化硫铝酸钙，又称钙矾石。由于其中的铝可被铁置换而成为含铝、铁的三硫型水化硫铝酸盐相，故常用 AFt 表示。

若 $CaSO_4 \cdot 2H_2O$ 在 C_3A 完全水化前耗尽，则钙矾石与 C_3A 作用转化为单硫型水化硫铝酸钙（AFm）：

$$3CaO \cdot Al_2O_3 \cdot 3CaSO_4 \cdot 32H_2O+2(4CaO \cdot Al_2O_3 \cdot 13H_2O)===$$
$$3(3CaO \cdot Al_2O_3 \cdot CaSO_4 \cdot 12H_2O)+2Ca(OH)_2+20H_2O$$

即

$$C_3A \cdot 3C\overline{S} \cdot H_{32}+2C_4AH_{13}===3(C_3A \cdot C\overline{S} \cdot H_{12})+2CH+20H$$

若石膏掺量极少，在所有钙矾石转变成单硫型水化硫铝酸钙后，还剩有 C_3A，则会依下式形成 $C_4A \cdot C\overline{S} \cdot H_{12}$ 和 C_4AH_{13} 的固溶体。

$$3CaO \cdot Al_2O_3 \cdot 3CaSO_4 \cdot 12H_2O+3CaO \cdot Al_2O_3+Ca(OH)_2+12H_2O===$$
$$2[3CaO \cdot Al_2O_3(CaSO_4,Ca(OH)_2) \cdot 12H_2O]$$

即

$$C_4A\overline{S}H_{12}+C_3A+CH+12H===2C_3A(C\overline{S},CH)H_{12}$$

因此，铝酸三钙水化产物的组成与结构和实际参加反应的石膏量有直接关系，见表 9-1。

表 9-1　铝酸三钙的水化产物

实际参加反应的 $C\overline{S}H_2/C_3A$ 摩尔比	水化产物
3.0	钙矾石（AFt）
3.0～1.0	钙矾石＋单硫型水化硫铝酸钙（AFm）
1.0	单硫型水化硫铝酸钙（AFm）
<1.0	单硫型固溶体[$C_3A(C\overline{S},CH)H_{12}$]
0	水石榴子石（C_3AH_6）

当 C_3A 单独与水拌和后，几分钟内就开始迅速反应，数小时能完成水化。当掺有石膏时，反应则会延续几小时后再加速水化；而石膏和氢氧化钙一起所产生的延缓效果更为明显，如图 9-4 所示。

由上述讨论可知，铝酸三钙水化产物的组成与结构根据环境的不同（如氧化钙、硫酸盐浓度和温度等），将会转化成具有不同组成、结构和形态的水化产物。因此，随着环境的变化；铝酸三钙的水化产物可以不同的水化铝酸盐存在，也可能在局部区域同时存在。但按照一般的硅酸盐水泥的石膏掺量，C_3A 的最终水化产物为钙矾石和单硫型水化硫铝酸钙。

9.1.4　铁相固溶体

水泥熟料中一系列铁相固溶体可用 C_4AF 作为其代表式。C_4AF 的水化速率比 C_3A 略慢，水化热较低，即使单独水化也不会引起快凝。其水化反应及其产物与 C_3A 很相似。氧化铁基本上起着与氧化铝相同的作用，相当于 C_3A 中一部分氧化铝被氧化铁所置换，生成水化铝酸钙和水化铁酸钙的固溶体。

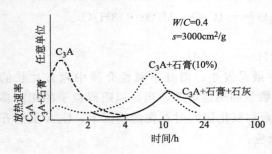

图 9-4　C_3A 单独水化与 C_3A 加石膏及加石灰情况下水化放热速率

在没有石膏的条件下，铁铝酸钙和氧化钙及水在常温下反应生成被铁置换的 C_4AH_{13}，即 $C_4(A,F)H_{13}$：

$$3CaO \cdot Al_2O_3 \cdot Fe_2O_3 + 4Ca(OH)_2 + 22H_2O \Longrightarrow 2[4CaO \cdot (Al_2O_3,Fe_2O_3) \cdot 13H_2O]$$

即

$$C_4AF + 4CH + 22H \Longrightarrow 2C_4(A,F)H_{13}$$

所形成的 $C_4(A,F)H_{13}$ 在低温下也较稳定；到 20℃ 左右，即转变成 $C_3(A,F)H_6$。但上述转变过程较 C_3A 的晶型转变要慢。当温度高于 50℃ 时，C_4AF 会直接水化生成 $C_3(A,F)H_6$。

掺有石膏时的反应也与 C_3A 大致相同。当石膏充分时，形成铁置换过的钙矾石固溶体 $C_3(A,F) \cdot 3C\overline{S} \cdot H_{32}$；而石膏不足时，则形成 $C_3(A,F) \cdot C\overline{S} \cdot H_{12}$。并且，同样有两种晶型的转化过程。与 C_3A 相比，C_4AF 早期水化受石膏的延缓作用更为明显。还需说明的是，铁相固溶体水化速率随 A/F 增大而加快。

9.2　硅酸盐水泥的水化

9.2.1　水化过程

硅酸盐水泥由多种熟料矿物和石膏共同组成，加水后，水泥各组分开始溶解。C_3S 迅速析出 $Ca(OH)_2$，所掺石膏也很快溶解于水，特别是二水石膏脱水形成的半水石膏或可溶性硬石膏的溶解速率更大。熟料中所含的碱溶解得也快，甚至 70%～80% 的 K_2SO_4 可在几分钟内即可溶出。因此，水泥的水化在开始之后，基本上是在含碱的氢氧化钙和硫酸钙溶液中进行。液相的组成依赖于水泥中各组成的溶解度，但液相组成反过来也会影响到各熟料矿物的水化速率，固、液两相处于随时间而变的动态平衡之中。

根据目前的认识，硅酸盐水泥的水化过程可以概括如图 9-5 所示。水泥加水后，C_3A 立即发生反应，C_3S 和 C_4AF 也很快水化，而 C_2S 则较慢。在电子显微镜下观察，几分钟后可见在水泥颗粒表面生成的钙矾石针状晶体、无定形水化硅酸钙以及 $Ca(OH)_2$ 或水化铝酸钙等的六方板状晶体。由于钙矾石的不断生长，使液相中 SO_4^{2-} 逐渐减少并在耗尽之后，就会有单硫型水化硫铝（铁）酸钙出现。若石膏不足，还有 C_3A 和 C_4AF 剩留，则会形成单硫

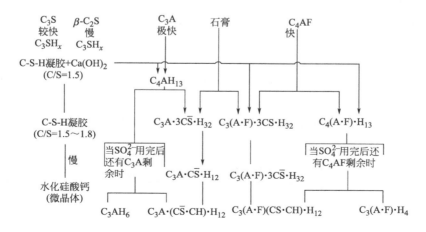

图 9-5　硅酸盐水泥的水化过程

型水化物与 $C_4(A，F)H_{13}$ 的固溶体，甚至单独的 $C_4(A，F)H_{13}$，而后者再逐渐转变成等轴晶体 $C_3(A，F)H_6$。值得注意的是，水泥既然是多矿物、多组分的体系，各熟料矿物并不可能单独水化，它们之间的相互作用必然对水化进程有一定的影响。水泥水化产物按体积计

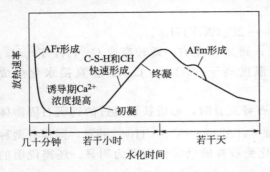

图 9-6　硅酸盐水泥在水化过程中的放热曲线

约含：C-S-H 凝胶 70%；$Ca(OH)_2$ 20%；钙矾石和单硫型水化硫铝酸钙 7%；微量组分 3%。

如图 9-6 所示为硅酸盐水泥在水化过程中的放热曲线，其形式与 C_3S 的基本相同，据此可将水泥的水化过程简单地划分为如下三个阶段。

（1）钙矾石形成期　C_3A 率先水化，在石膏存在的条件下，迅速形成钙矾石，这是导致第一放热峰的主要因素。

（2）C_3S 水化期　C_3S 开始迅速水化，大量放热，形成第二个放热峰。有时会有第三放热峰或在第二放热峰上出现一个"峰肩"。一般认为是由钙矾石转化成单硫型水化硫铝（铁）酸钙而引起的。当然，C_2S 和铁相也以不同程度参与了这两个阶段的反应，生成相应的水化产物。

（3）结构形成和发展期　放热速率很低并趋于稳定，随着各种水化产物的增多，填入原先由水所占据的空间，再逐渐连接并相互交织，发展成硬化的浆体结构。

在实际施工中，水泥浆体的拌和用水量通常并不多，并在水化过程中不断减少，故其水化是在浓度不断变化的情况下进行的。而且，由于水化放热又会使水化体系的温度发生变化。因此，水泥的水化不可能在较短的时间内就反应完结，而是从表面开始，然后在浓度和温度不断变化的条件下，通过扩散作用，缓慢地向中心深入。即使在充分硬化的浆体中，也并非处于平衡状态。在熟料颗粒的中心，至少是大颗粒的中心，水化作用往往已经暂时停止，以后当温度、湿度条件适当时，才能使水化作用以极慢的速度继续进行。所以，绝不能将水泥水化过程作为一般的化学反应对待，对其长期处于不平衡的情况以及与周围环境条件的关系，也必须充分注意。实际上，应用一般的方程式是很难真实地表示水泥的水化过程的。

9.2.2　水化速率

熟料矿物或水泥的水化速率，通常以单位时间内的水化程度或水化深度来表示。水化程度是指在一定时间内发生水化作用的量与可以完全水化量的比值；而水化深度则是指水泥颗粒已经水化的水化层厚度。

影响水泥水化速率的因素主要与熟料的矿物组成和结构有关，同时水泥细度、水灰比、水化温度及外加剂等对水泥水化速率也有一定的影响。

（1）水泥熟料矿物组成和晶体结构　各熟料矿物单独水化时所测定的水化深度见表 9-2（结合含水量法测得）。

表 9-2　各熟料矿物单独水化时所测定的水化深度（$d_m=50\mu m$）　　单位：μm

矿物	1d	7d	28d	90d	180d
C_3S	3.1	4.2	7.5	14.3	14.7
C_2S	0.6	0.8	0.9	2.5	2.8
C_3A	9.9	9.6	10.3	12.8	13.7
C_4AF	7.3	7.6	8.0	12.2	13.2

由表 9-2 可见，直径为 $50\mu m$ 的 C_3S、C_3A、C_4AF 颗粒经过 6 个月的水化，水化深度都已达到半径的一半以上，而 C_2S 的水化部分还未到其深度的 1/5。同样大小的颗粒经 28d 水化后，C_3S 的水化深度为其半径的 3/10，C_3A 约为 2/5，C_4AF 比 C_3S 的水化深度略大，而 C_2S 还不到半径的 1/25。因此，比较四种单矿物 28d 以前的水化速率为：$C_3A>C_4AF>C_3S>C_2S$。

熟料矿物与水反应速率之所以各不相同，首先取决于各单相的内在性质，依次受晶体结构和晶型、外来离子及晶体缺陷等因素的支配。例如，C_3A 的晶体结构中，铝的配位为 4 与 6，而钙的配位数为 6 与 9。一方面由于配位数为 9 的 Ca^{2+} 周围的 O^{2-} 排列极不规则，距离不等，形成很大空腔，水分易于进入；另一方面，配位数为 4 的铝价键不饱和，易于接受两个水分子或 OH^-，以变成更为稳定的配位。因此，C_3A 能很快和水发生剧烈的水化作用。

C_3S 和 β-C_2S 在结构上也具有晶腔结构。如 C_3S 的结构可分割为两个单元，一个是 [SiO_4] 四面体链；另一个是 [CaO_6] 八面体链。其中，[SiO_4] 四面体的各顶角之间并不互相连接，而以孤立状态存在；[SiO_4] 四面体和 [CaO_6] 八面体则通过 Ca^{2+} 联系起来。虽然 C_3S 中 Ca^{2+} 的配位数均为 6，但是由于 [CaO_6] 中 Ca^{2+} 周围 6 个 O^{2-} 分布不规则，都集中在每个钙离子的一边，使另一边留下空腔，所以水易于渗入与其反应，因此水化速率也较快。β-C_2S 中 Ca^{2+} 的配位数一半是 6，一半是 8，其中每个氧和钙的距离不等，配位也不规则，晶格中也有空腔，因此也能水化。但是，由于配位体堆积得比较"紧密"，使 β-C_2S 晶体结构中的空腔小于 C_3S，水化速率就较慢。至于 γ-C_2S，由于 Ca^{2+} 的配位数都是 6，并呈规则分布，因此，晶格内不具有空腔，结构非常稳定，在常温下水化活性很差。

（2）细度和水灰比　在水泥水化过程中，水泥粉磨得越细，比表面积就越大，与水接触的面积也越大，在其他条件相同的情况下，水化反应就越快。此外，细磨时还会使水泥颗粒内晶体产生扭曲、错位等缺陷而加速水化。但是增大细度，迅速水化生成的产物层又会阻碍水化作用的进一步深入。所以，增加水泥细度，只能提高早期水化速率和强度，对后期强度和水化作用不明显。对于较粗颗粒，其各阶段的反应都较慢。

水灰比如在 0.25~1.0 之间变化，对水泥的早期水化速率并无明显影响。但水灰比过小，由于水化所需水分不足以及没有足够孔隙来容纳水化产物，会使后期的水化速率延缓。因为所加水量不仅要满足水化反应的需要，而且还要使 C-S-H 凝胶内部的胶孔填满。同时，这部分进入胶孔的水很难流动，不易再从 C-S-H 脱出使无水矿物进行下一步的水化。所以为了达到充分水化的目的，拌用水应为化学反应所需水量的一倍左右。也就是在密闭容器中水化时，水灰比宜在 0.4 以上。

（3）温度　水泥的水化反应过程也遵循一般的化学反应规律。温度升高，水化加速，可使 C_3S 诱导期缩短，第二放热峰提前，加速期和衰退期也相应提前结束。β-C_2S 受温度的作用更大。C_3A 在常温时水化就快，所以温度对其水化的影响不明显。如图 9-7 所示是温度对水泥水化速率的影响。由图可见，温度越高，结合水量越多，表明水化越快。

在低温条件下，硅酸盐水泥及其矿物的水化机理与常温时并无明显差异。C_3S 的诱导期虽延长，但以后仍有相当的水化速率。受到影响较大的是 β-

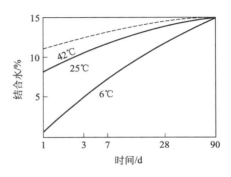

图 9-7　温度对水泥水化速率的影响

C_2S。实验证明，硅酸盐水泥在 $-5℃$ 时仍能水化，到 $-10℃$ 时水化就基本停止。

当温度升高并保持在 $100℃$ 以内时，水泥早期水化较为迅速，但后期的水化速率反而减小。这可能是由于过快密实的 C-S-H 凝胶形成包裹层的缘故，其水化产物种类与常温时的相同。

（4）外加剂　为了改善水泥浆体及混凝土的某些性能，通常要加入少量的添加物质，称为外加剂。常用促凝剂、早强剂和缓凝剂三种来调节水泥的水化速率；不同的外加剂对水泥的水化速率和水化过程有不同的影响。

9.3　水泥的凝结硬化过程

水泥加水拌成的浆体，起初具有可塑性和流动性。随着水化反应的不断进行，浆体逐渐失去流动能力，转变为具有一定强度的固体，即为水泥的凝结和硬化。水化是水泥产生凝结硬化的前提，而凝结硬化则是水泥水化的结果。凝结和硬化是同一过程中的不同阶段，凝结标志着水泥浆体失去流动性而具有一定的塑性强度；硬化则表示水泥浆体固化后所形成的结构具有一定的机械强度。

有关水泥凝结硬化过程，硬化浆体结构的形成和发展，历来进行了不少研究，并提出过各种不同的理论。

1887 年雷霞特利（H. Lechatelier）提出结晶理论。他认为水泥之所以能产生胶凝作用，是由于水化生成的晶体互相交叉穿插，联结成整体的缘故。按照这种理论，水泥的水化、硬化过程是：水泥中各熟料矿物首先溶解于水，与水反应，生成的水化产物由于溶解度小于反应物，所以就结晶沉淀出来。随后熟料矿物继续溶解，水化产物不断沉淀，如此溶解-沉淀不断进行。也就是认为水泥的水化和普通化学反应一样，是通过液相进行的，即所谓溶解-沉淀过程，再由水化产物的结晶交联而凝结、硬化。

1892 年，米哈艾利斯（W. Michaelis）又提出了胶体理论。他认为水泥水化后生成大量胶体物质，再由于干燥或未水化的水泥颗粒继续水化产生"内吸作用"而失水，从而使胶体凝聚变硬。将水泥水化反应作为固相反应的一种类型，与上述溶解-沉淀反应的主要差别，就是不需要经过矿物溶解于水的阶段，而是固相直接与水反应生成水化产物，即所谓局部化学反应。然后，通过水分的扩散作用，使反应界面由颗粒表面向内延伸，继续进行水化。所以认为，凝结、硬化是胶体凝聚成刚性凝胶的过程。

接着，拜依柯夫将上述两种理论加以发展，把水泥的硬化分为溶解、胶化和结晶三个时期。在此基础上，列宾捷尔等又提出水泥的凝结、硬化是一个凝聚-结晶-三维网状结构的发展过程。凝结是凝聚结构占主导的一个特定阶段，硬化过程则表明晶体结构的发展。以后，各方面陆续提出了不少论点。

为了形象地了解水泥浆体结构的形成过程，洛赫尔（F. W. Locher）等人从水化产物形成及其发展的角度用图的形式描绘出水泥水化、凝结与硬化过程，如图 9-8 所示。从图中可以看出，水泥凝结硬化过程分为三个阶段。

第一阶段：大约从水泥加水起到初凝为止。C_3S 和水迅速反应生成 $Ca(OH)_2$ 过饱和溶液，并析出 $Ca(OH)_2$ 晶体。同时石膏也很快进入溶液与 C_3A 和 C_4AF 反应，生成细小的钙矾石晶体。在这一阶段，由于生成的产物层阻碍了反应进一步进行，同时，水化产物尺寸细小、数量又少，不足以在颗粒间架桥连接形成网络状结构，水泥浆体仍呈塑性状态。

第二阶段：大约从初凝到加水 24h 为止。水泥水化开始加速，生成较多的 $Ca(OH)_2$ 和钙矾石晶体，同时水泥颗粒上开始长出纤维状的 C-S-H。由于钙矾石晶体的长大和 C-S-H 的大量形成、增长而相互交错连接成网状结构，水泥浆体逐渐由半固定结构转为固定结构，可塑性逐渐消失，水泥开始凝结。随着网状结构的不断加强，强度也相应增长。原先剩留在颗粒之间空隙中的游离水则被逐渐分割成各种尺寸的水滴，填充在相应大小的孔隙之中，从而限制了流动。

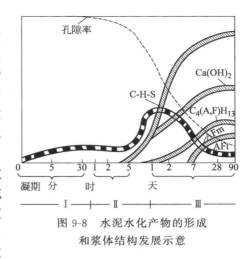

图 9-8　水泥水化产物的形成和浆体结构发展示意

　　第三阶段：加水 24h 以后，直到水化结束。这一阶段，石膏已基本耗尽，钙矾石开始转化为单硫型水化硫铝酸钙，还可能会形成 $C_4(A, F)H_{13}$。随着水化的进行，各种水化产物的数量不断增加，晶体不断长大，使硬化的水泥浆体结构更加致密，强度逐渐提高。

　　从上述的讨论可以看出，硅酸盐水泥的凝结、硬化过程是一个非常复杂的过程，不少论点仍是引起争议的主题。现在比较统一的意见是：水泥的水化反应在开始主要为化学反应所控制；当水泥颗粒四周形成较为完整的水化物膜层后，反应历程又受到离子通过水化产物层时扩散速率的影响。在所生成的水化产物中，有许多是属于胶体尺寸的晶体。随着水化反应的不断进行，各种水化产物逐渐填满原来由水所占据的空间，固体粒子逐渐接近。由于钙矾石棒状晶体的相互搭接，特别是大量箔片状、纤维状 C-S-H 的交叉攀附，从而使原先分散的水泥颗粒以及水化产物连接起来，构成一个三度空间牢固结合、密实的整体。不过，对于凝结硬化的本质，甚至浆体的结构，产生强度的键型等还不甚清楚。

9.4　硬化水泥浆体的组成和结构

　　硬化水泥浆体是一种非均质的多相体系，由各种水化产物和残存水泥所构成的固相以及存在于孔隙中的水和空气所组成，所以，是固-液-气三相多孔体。它具有一定的机械强度和孔隙率，而外观和其他性能又与天然石材相似，因此，通常又称为水泥石。

　　根据泰勒测定结果，在水化 3 个月的硅酸盐水泥浆体（W/C＝0.5）中，各种组成的体积比约为：C-S-H 凝胶 40%，Ca(OH)$_2$ 12%（包括 1% 碳酸钙），单硫型水化硫铝酸钙 16%，孔隙 24%，而未反应的残留熟料尚有 8%。

　　硬化水泥浆体的性能与结构，在很大程度上取决于水化产物本身的化学成分、结构和相对含量，而且物理结构比化学组成的影响更大。因此，适当改变水化产物的形成条件和发展情况，也可使同一品种水泥的水泥石孔结构与孔分布产生一定差异，使硬化浆体的结构发生变化，从而影响水泥石的一些性能，如强度、抗冻性、抗渗性等。

9.4.1　水化产物的结构及形态

9.4.1.1　C-S-H 凝胶

　　（1）组成　通常假定 C-S-H 的分子式为 $C_3S_2H_3$，即钙硅比 Ca/Si＝1.5；水硅比 H/Si＝1.5。实际上这两个比值并不是固定的数值，也就是 C-S-H 的化学组成不是固定的。

　　C-S-H 的 Ca/Si 比随液相中 Ca(OH)$_2$ 浓度的提高而增大。当溶液的 CaO 浓度为 2～20mmol/L 时，生成 Ca/Si 比为 0.8～1.5 的 C-S-H（Ⅰ）；当溶液的 CaO 浓度饱和时，则生成 Ca/Si 比为 1.5～2.0 的 C-S-H(Ⅱ)。在常温下，水固比增加，C-S-H 的 Ca/Si 比下降；H/Si 比也相应减少，而且较 Ca/Si 比低 0.5 左右。多数研究者认为，C-S-H 的 Ca/Si 比随龄期的增长而下降。

C-S-H 凝胶中还存在着不少种类的其他离子。几乎所有的 C-S-H 凝胶都含有相当数量的 Al、Fe 和 S；还有少量的 Mg、K、Na 等进入 C-S-H 凝胶，个别则有 Ti 和 Cl 的痕迹，而且测定数据都很分散。说明各个颗粒的组成又有所不同，存在着相当明显的差异。

（2）结构　C-S-H 呈无定形的胶体状，离子如以球形计，直径可能小于 10nm。其结晶程度极差。根据 X 射线衍射图谱，C-S-H 凝胶也具有类似 $Ca(OH)_2$ 的层状构造。

另外，从硅酸盐阴离子的角度考虑，水化是硅酸盐阴离子不断聚合的过程。C-S-H 是一种由不同聚合度的水化物所组成的固体凝胶。C_3S 和 C_2S 中的硅酸盐阴离子都以孤立的 $[SiO_4]^{4-}$ 四面体存在。随着水化的进行，这些单矿物逐渐聚合成二聚物 $[Si_2O_7]^{6-}$ 以及聚合度更高的多聚物。水泥水化初期，C-S-H 凝胶中的硅酸盐阴离子主要以二聚物存在。但以后高聚合度的聚合物所占比例相应增多。在完全水化的浆体中，大约有 50% 的硅以多聚物存在。

因此，许多硅酸钙水化物晶体的结构，可以设想是由钙氧八面体和 Si_2O_7 结合起来，再由这些键连接成片，使其具有层状结构。由于水泥中的其他离子，如铝、铁、硫等可代替硅或钙，从而使硅酸盐阴离子和钙氧八面体不能完全相配，从而使薄片产生弯曲或起皱等变形现象。

（3）形貌　水泥浆体中的 C-S-H 凝胶会呈现各种不同的形貌。戴蒙德用扫描电镜（SEM）观测时，发现至少有以下四种。

第一种为纤维状粒子，称为Ⅰ型 C-S-H，为水化初期从水泥颗粒向外辐射生长的细长条物质，长 0.5～2μm，宽一般小于 0.2μm，通常在尖端上有分叉现象，也可能呈现板条状或卷箔状薄片、棒状、管状等形态。

第二种为网络状粒子，称为Ⅱ型 C-S-H，呈互相连锁的网状构造。其组成单元也是一种长条形粒子，截面积与Ⅰ型相同，但每隔半微米左右就叉开，而且叉开角度相当大。由于粒子间叉枝的交结，并在交结点相互生长，从而形成连续的三维空间网。

第三种为等大粒子，称Ⅲ型 C-S-H，为小而不规则、三向尺寸近乎相等的球状颗粒，也有扁平碟状，一般不大于 0.3μm，可能是水化过程所产生的包裹膜中较为多孔的部分以及沉积在膜内侧的 C-S-H。据报道，当用扫描透射电镜（STEM）观测时，则显示出是由互相交织连接的箔片组合而成。通常在水泥水化到一定程度后才明显出现，在硬化浆体中常占相当数量。

第四种为内部产物，称Ⅳ型 C-S-H，即处于水泥粒子原始周界以内的 C-S-H，外观似斑驳状。通常认为是通过局部化学反应的产物，比较致密，具有规整的孔隙。其典型的颗粒或孔的尺寸不超过 0.1μm 左右。

一般来说，水化物的形貌与其可能获得的生长空间有很大关系。C-S-H 除具有上述的四种基本形态外，还可能在不同场合观察到呈薄片状、麦管状、珊瑚状以及花朵状等各种形貌。需要提出的是，通过高压透射电镜（HVEM）对潮湿浆体的观测，则发现 C-S-H 凝胶所呈现的这种或者那种形貌，不一定是明确的不同类别，它们都是由薄片状演变，沿某一个方位卷拢、起皱、碎裂而成；在很大程度上取决于形成时所占的空间以及形成的速率。而在形成以后在经受干燥或者断裂等过程中，又会发生进一步的变化。所以用一般方法进行样品制备和观测时的干燥失水，常会是形成各种各样"假象"的一个主要原因。

9.4.1.2　氢氧化钙

与 C-S-H 不同，氢氧化钙具有固定的化学组成，纯度较高，仅可能含有极少量的 Si、Fe 和 S。结晶良好，属三方晶系，具有层状构造，由彼此联结的 $Ca(OH)_2$ 八面体组成。结构层内为离子键，结合较强；结构层之间则为分子键，联系较弱，可能为硬化水泥浆体受力时的一个裂缝策源地。

当水化过程到达加速期后，较多的 $Ca(OH)_2$ 晶体即在充水空间中成核结晶析出。其特点是只在现有的空间中生长，如果遇到阻挡，则会朝另外方向转向长大，甚至会绕过水化中的水泥颗粒而将其完全包裹起来，从而使其实际所占的体积有所增加。在水化初期，$Ca(OH)_2$ 常呈薄的六方板状，宽约几十微米，用普通光学显微镜即可清晰分辨；在浆体孔隙内生长的 $Ca(OH)_2$ 晶体，有时长得很大，甚至肉眼可见。随后，长大变厚成叠片状。

此外，在水泥浆体中还有部分 $Ca(OH)_2$ 会以无定形或隐晶质的状态存在。据报道，在水灰比过低的条件下，$Ca(OH)_2$ 的结晶程度相应有所降低。

9.4.1.3　钙矾石

结晶完好，属三方晶系，为柱状结构。根据泰勒等人所提出的结构模型，其基本结构单元柱为 $\{Ca_3[Al(OH)_6]\}^{3+}$，是由 $Al(OH)_6$ 八面体再在周围各结合三个钙多面体组合而成。每一个钙多面体上配以 OH^- 及水分子各四个。柱间的沟槽中则有起电价平衡作用的 SO_4^{2-} 三个，从而将相邻的单元柱相互连接成整体，另外还有一个水分子存在。所以钙矾石的结构式可以写成：$[Ca_3Al(OH)_6 \cdot 12H_2O](SO_4)_{16} \cdot H_2O$，其中结构水所占的空间达钙矾石总体积的 81.2%；如以质量计，也达 45.9%。

钙矾石是水泥浆体中最容易观察到的水化产物，一般呈六方棱柱状结晶，其形貌取决于实有的生长空间以及离子的供应情况。在水化开始的几小时内，常以凝胶状析出，然后长成针棒状，棱面清晰；尺寸和长径比虽有一定变化，但两端挺直，一头并不变细，也无分叉现象。根据透射镜的观测结果，还有一些钙矾石以空心的管状出现，在组成上可能有一定差别。

钙矾石的脱水温度较低，在 50℃ 已有少量结晶水脱出；74℃ 下脱水即相当强烈；在 97℃ 经过 5h 左右，会失去 20mol 的结晶水；而当温度达 113～144℃ 后，很快成为 8 水钙矾石。进一步的实验还表明，当温度升高至 160～180℃，结晶水继续失去；完全脱水的温度则需 900℃。而根据 X 射线衍射分析，在 74℃ 下，钙矾石的晶体结构已被破坏。但也有资料提出，在 100～110℃ 以下，钙矾石能稳定存在，当温度更高时，则分解成单硫型水化硫铝酸钙和半水石膏。

另外，钙矾石的脱水温度又和所处的环境有关，所以由于实验条件的不同，各方面所得的结果不大一致。还值得注意的是，在水泥浆体中的钙矾石是与其他水化产物共存的，特别是由于 C-S-H 凝胶的包围封闭，其热稳定性要比单纯钙矾石的会有不同程度的改善。

9.4.1.4　单硫型水化硫铝酸钙及其固溶体

单硫型水化硫铝酸钙也属三方晶系，但呈层状结构。其基本单元层为 $[Ca_2Al(OH)_6]^+$，层之间则为 $\frac{1}{2} SO_4^{2-}$ 以及三个分子 H_2O，所以其结构式应为 $[Ca_2Al(OH)_6](SO_4)_{0.3} \cdot 3H_2O$。

与钙矾石相比，单硫酸盐中的结构水少，占总量的 34.7%；但其相对密度较大，达

1.95。所以当接触到各种来源的 SO_4^{2-} 而转变成钙石时，结构水增加，密度减小，从而产生相当的体积膨胀，这是引起硬化水泥浆体体积变化的一个主要原因。

在水泥浆体中的单硫型水化硫铝酸钙，开始为不规则的板状，成簇生长或呈花朵状，再逐渐变为发展很好的六方板状。板宽几微米，但厚度不超过 $0.1\mu m$，相互间能形成特殊的边-面接触。另外，C_4AH_{13}、C_2AH_8 和单硫型水化硫铝酸钙等由于结构类同，都具有相似的结晶形态，故单依靠形貌很难区分，有时与 $Ca(OH)_2$ 也不易分辨清楚。

水泥石中各主要水化产物的基本特征见表 9-3。

表 9-3　水泥石中各主要水化产物的基本特征

名称	相对密度	结晶程度	形态	尺寸	鉴别手段
C-S-H	2.3~2.6	极差	纤维状、网络状、皱箔状、等大粒状、水化后期不易分辨	$1\mu m \times 0.1\mu m$ 厚度小于 $0.01\mu m$	扫描电镜
氢氧化钙	2.24	良好	条带状	$0.01~0.1mm$	光学显微镜 扫描电镜
钙矾石	约1.75	好	带棱针状	$10\mu m \times 0.5\mu m$	光学显微镜 扫描电镜
单硫型水化硫铝酸钙	1.95	尚好	六方薄板(片)状、不规则花瓣状	$1\mu m \times 1\mu m$ $\times 0.1\mu m$	扫描电镜

9.4.2　孔及其结构特征

各种尺寸的孔也是硬化水泥浆体的重要组成，总孔隙率、孔径及其分布、孔的形态以及孔壁所形成的巨大表面积，都是硬化水泥浆体的重要结构特征。

在水化过程中，水化产物的体积要大于熟料矿物的体积。据计算，每立方米的水泥水化后约需占据 $2.2m^3$ 的空间。即约 45% 的水化产物处于水泥颗粒原来的周界之内，成为内部水化产物；另有 55% 则为外部水化产物，占据着原先充水的空间。这样，随着水化过程的进展，原来充水的空间减少，而没有被水化产物填充的空间，则逐渐被分割成形状极其不规则的毛细孔。另外，在 C-S-H 凝胶所占据的空间内还存在着孔，尺寸极为细小。孔的尺寸在极为宽广的范围内变动，其分类方法有很多，各学者的看法也不完全一致。表 9-4 是孔分类方法中的一例。

表 9-4　孔分类方法的一例

类别	名称	直径	孔中水的作用	对水泥石性能的影响
粗孔	球形大孔	$1000~15\mu m$	与一般水相同	强度、渗透性
毛细孔	大毛细孔 小毛细孔	$10~0.05\mu m$ $50~10nm$	与一般水相同 产生中等的表面张力	强度、渗透性 强度、渗透性、高湿度下的收缩
凝胶孔	胶粒间孔 微孔 层间孔	$10~2.5nm$ $2.5~0.5nm$ $<0.5nm$	产生强的表面张力 强吸附水，不能形成新月形液面 结构水	相对湿度 50% 以下时收缩 收缩、徐变 收缩、徐变

由表 9-4 可知，即使不计入粗孔，单就毛细孔和凝胶孔而言，其孔径可从 $15\mu m$ 一直到 $0.5nm$，大小相差 5 个数量级。实际上，孔的尺寸具有连续性，很难明确地划分界限。也就是说上述孔的分类方法也同样是比较武断的，因为从具有毛细管效应的角度看，胶粒间孔实际也是一种小的毛细孔。对于普通水泥浆体，总孔隙率经常超过 30%，因而，它也就成为

最重要的强度决定因素。尤其是当孔半径大于 $0.1\mu m$ 时，这种孔是强度损失的主要原因。但是，一般在水化 24h 以后，硬化浆体中绝大部分（70%～80%）的孔径已在 $0.1\mu m$ 以下。随着水化过程的进行，孔径小于 $0.01\mu m$ 的凝胶孔的数量由于水化产物的增多而增多，毛细孔则逐渐被填充，总的孔隙率则相应降低。

由于水化产物特别是 C-S-H 凝胶的高度分散性，其中又包含数量如此众多的微细孔隙，所以硬化水泥浆体具有极大的内表面积，从而构成了对物理力学性质有重大影响的另一结构因素。硬化水泥浆体的内比表面积，依测定方法不同，其结果可能相差很大。内比表面积通常采用水蒸气吸附法进行测定。用此法测得的硬化水泥浆体的比表面积平均约为 $210m^2/g$，与未水化的水泥相比，提高了三个数量级。如此巨大的比表面积所具有的表面效应，必然是决定水泥石性能的一个重要因素。

9.4.3 水及其存在形式

水泥石中的水有不同的存在形式，按其与固相组成的作用情况，可以分为结晶水、吸附水和自由水三种类型。

（1）结晶水 又称化学结合水，是水化产物的一部分。根据其结合力的强弱，又分为强结晶水和弱结晶水两种。强结晶水又称晶体配位水，以 OH^- 状态存在，并占有晶格上的固定位置，和其他元素有确定的含量比，结合力强，脱水温度高，脱水过程将使晶格遭受破坏，如 $Ca(OH)_2$ 中的结合水就是以 OH^- 形式存在。

弱结晶水是占据晶格固定位置内的中性水分子。结合水不如配位水牢固，脱水温度也不高，在 100℃以上就可以脱水，脱水过程并不导致晶格破坏。当晶体为层状结构时，此种水分子常存在于层状结构之间，又称层间水。其数量随外界温、湿度而变化，并引起某些物理力学性质的变化。

（2）吸附水 吸附水是在吸附效应及毛细现象作用下被物理吸附于固相颗粒表面及孔隙之中的水，可分为凝胶水和毛细水。凝胶水由于受凝胶表面强烈吸附而高度定向，属于不起化学反应的吸附水，脱水温度范围较大。毛细水结合力弱，脱水温度低，其数量随水灰比及毛细孔数量而变化较大。

（3）自由水 又称游离水，属于多余的蒸发水，它的存在使水泥浆体结构不致密，干燥后水泥石孔隙增多，强度下降。

为了研究工作的方便，通常人为地把水泥浆体中的水分为可蒸发水和非蒸发水。凡是经 105℃加热干燥或采用 D-干燥法（用干冰，-79℃）可以除去的水，称为可蒸发水。它主要是毛细孔水、自由水和凝胶水，还有水化硫铝酸钙和 C-S-H 凝胶中一部分结合不牢的结晶水。采用上述方法不能除去的水分称为非蒸发水，有人称为"结晶水"。实际上它不是真正的结晶水，仅仅是一个近似值。

在一般情况下，在饱和的水泥浆体中，非蒸发水约占干水泥质量的 18%；完全水化时，非蒸发水约占干水泥质量的 23%。由于非蒸发水量与水化产物的数量存在着一定的比例关系，因此，在不同龄期实测的非蒸发水量可以作为水泥水化程度的一个表征值。而蒸发水的体积可认为就是在硬化水泥浆体中所有孔隙体积的量度。其蒸发水含量越大，出现的孔隙也会越多。

思 考 题

1. 硅酸三钙的水化过程是如何进行的？有何特点？
2. 硅酸二钙与硅酸三钙的水化产物有何相同之处和不同之处？

3. 硅酸盐水泥的水化产物有哪些?

4. 影响硅酸盐水泥水化过程的因素有哪些?

5. 有哪些因素影响硅酸盐水泥的水化速度? 为什么?

6. 简述水泥石各主要水化产物的基本特征。

7. 在硬化水泥浆体中水是以哪几种形式存在的?

第 10 章　硅酸盐水泥的性能

硅酸盐水泥在现代建筑工程中主要用以配制砂浆和混凝土。作为大量应用的工程材料，其最重要的性质是强度和体积变化以及与环境相互作用的耐久性。为了便于施工，合理确定工艺参数，水泥拌水后的凝结时间也是一项相当重要的指标。对于大体积工程或者在特殊条件下施工时，水化热也是水泥的一个重要性能。由于耐久性质涉及的因素较多，范围较广，将在第 11 章另行讨论。

10.1　凝结时间

水泥浆体的凝结时间，对于建筑工程的施工具有十分重要的意义。水泥浆体的凝结可分为初凝和终凝。初凝表示水泥浆体失去流动性和部分可塑性，开始凝结。终凝则表示水泥浆体逐渐硬化，完全失去可塑性，并具有一定的机械强度，能抵抗一定的外来压力。从水泥加

水搅拌到水泥初凝所经历的时间称为"初凝时间"，到终凝所经历的时间称为"终凝时间"，如图 10-1 所示。初凝时间过短，往往来不及施工；反之，如果终凝时间太长，又会妨碍施工进度，造成实际工作中的困难。为此，各国的水泥标准中都规定了水泥的凝结时间。

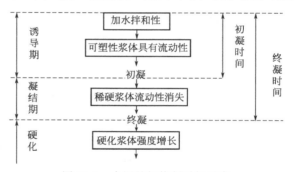

图 10-1　水泥的初终凝时间示意

10.1.1　凝结速率

水泥凝结时间的长短决定于其凝结速率的快慢，凡是影响水化速率的各种因素，基本上也同样影响水泥的凝结速率，如熟料矿物组成、水泥细度、水灰比、温度和外加剂等。但水化和凝结又有一定的差异。例如，水灰比越大，水化越快，凝结反而变慢。这是因为加水量过多，颗粒间距增大，水泥浆体结构不易紧密，网络结构难以形成的缘故。水泥的凝结速率既与熟料矿物水化难易程度有关，又与各矿物的含量程度有关。初凝时间既取决于铝酸三钙和铁相的水化，也与硅酸三钙的水化密切相关；而初凝到终凝的凝结阶段则主要受硅酸三钙水化的控制。

从矿物组成上看，鲍格等人认为，C_3A 的含量是控制初凝时间的决定因素。在 C_3A 含量较高或石膏等缓凝剂掺量过少时，硅酸盐水泥加水拌和后，C_3A 迅速反应，很快生成大量片状的水化铝酸钙，并相互连接形成松散的网状结构，出现不可逆的固化现象，称为"速凝"或"闪凝"。但如 C_3A 较少（≤2%），无法在溶液中达到要求的浓度或者掺加石膏等作为缓凝剂，降低了 C_3A 的溶解度，其水化产物不会很快析出，C_3A 就不再是控制凝结的主要组成。由于硅酸盐水泥在粉磨时通常都掺有适量石膏，因此其凝结时间在更大程度上受到 C_3S 水化速率的制约。当 C-S-H 凝胶包围在未水化颗粒的周围后，会阻止进一步的水化，产生自抑作用，从而保证凝结时间正常。

事实上，水泥的凝结速率还与熟料矿物的结构有关。实验证明，同一矿物组成的水泥，

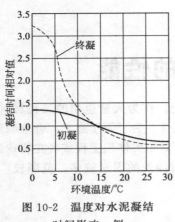

图 10-2　温度对水泥凝结
时间影响一例

煅烧制度的差别，可使熟料结构有所不同，凝结时间也会有相应变化。如急冷熟料凝结正常，而慢冷熟料常出现快凝现象。这是因为慢冷时 C_3A 能充分结晶，水化速率较快的缘故。急冷时，C_3A 固溶于致密的玻璃体中，水化较慢。此外，熟料中钾、钠等碱的含量也会对凝结时间产生影响，而且还与硫酸盐含量有关。

温度的变化也会影响水泥的凝结速率。温度升高，水化加快，凝结时间缩短，反之则凝结时间会延长，如图 10-2 所示。所以，在炎热季节及高温条件下施工时，需注意初凝时间的变化，在冬季或寒冷条件下施工时应注意采取适当的保温措施，以保证正常的凝结时间。

10.1.2　石膏的作用及掺量的确定

一般水泥熟料磨成细粉与水相遇很快就会凝结，无法施工。掺加适量石膏不仅可以调节凝结时间，同时还能提高早期强度，降低干缩变形，改善水泥耐蚀性、抗冻性、抗渗性等一系列性能。

10.1.2.1　石膏缓凝机理

至于石膏的缓凝机理，说法不一。一般认为 C_3A 在石膏、石灰的饱和溶液中生成钙矾石，这些棱柱状小晶体生长在颗粒表面上，成为一层薄膜，封闭水泥组分的表面，阻滞水分子以及离子的扩散，从而延缓了水泥颗粒特别是 C_3A 的继续水化。以后，随着扩散作用的进展，在 C_3A 表面又生成钙矾石，由于固相体积增加所产生的结晶压力达到一定数值时，就将钙矾石薄膜局部胀裂，使水化继续进行。接着新生成的钙矾石又将破裂处重新封闭，使水化延缓。如此反复进行，直至溶液中的 SO_4^{2-} 不足以形成钙矾石后，铝酸三钙则进一步生成单硫型水化硫铝酸钙、C_4AH_{13} 或其固溶体。因此，石膏的缓凝作用是在水泥颗粒表面形成钙矾石保护膜，阻碍水分移动的结果。

10.1.2.2　对石膏缓凝剂的要求

用作水泥缓凝剂的石膏主要有天然石膏和各种工业副产石膏。根据国家标准 GB 175—2007，用作水泥缓凝剂的天然石膏应符合 GB/T 5483 中规定的 G 类或 M 类二级（含）以上的石膏或混合石膏。按 GB/T 5483—2008《天然石膏》国家标准，石膏和混合石膏的定义如下。

石膏：在形式上主要以二水硫酸钙（$CaSO_4 \cdot 2H_2O$）存在的叫做石膏，代号 G。

混合石膏：在形式上主要以二水硫酸钙（$CaSO_4 \cdot 2H_2O$）和无水硫酸钙（$CaSO_4$）存在的，且无水硫酸钙（$CaSO_4$）的质量分数与二水硫酸钙（$CaSO_4 \cdot 2H_2O$）和无水硫酸钙（$CaSO_4$）的质量分数之和的比值小于 80％叫做混合石膏，代号 M。

石膏和混合石膏的品位按式(10-1)～式(10-3) 计算。

$$G_1 = 4.7785W \tag{10-1}$$

$$G_2 = 1.7005S + W \tag{10-2}$$

$$X_1 = 1.7005S - 4.7785W \tag{10-3}$$

式中　G_1——G 类产品的品位，％；

　　　G_2——M 类产品的品位，％；

　　　X_1——$CaSO_4$ 质量分数，％；

　　　W——结晶水质量分数，％；

S——SO_3 质量分数，%。

对于水泥缓凝剂用二级（含）以上的石膏或混合石膏，其品位不小于 75%，附着水含量不大于 4%。

根据 GB/T 21371—2008《用于水泥中的工业副产石膏》，工业副产石膏是指工业生产排出的以硫酸钙为主要成分的工业副产品的总称，包括磷石膏、钛石膏、氟石膏、盐石膏、柠檬石膏、硼石膏、脱硫石膏和模型石膏等。采用前应经过试验证明对水泥性能无害。

用于水泥缓凝剂工业副产石膏的硫酸钙含量（质量分数）≥75%，对水泥性能的影响应符合表 10-1 的规定。

表 10-1　工业副产石膏对水泥性能的影响

实验项目	性能比对指标（与对比水泥相比）
凝结时间	延长时间小于 2h
标准稠度用水量	绝对增加幅度小于 1%
沸煮安定性	结论不变
水泥胶砂流动度	相对降低幅度小于 5%
水泥胶砂抗压强度	3d 降低幅度不大于 5%，28d 降低幅度不大于 5%
钢筋锈蚀	结论不变
水泥与减水剂相容性	初始流动性降低幅度小于 10%，经时损失率绝对增加幅度小于 5%

注：对比水泥和试验用水泥的制备方法详见 GB/T 21371—2008。

10.1.2.3　石膏的掺量

石膏对水泥凝结时间的影响并不与掺入量成正比，带有突变性，如图 10-3 所示。由该图可知，当 SO_3 掺量小于 1.3% 时，石膏还不能阻止快凝；只有掺量进一步增加，石膏才有明显的缓凝作用。但在掺量超过 2.5% 后，凝结时间的增长很少。值得注意的是，如石膏掺量过多时，不但对缓凝作用帮助不大，而且还会在后期继续形成钙矾石，产生膨胀应力，降低浆体强度，发展严重还会造成安定性不良的后果。为此，国家标准限制了出厂水泥中 SO_3 的含量，其根据就是使水泥其他性能不会恶化的最大允许含量。实验表明，在熟料中 C_3A 或碱含量高的情况下，石膏掺量应适当增加。当水泥粉磨较细或混合材采用矿渣较多时，也要适当多加石膏。而熟料中 SO_3 含量较高时，则要相应减少石膏掺量。

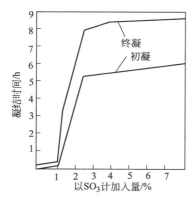

图 10-3　石膏对水泥凝结时间的影响

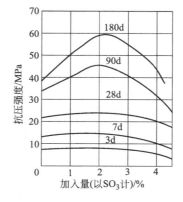

图 10-4　水泥抗压强度与 SO_3 总量的关系

在日常生产中，通常用同一熟料掺加各种含量的石膏，分别磨到同一细度，进行凝结时间、不同龄期的强度等性能试验。然后根据所得的强度和 SO_3 含量的关系曲线（图 10-4），结合各龄期情况综合考虑，选择在凝结时间正常时能达到最高强度的掺加量，即成为最佳石膏掺量。我国生产的普通水泥，其石膏掺量（以 SO_3 计）在 1.5%～2.5% 之间。

10.1.3　假凝现象

假凝是指水泥的一种不正常的早期固化或过早变硬现象。在水泥用水拌和的几分钟内，物料就显示凝结。假凝和快凝是不同的，前者放热量极微，而且经剧烈搅拌后，浆体又可恢复塑性，并达到正常凝结，对强度并无不利影响；而快凝或闪凝往往是由于缓凝不够所引起

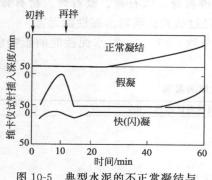

图 10-5　典型水泥的不正常凝结与
正常凝结的特征曲线

的，浆体已具有一定强度，再拌并不能使其再具塑性。如图 10-5 所示为这两种不正常凝结的典型特征曲线。由图可见，假凝浆体在再拌后，维卡仪试针插入深度的变化与正常凝结的大致相近，而快凝的水泥却几乎不变。因此，假凝的影响比快凝较为轻微，但仍会给施工带来一定困难。

假凝现象与很多因素有关，除熟料中 C_3A 含量偏高、石膏掺量较多等条件外，一般认为，主要还由于水泥在粉磨时受到高温，使较多的二水石膏脱水成半水石膏的缘故。当水泥调水后，半水石膏迅速溶于水，部分又重新水化为二水石膏析出，形成针状结晶网状构造，从而引起浆体固化。对于某些含碱较高的水泥，所含的硫酸钾会依下式反应：

$$K_2SO_4 + CaSO_4 \cdot 2H_2O \Longrightarrow K_2SO_4 \cdot CaSO_4 \cdot H_2O + H_2O$$

所生成的钾石膏结晶迅速长大，也会是造成假凝的原因。另外，即使在浆体内并不形成二水石膏等晶体连生的网状构造，有时也会产生不正常凝结现象。有的研究者认为，水泥颗粒各相的表面上，由于某些原因而带有相反的电荷，这种按其本质是触变性的假凝，则是这些表面间相互作用的结果。

实践表明，假凝现象在掺有混合材料的水泥中很少产生。实际生产时，为了防止所掺的二水石膏脱水，在水泥粉磨时常采用必要的降温措施。将水泥适当存放一段时间，或者在制备混凝土时延长搅拌时间等，也可以消除假凝现象的产生。

10.1.4　调凝外加剂

除石膏外，还有许多无机盐或有机化合物，能够影响硅酸盐水泥的凝结过程，它们均可作为调节凝结时间的外加剂。按照其所起的作用，通常有缓凝剂和促凝剂两种。由于在正常情况下，主要是 C_3S 影响着凝结，而 C_3A 则是引起不正常凝结的原因，因此，一般就将外加剂的作用归结于它们对 C_3S 和 C_3A 的影响。

（1）缓凝剂　可以应用的无机缓凝剂有：某些酸类如硼酸、磷酸、氢氟酸、铬酸以及相应的盐和氧化锌、氧化铅等氧化物。它们的作用机理在于在水泥熟料颗粒表面形成不溶性、难透水的产物，从而有效缓解了无水矿物的溶解。至于有机缓凝剂则有木质素磺酸盐、羟基羧酸、羧酸及其盐类、铵盐和胺酸、糖类及其氧化产物等。例如，属于羟基羟酸一类的酒石酸和柠檬酸能吸附到 C_3A 表面，使它们难以较快地生成钙矾石结晶，起到缓凝作用。又如木质素磺酸钙或木质素磺酸钠在掺入水泥后，即吸附到 C_3S、C_3A 等的表面，不但阻碍C-S-H的成核，而且还能使 $Ca(OH)_2$ 的结晶成长推迟。另外，由于这些表面活性物质吸附于水泥颗粒及其水化产物的表面上，形成带有电荷的亲水性薄膜，使扩散层水膜增厚，因此阻滞了水泥颗粒间的黏结以及水化产物的凝聚，从而达到延缓凝结的作用。

（2）促凝剂　可以应用的无机促凝剂有：氯盐、碳酸盐、硅酸盐、氟硅酸盐、铝酸盐、硼酸盐、硝酸盐、亚硝酸盐、硫代硫酸盐等或者氢氧化钠、氢氧化钾和氢氧化铵等。其中最

常用的是氯化钙，它有促进初凝和缩短初、终凝间隔的双重作用。

通常认为，虽然绝大部分无机电解质都有促进 C_3S 水化的作用，但其中尤以可溶性钙盐最为有效。其主要作用是能使液相提早达到必需的 $Ca(OH)_2$ 过饱和度，从而加快 $Ca(OH)_2$ 的结晶析出，缩短诱导期。另外，氯化钙的存在还会加速钙矾石的形成，或与 C_3A 生成水化氯铝酸盐，故还能促进水泥硬化，提高早期强度。又由于氯化钙能使水泥的水化热效应提早而且集中地放出，特别适用于冬季施工，其掺量一般为 $1.5\% \sim 2\%$，$2 \sim 3d$ 强度可提高 $40\% \sim 100\%$。在氯化钙的基础上，还发展出如氯化钙和硫酸钠、氯化钙和硫酸钙等复合外加剂。氯化钙的最大缺点是促使钢筋锈蚀，因此在有关规范中都作出了具体的使用规定。目前改善的方法是将氯化钙与亚硝酸钠等阻锈剂配合使用。

较为普通的有机促凝剂是三乙醇胺，其优点是不会导致钢筋锈蚀。它可单独使用，但更多的是作为复合外加剂中的一个促凝组分。其作用也是加速 C_3A 的水化以及钙矾石的形成，但会使 C_3S 水化延缓，所以在矿物组成不同的硅酸盐水泥中加入相同量的三乙醇胺时，会有相差很大的结果。常用的掺量一般为水泥质量的 $0.05\% \sim 0.5\%$。此外，尚有二乙醇胺、甲酸钠和糖蜜等也有类似三乙醇胺的作用。

值得注意的是，有些外加剂在掺量改变时会起相反作用，如缓凝剂，在一定掺量时缓凝，超量则凝结加速。还有，加有缓凝剂的水泥，凝结延迟，早期强度的发展变慢，而后期强度反而有所增加；而加有促凝剂的水泥，常兼有快硬早强的特性，但最终强度却又会低于正常硬化下的强度。用电子显微镜观测外加剂对水泥浆体结构的影响时，就可以看到缓凝剂使 C-S-H 凝胶生长成更长的纤维，从而提高了后期强度。促凝剂使水化加速，C-S-H 生长很快，因此大部分只能形成较短纤维，最终强度并不高。

10.2　硅酸盐水泥的强度

水泥的强度是评价水泥质量的重要指标，是划分强度等级的依据。通常按龄期将 28d 以前的强度称为早期强度；28d 及以后的强度称为后期强度。影响水泥浆体强度的因素相当复杂，涉及很多方面，而且有的具有相互依存的关系，概括起来有以下几个方面。

10.2.1　浆体组成与强度的关系

有关硬化水泥浆体强度的产生，一种代表性的说法是由于水化产物，特别是 C-S-H 凝胶具有巨大表面能所致。颗粒表面有从外界吸引其他离子以达到平衡的倾向，因此能够相互吸引，构成空间网架，从而具有强度，其本质属于范德华力。另一种看法认为，硬化浆体的强度可归结于晶体的连生，由化学键产生强度。实际上，可以认为在硬化水泥浆体中既有范德华力，又有化学键，两者对强度都有贡献。

也可以认为，硬化水泥浆体是由无数钙矾石的针状晶体和多种形貌的 C-S-H，再夹杂着六方板状的氢氧化钙和单硫型水化硫铝酸钙等晶体交织在一起而构成的，它们密集连生、交叉结合，又受到颗粒间的范德华力或化学键的影响，硬化水泥浆体就成为由无数晶体编织而成的"毛毡"而具有强度。由此可以推断，水化产物的形貌、表面结构以及生长的情况等，就成为使强度产生差异的一个原因。一般而言，容易相互交叉的纤维状、针状、棱柱状或六方板状等水化产物所构成的浆体强度较高，而立方体、近似球状的多面体等则强度较低。当水化产物或离子配位不规则，电荷分布有偏置时，结构不稳定，表面能大，相互间就会产生很大的结合力。另外，当生成的水化产物粒子形状和尺寸各异、大小不一时，较易嵌镶结合，将能发挥较高的强度。

因此，从浆体的组成看，C-S-H 在强度发展中起着主要作用。至于氢氧化钙晶体，有人认为尺寸太大，妨碍其他晶体的连生和结合，对强度不利。但也有人提出，它至少能起到填充作用，对强度仍然有一定帮助。而钙矾石和单硫型水化硫铝酸钙对强度的贡献则主要在早期，到后期的作用就不太明显。

10.2.2　熟料矿物组成的作用

熟料的物组成决定了水泥的水化速率、水化产物本身的强度、形状与尺寸，以及彼此构成网状结构时的各种键的比例，因此对水泥强度的增长起着最为重要的作用。表 10-2 给出布特等人测定各单矿物净浆抗压强度的一些数据。

表 10-2　单矿物净浆实体的抗压强度　　　　　　　　　　单位：MPa

矿物名称	7d	28d	180d	365d
C_3S	31.6	45.7	50.2	57.3
C_2S	2.35	4.12	18.9	31.9
C_3A	11.6	12.2	0	0
C_4AF	29.4	37.7	48.3	58.3

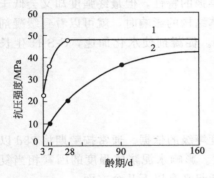

图 10-6　C_3S 和 C_2S 的相对含量
对水泥浆体强度的影响
1—$C_3S=65.7\%\sim71.3\%$，$C_2S=6.2\%\sim$
11.8%；2—$C_3S=26.0\%\sim31.0\%$，
$C_2S=47.1\%\sim59.7\%$

虽然水泥的强度不是单矿物的简单相加，但是，单矿物的含量仍是决定水泥强度的主要因素，并且 28d 强度基本依赖于 C_3S 的含量。图 10-6 示出了 C_3S 和 C_2S 的相对含量对泥浆体强度的影响。这两组水泥的 C_3S+C_2S 总量大致相同，C_3S 含量高的水泥，在 28d 时已经发挥出最高强度的绝大部分，以后的强度增长不大。而另一组 C_3S 含量低的水泥，虽然其强度增长速率开始时很慢，但能够持续发展，至 180d 时已与前者相差不大。因此，C_3S 含量不仅控制早期强度，而且对后期强度的增长也有关系。C_2S 的含量在早期一直到 28d 以前，对强度的影响不大，却是决定后期强度的主要因素。

至于 C_3A 对水泥强度的影响，研究者看法不一。从单矿物的强度发展考虑，C_3A 主要对早期强度有利，但是也有研究者认为它对 28d 强度仍有作用。不过，到后期作用逐渐减小，甚至 1～2 年后反而对强度有消极影响。有的实验表明，在 C_3A 含量较低时，水泥强度随 C_3A 含量的增加而提高，但是超过某一最佳含量后，强度反而降低；同时，龄期越短，C_3A 的最佳含量越高。

一般认为，C_4AF 不仅对早期强度有利，而且有助于后期强度的发展，由表 10-2 的数据可知，其 7d、28d 抗压强度远比 C_2S 和 C_3A 高，其一年强度甚至还能超过 C_3S。因此，C_4AF 也是一种水化活性较好的熟料矿物，但其凝胶性能否正常发挥，不仅取决于不同条件下形成的铁相固溶体的化学成分、晶体缺陷及原子团的配位状态等有关晶体结构的内在原因，而且也与水化环境、水化产物形态等因素有关。至于如何最有效地发挥铁相固溶体的强度，还需进一步研究。

作为调凝剂加入的石膏，也会影响硅酸盐的水化，特别是 C_3S 极早期的水化。而且 SO_4^{2-} 还能可能进入 C-S-H 凝胶。通常要从强度发展、凝结时间以及体积变化等多方面综合选定"最佳石膏掺量"。同时，"最佳石膏掺量"时的强度又依熟料中 C_3A/C_4AF 的比例而有所不同。在 C_3A 和 C_4AF 总量不变的条件下，C_4AF 含量越多，强度越大。

由于熟料中存在的碱会使 C_3S、C_3A 等的水化速率加快，所以含碱水泥的早期强度提高，但 28d 及以后的强度则会降低。此外，熟料中如含有适量的 P_2O_5、Cr_2O_3（0.2%～0.5%）或者 BaO、TiO_2、Mn_2O_3（0.5%～2.0%）等氧化物，并以固溶体的形式存在，都能促进水泥的水化，提高早期强度。还要提出的是，熟料煅烧时的气氛也会以影响强度。还原气氛会使 C_3S 和 C_4AF 的晶体严重变形甚至部分破坏，其活性比氧化气氛中烧成的要低。烧成后熟料的冷却速率对水泥强度也有一定的影响。

10.2.3　水灰比和水化程度对强度的影响

在熟料矿物组成大致相同的条件下，水泥浆体的强度随水灰比的提高、水化程度的降低而相应下降。这是因为水灰比越大，超过水泥浆充分水化所需的水量越多，浆体内产生的毛细孔隙越多；另外，随着水化程度的提高，胶凝体积不断增加，毛细孔隙相应减少。研究还表明，水泥浆强度与水灰比之间存在很好的线性义系，并可采用下式表示。

$$\lg S = A - B\left(\frac{W}{C}\right) \tag{10-4}$$

式中　S——水泥浆的强度；

　　A，B——比例系数；

　　　W——水的重量；

　　　C——水泥的重量。

10.2.4　温度和压力效应

在水泥水化过程中，提高养护温度，可以使早期强度得到较快发展，但后期强度，特别是抗折强度反而会降低（图 10-7）；相反，在较低温度下养护时，虽然硬化速率较慢，但可能获得较高的最终强度。同时，低温虽然延缓了结硬过程，但当养护温度恢复正常后，强度即能很好增长。而且即使处于 -12℃ 左右的低温，硬化也未完全停止，强度仍有继续发展的趋势。

提高养护温度对最终强度的有害影响，一般认为是由多种因素引起的。洛赫尔认为，温度升高，早期会增加水化产物的比例，并促进 C-S-H 纤维的生长；后期则会阻碍纤维生长，使 C-S-H 纤维的生长变短，因而空间网架结构较差。在低温度下长期水化则可提供较多的长纤维。维尔巴克等认为，高温下形成的凝胶等水化产物分布不均，是造成强度降低的原因。还有一些研究者认为，浆体内各组分热膨胀系数的差别是损害浆体结构的主要原因。空气特别是饱和空气在

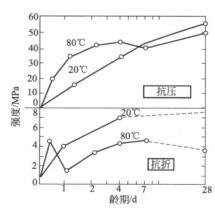

图 10-7　养护温度对水泥浆体
强度增长的影响

受热时会剧烈膨胀，产生巨大内应力，使浆体联结力减弱，孔隙率增加，甚至产生微裂缝，使其对裂缝最为敏感的抗折强度显著下降。虽然诸说不一，但很可能是各种因素综合作用的结果。

另外，浆体本身结构越弱，上述的有害作用就越明显。如果在拌水成形后，立即经受较高温度，对强度的危害将更为严重。所以，在进行蒸气养护之前，应先在常温下"静停"数

小时，可以使温度的不利影响有所减轻。应当注意的是，在提高养护温度的同时，必须使浆体保持润湿，否则水化将可能停止。

当将养护温度提高到100℃以上时，即利用高压釜中的高温高压进行蒸压处理，水泥浆体早期强度虽有较大提高，但高温对最终强度的有害作用比100℃以下时要严重得多。这是由于在蒸压时水化产物的化学组成和物理性质都发生了变化，同时增大了浆体的孔隙率。为防止强度下降，一般在浆体蒸压时掺加适量硅质材料，如细石英砂或粉煤灰等。

在尽量减少水灰比的条件下，应用粉末冶金的成形方法，提高成形压力，使固相颗粒在水化前即能紧密接触，同样可提高水泥的强度。

10.2.5　水泥细度的影响

水泥细度对强度和强度增长速率也有着十分重要的影响。水泥越细，颗粒分布范围越窄越均匀，其水化速率越快，而且水化更为完全，水泥的强度，尤其是早期强度越高。适当增大水泥细度，还能改善浆体泌水性、和易性和黏结力等。而粗颗粒水泥只能在表面水化，未水化部分只起填充料作用。但是水泥越细，标准稠度需水量越大，增大了硬化浆体结构的孔隙率，从而引起强度下降。因此，水泥细度只有在一定范围内强度才能提高。

10.3　体积变化

硬化水泥浆体的体积变化是一项非常重要的性能指标。如果生产的水泥在硬化过程中产生显著而不均匀的体积变化，安定性不良，就不得出厂。另外，由于水化前后总体积的变化、湿度和温度影响以及大气作用等各种原因，硬化浆体必然有一定的体积变化，如化学减缩、湿胀干缩和碳化收缩等。这些变化虽然在数量级上远远小于上述的安定性问题，但也会在不同程度上影响到其他的物理、力学及耐久性能。特别要重视的是体积变化的均匀性，如果体积变化很不均匀，影响将更为严重。

10.3.1　体积安定性

水泥在调水和凝结以后，必须不产生任何显著的体积变化。体积安定性不良的水泥，在凝结硬化过程中会产生不均匀的膨胀，从而导致硬化浆体的开裂；用其修建的建筑物在经过几个月或者几年以后就有损坏的危险。因此，安定性不良的水泥不得随便使用。

水泥的安定性不良，是由于其中某些组分缓慢水化、产生膨胀的缘故。在熟料的矿物组成中，已经知道游离氧化钙和方镁石结晶过多是导致安定性不良的主要原因。此外，所掺石膏超量，也是一个不容易忽视的因素。

游离氧化钙所产生的危害与水泥的细度也有关系，水泥粉磨越细，游离氧化钙水化越快，影响就相应减小。还要注意的是，在粉磨过程中，部分游离氧化钙可能已水化成氢氧化钙，因而化学分析结果就不足以成为衡量安定性是否良好的唯一依据。我国的国家标准规定用蒸煮试饼法进行测试，即将浆体制成规定尺寸的试饼，经3.5h煮沸后，不应有弯曲、开裂、溃散等明显变形产生。方镁石晶体在常温下水化极慢，故要经过较长时间才会显露其危害性。我国国家标准中将5%作为水泥中氧化镁的限量。当氧化镁含量接近上限或有需要作必要的补充保证实验时，可采用压蒸法做进一步检测。按我国标准，即在216℃和20atm（1atm=101325Pa）下压蒸3h，试体膨胀率不应超过0.5%。另外，经压蒸实验合格的水泥，其氧化镁含量还可允许放宽到6.0%。

作为调凝剂加入的石膏，如果掺量过多，在水泥凝结硬化以后继续形成水化硫铝酸盐，就会产生膨胀。因此，石膏的最大限量与水泥在凝结或硬化初期能化合的石膏量有关。标准中规定有水泥中 SO_3 含量的上限。有时还可采用冷饼实验，将试饼置于潮湿环境或浸入水中经过 28d 或更长时间观察有无明显变形作为参考。不易采用热饼实验的煮沸法，因为在温度提高时，氢氧化钙和硫酸钙的溶解度降低，反而使膨胀作用缓解。

10.3.2　化学减缩

水泥在水化硬化过程中，无水的熟料矿物转变为水化产物，固相体积逐渐增加，而水泥浆体的总体积却在不断缩小。由于这种体积减缩是化学反应所致，故称化学减缩。以 C_3S 的水化反应为例：

$$2(3CaO \cdot SiO_2) + 6H_2O \Longrightarrow 3CaO \cdot 2SiO_2 \cdot 3H_2O + 3Ca(OH)_2$$

密度/(g/cm³)	3.14	1.00	2.44	2.23
摩尔质量/(g/mol)	228.23	18.02	342.48	74.10
摩尔体积/(cm³/mol)	72.71	18.02	140.40	33.23
体系中所占体积/cm³	145.42	108.12	140.40	99.69

由此可见，反应前体系总体积为 253.54cm³，而反应后则为 240.09cm³，体积减缩为 13.45cm³，故化学减缩占体系原有绝对体积的 5.3%，而固相体积却增加了 65.1%。其他熟料矿物水化时，也有不同程度的化学减缩。水泥水化后固相体积总是大大增加，即填充原来体系中水所占据的部位，但整个体系产生减缩。因此在空气中硬化时，既会引起外表体积的收缩，又要在体系内生成气孔；而在水中养护时，将从外界吸收水分。由于化学减缩是水泥水化反应的结果，所以可间接地说明水泥的水化速率和水化程度。

试验结果表明，无论就绝对数值还是相对速率而言，水泥熟料中各单矿物的减缩作用大小顺序均为：$C_3A > C_4AF > C_3S > C_2S$。所以减缩量的大小，常与 C_3A 的含量成线性关系。根据一般的硅酸盐水泥的矿物组成进行研究发现，每 100g 水泥水化的减缩量为 7~9mL。若每立方米混凝土用水泥 300kg，则减缩量将达到 (21~27)×10³mL/cm³。由此可见，化学减缩作用带来的孔隙数量也是相当大的。不过，随着水化作用的进展，化学减缩虽在相应增加，但固相体积有较快增长，所以整个体系的总孔隙率仍能不断减少。

10.3.3　湿胀干缩

硬化水泥浆体的体积随其含水量而变化。干燥使体积收缩，潮湿时则会发生膨胀。干缩和湿胀大部分是可逆的，在第一次干燥收缩后，再行受湿即能部分恢复，故干湿循环可导致反复胀缩，但还遗留下部分不可逆收缩，如图 10-8 所示。干燥与失水有关，但两者没有线性关系。

浆体失水时，首先是毛细孔中的水蒸发。当相对湿度为 100% 时，所有毛细孔都可被水所充满。在相对湿度持续降低时，水就开始蒸发。由于毛细孔中的水呈凹液面，其曲率半径随蒸发的进展而减小，从而使毛细孔水在液面下所受到的张力增加。因此，毛细孔周围的固相就必须承受相应的压缩应力以取得平衡。所以，毛细孔内凹液面的形成及其曲率半径的减小，可以认为是使固相体积产生压缩弹性变形，引起干缩的一个主要原因。

同时，水泥凝胶具有巨大的比表面积，胶粒表面上由于分子排列不规整，具有较高的表面能，表面上所受到的张力极大，其作

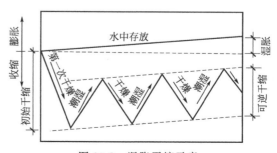

图 10-8　湿胀干缩示意

用有如弹簧薄膜，使胶粒受到相当大的压缩应力。因此，受湿时由于水分子的吸附，胶粒的表面张力降低，相应所承受的压缩应力减小，体积就增大；而干燥时相反。因此可将部分的湿胀干缩归结于胶粒表面能或者表面张力的变化。

另外，在一定的温度下，随着相对湿度的提高，胶粒表面的吸附水层不断增厚，其最大厚度据测定大致相当于 5 层水分子，为 1.3nm 左右。但部分胶粒之间的距离可能太近，如小于 2.6nm，则会有吸附受阻区存在。在这个区域内，吸附水层未能充分发展，有吸附作用所诱发的"拆散压力"或"膨胀压力"，趋向于将靠得太近的胶粒推开，从而造成膨胀；反之，当相对湿度降低时，拆散压力减小，胶粒依靠范德华力而靠拢，结果产生收缩。

至于 C-S-H 凝胶中所含层间水的变化，也会引起层间距离的变化，同样是引起湿胀干缩的一个原因。水化硫铝酸钙和水化铝酸钙等也有类似性质。

以上从不同角度对湿胀干缩所作出的解释，特别是各种机理的主次问题，至今仍有争议。

在水泥熟料矿物组成中，C_3S 和 C_2S 对膨胀的影响基本相同，都比铁铝酸盐相略大，但较铝酸三钙小得多。有关研究提出，浆体的干缩值主要由 C_3A 的含量决定的，并随 C_3A 含量的增加而提高，其他组成的作用比较次要，如图 10-9 所示。而在 C_3A 含量相同时，石膏掺量就成了决定胀缩的主要因素。所以石膏的最佳掺量，除要使水泥获得合适的凝结时间和最高强度之外，还应达到干缩值最低的要求。

如图 10-10 所示为水灰比对水泥浆体干缩的影响。可见，早期的干缩发展很快，但水灰比对其影响不大，一直到 28d 后，干缩才随水灰比减小而明显降低；而且水灰比低的浆体，干缩停止较早。例如，对水灰比为 0.26 的浆体，在 90d 时干缩已经基本停止，而其他三种浆体直到 365d 仍有一定的发展趋势。因此，在实际生产中，应适当降低水灰比，并加强养护，以减少干缩。

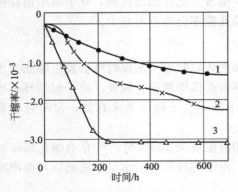
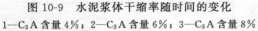
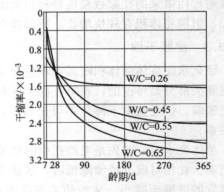

图 10-9　水泥浆体干缩率随时间的变化　　　　图 10-10　水灰比对水泥浆体干缩的影响
1—C_3A 含量 4%；2—C_3A 含量 6%；3—C_3A 含量 8%

水养护后的浆体在相对湿度为 50% 的空气中干燥时，其线收缩率为 $(2000\sim3000)\times10^{-6}$，完全干燥时为 $(5000\sim6000)\times10^{-6}$。混凝土中由于集料的限制作用，干缩要小得多，完全干燥时的收缩量仅为 $(600\sim900)\times10^{-6}$。据有关统计，在所有危害建筑物耐久性或有损外观的裂缝中，有干缩产生的只占 10% 左右。但在实践中仍需注意水泥不应磨得过细，还要妥善选择石膏掺量，适当控制水灰比，并加强养护，以有利于减少干缩。

10.3.4　碳化收缩

空气中通常含有 0.03% 的二氧化碳，在有水汽存在的条件下，会和水泥浆体中的氢氧化钙作用，生成碳酸钙和水。而其他水化产物也要与二氧化碳反应，例如：

$$3CaO \cdot 2SiO_2 \cdot 3H_2O + CO_2 \Longrightarrow CaCO_3 + 2(CaO \cdot SiO_2 \cdot H_2O) + H_2O$$
$$CaO \cdot SiO_2 \cdot H_2O + CO_2 \Longrightarrow CaCO_3 + SiO_2 \cdot H_2O$$

在上述反应的同时，硬化浆体的体积减小，出现不可逆的碳化收缩。如图 10-11 所示为不同相对湿度下水泥砂浆的碳化收缩。由图可见，碳化收缩值相当可观，并以浆体的相对湿度而定。对于先干燥再碳化的浆体，在环境相对湿度为 50% 时碳化收缩最大；而干燥与碳化同时进行的，则在相对湿度为 25% 左右具有最大的碳化收缩值。

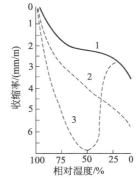

图 10-11　不同相对湿度下
水泥砂浆的碳化收缩
1—在无 CO_2 的空气中干燥；
2—干燥与碳化同时进行；
3—先干燥再碳化

有关产生碳化收缩的机理尚未完全清楚，可能是由于水化产物被碳化，引起浆体结构的解体所致。一般认为，在相对湿度较低的情况下，浆体内含水量低，使溶解的 CO_2 量受到限制，从而减弱了碳化反应。另外，在含水较多时，又有碍于 CO_2 的扩散。所以碳化反应在一定湿度范围内进行得最快，否则反应较慢。实际上，当相对湿度在 25% 以下或者接近 100% 时，水泥浆体都不易产生碳化。因此，在一般的大气中，实际的碳化速率很慢，而且仅限于表面进行，大约在 1 年后才会在硬化水泥浆体表面产生微裂缝，只影响其外观质量，对强度并没有不利影响。

综上所述，引起硬化水泥浆体体积变化的因素是多方面的。从外观体积看，一般服从简单的规律：湿胀干缩。至于固相体积，则在硬化过程中总会不断增加，水化产物的体积比水化前的无水矿物大得多。但水泥-水体系的绝对体积是不断减小的，产生化学收缩。而碳化收缩一般仅限于表面，还与空气中的湿度情况有很大关系。另外，在游离氧化钙、方镁石的水化或者钙矾石的形成过程中，固相体积增加很多。在数量级上远远大于上述的各种体积变化。在生产应用中，不论是膨胀还是收缩，最重要的是体积变化的均匀性。如果水化形成的固相发生局部的不均匀膨胀，则会引起硬化浆体结构破坏，造成安定性不良。但如控制得当，所增加的固相体积恰能使水泥浆体产生均匀的膨胀，反而有利于水泥石结构变得更加致密，提高其强度，相应改善抗冻、抗渗等性能；甚至还可利用其作为膨胀组分，成为配制各种膨胀水泥的基础。

10.4　水化热

水泥的水化热是由各种熟料矿物与水作用时产生。在冬季施工中，水化放热能提高水泥浆体的温度，有利于水泥正常凝结，不致因环境温度过低而使水化太慢，影响施工进度。但在大体积混凝土工程中，水化放出的热量聚集在混凝土内部不易散失，使其内部温度升高，导致混凝土结构内外温差过大，就会产生较大应力而形成裂缝。所以，对于大体积混凝土工程，水化热是一个重要的使用性能。

水泥水化放热的周期很长，但大部分热量是在 3d 以内，特别是在水泥浆发生凝结、硬化的初期放出，这与水泥水化的加速期基本一致。水化热的大小与放热速率取决于水泥的矿物组成。由于实验条件不同，各方面对熟料矿物水化放热量的测定结果有一定出入，但总的规律基本一致：C_3A 的水化热和放热速率最大，C_4AF 与 C_3S 次之，C_2S 的水化热最小，放热速率也最慢。在实践中，适当掺入外加剂与调整熟料的矿物组成，就可能使水化放热速率和水化热有所改变。例如要降低水泥的水化热，应该增加熟料中 C_2S 和 C_4AF 的含量，相应降低 C_3A 和 C_3S 的含量，这是生产中配制低热水泥的基本措施（图 10-12 和图 10-13）。

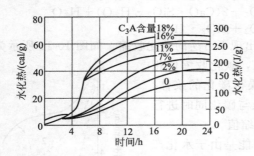

图 10-12　C_3A 含量对水泥水化热的影响

（C_3S 含量基本相同）

1cal≈4.18J

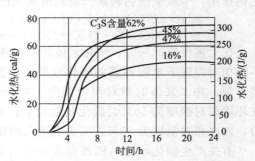

图 10-13　C_3S 含量对水泥水化热的影响

（C_3A 含量基本相同）

1cal≈4.18J

硅酸盐水泥的水化热基本上具有加和性，可以通过下式进行计算：

$$Q_H = a(C_3S) + b(C_2S) + c(C_3A) + d(C_4AF)$$

式中　　　　　　　　Q_H——水泥的水化热；

a,b,c,d——各熟料矿物单独水化时的水化热；

C_3S,C_2S,C_3A,C_4AF——各熟料矿物的含量，%。

例如：

$$Q_{3d} = 240(C_3S) + 50(C_2S) + 880(C_3A) + 290(C_4AF)$$

$$Q_{28d} = 377(C_3S) + 105(C_2S) + 1378(C_3A) + 494(C_4AF)$$

影响水化热的因素有很多，除了熟料矿物组成及其固溶情况以外，还有熟料的煅烧与冷却条件、水泥的粉磨细度、水灰比、养护温度、水泥储存时间等。例如，熟料冷却速率快，玻璃体含量多，则 3d、28d 水化热较大。水泥的细度对水化热总量虽无影响，但粉磨较细时，早期放热速率显著提高。总之，凡能加速水化的各种因素，均能相应提高水化放热速率。因此，单按熟料矿物含量通过上式计算，仅能对水化热作出大致估计，准确数值尚需根据实际测定。

10.5　粉磨细度

水泥细度与其凝结时间、强度、干缩以及水化放热速率等密切相关，必须控制在合适的范围内。水泥厂一般采用筛余百分数和比表面积来衡量水泥的细度。通常水泥细度越细，水化速率越快，越易水化完全，对水泥胶凝性质的有效利用率就越高；水泥的强度，特别是早期强度也越高，而且还能改善水泥的泌水性、和易性和黏结力等。粗颗粒只能在其表面水化，未水化部分只起填料作用。

一般试验条件下，水泥颗粒大小与水化的关系是：0～10μm，水化最快；3～30μm，水泥活性主要部分；>60μm，水化缓慢；>90μm，表面水化，只起微集料作用。

然而，水泥越细，标准稠度需水量就越大（水泥颗粒需要较多水分覆盖），这会使硬化水泥浆体因水分过多而引起孔隙率增加而降低强度；当这种损失超过水泥因有效利用率提高而增加的强度时，则水泥强度将下降。

由于熟料中不同矿物的易磨性不同，所以它们在水泥颗粒中的分布也不同。根据测定结果，C_3S 在细颗粒中含量较高；C_2S 在粗颗粒中含量较高。C_3A 和 C_4AF 在各种大小颗粒中分布则大致相同。

研究表明，在比表面积相同的情况下，水泥颗粒分布范围越窄，水泥强度会有一定提高。这主要是因为窄级配的水泥水化较快，形成的水化产物有所增多。不过，水泥标准稠度需水量会有所增大；而且，有实验表明，如果细颗粒如 $3\mu m$ 以下颗粒太少时，对水化过程的进展反而不利。

最后要指出的是，在提高水泥粉磨细度的同时，磨机产量要下降，电耗和磨耗也相应增加。而且，随着水泥比表面积的提高，干缩和水化放热速率变大，水泥在储存时越易受潮。综上所述，水泥细度必须合适。通常，硅酸盐水泥的比表面积大约为 $300\sim360m^2/kg$。

10.6　其他性能

10.6.1　密度

水泥在绝对紧密（没有空隙）状态下，单位容积所具有的质量称为水泥密度，以 kg/m^3 表示。水泥品种不同，其密度也不同。水泥的密度，对于某些特殊工程如防护原子能辐射、油井堵塞工程等，是重要的建筑性质之一，因为这些工程希望水泥生成致密的水泥石，故要求水泥的密度大一些。影响水泥密度的因素主要有熟料矿物组成、熟料的煅烧程度、水泥的储存时间和条件，以及混合材料掺量和种类等。熟料中 C_4AF 含量增加，水泥密度提高；生烧熟料密度小，过烧熟料密度大。经过长期存放，水泥密度会有所下降。

10.6.2　需水性

在用水泥制备净浆、砂浆或者拌制混凝土时，拌合用水往往比水泥水化所需水量多 $1\sim2$ 倍，其主要目的是使净浆、砂浆和混凝土具有一定的流动性，以便于施工。在水泥凝结硬化过程中，大部分多余的水分会蒸发掉，并在水泥浆体或混凝土内部留下气孔，而这些气孔的存在会降低水泥浆体或混凝土的强度。显然，当保持流动性相同时，需水性较小的水泥可蒸发水量少，水泥浆体或混凝土中的气孔就少，因而质量就较高。稠度和流动度是表示水泥需水性大小的参数，前者用于水泥净浆，后者用于水泥砂浆和混凝土。影响水泥需水性的因素很多，其中最主要的是粉磨细度、颗粒形状、颗粒级配、矿物组成、混合材料的种类和掺量等。熟料矿物铝酸三钙的需水量较大，游离氧化钙含量及碱含量高，均使需水性增大。水泥颗粒球形度越差，细度越细，需水性也增大。所使用的水泥混合材料，如果含有较大孔隙，会使水泥需水性显著增大。砂浆需水性大小与水泥净浆需水性大小有关，但两者关系并不完全一致。

10.6.3　泌水性和保水性

水泥的泌水性，又称析水性，系指水泥浆所含水分从浆体中析出的难易程度。而保水性是指水泥浆在静止条件下保持水分的能力。如上所述，在制备水泥混凝土时，拌合用水比水泥水化所需水量多。因而，在使用泌水性过大的水泥时，不但使混凝土拌合物在输送、浇捣过程中因泌出较多水分，和易性过快降低；而且在浇捣成型后凝结之前，多余水分还会从浆体析出，上升到新浇混凝土的表面或滞留于粗集料的下方。前者使混凝土产生分层现象，在混凝土结构中出现一些水灰比极大、强度差的薄弱层，破坏了混凝土的均一性。后者则使水泥浆体和集料、钢筋之间不能牢固粘结，形成较大孔隙。所以，采用泌水性大的水泥所配制混凝土的整体强度较低。

提高水泥粉磨细度，可使水泥颗粒更均匀地分散在浆体中，减弱其沉淀作用；另一方面可加速形成浆体的凝聚结构，从而降低泌水性。但又不能粉磨过细，否则会增加用水量，导致一系列性能变坏的不良后果。在水泥中掺入火山灰质混合材料，如硅藻土、膨润土或者微晶填料如磨细的石灰石、白云石粉等，尽管使水泥的需水量增大，但泌水量与泌水速率均可减少。某些初凝时间较短的水泥，由于形成凝聚结构的时间缩短，泌水现象明显减轻。

思 考 题

1. 为什么要控制水泥的凝结时间？影响凝结时间的因素有哪些？
2. 水泥的凝结时间主要由哪些矿物控制？为什么？
3. 简述石膏的作用及其缓凝机理？
4. 确定石膏掺入量时要考虑哪些因素？
5. 水泥的假凝现象是怎样产生的？如何避免？
6. 影响水泥强度的因素有哪些？
7. 影响水泥安定性的因素有哪些？
8. 什么是水泥浆体的化学减缩、湿胀干缩和碳化收缩？
9. 影响水泥水化放热速率的主要因素有哪些？

第 11 章　硅酸盐水泥的耐久性

硅酸盐水泥硬化后，在通常的使用条件下一般可以有较好的耐久性。有些 $100\sim150$ 年以前建造的水泥混凝土建筑至今仍无丝毫损坏迹象。部分长龄期试验的结果表明，$30\sim50$ 年后抗压强度比 28d 时会提高 30% 左右，有的达到 1 倍以上。但是，也有不少失败的工程，早到 $3\sim5$ 年就会有早期损坏甚至彻底破坏的危险。

影响耐久性的因素虽然很多，但抗渗性、抗冻性以及对环境介质的抗蚀性是衡量硅酸盐水泥耐久性的三个主要方面。另外，在某些特定场合，碱集料反应也可能是工程过早失效的一个重要因素。

11.1　抗渗性

由于绝大多数有害的流动水、溶液、气体等介质，无不是从水泥浆体或混凝土中的孔缝渗入的，而抗渗性就是抵抗各种有害介质进入内部的能力，所以提高抗渗性是改善耐久性的一个有效途径。另外，水工构筑物以及储油罐、压力管、蓄水塔等工程对抗渗性更有一定的使用要求。当水进入硬化水泥浆体一类的多孔材料时，开始渗入速率取决于水压以及毛细管力的大小。待硬化浆体达到水饱和，使毛细管力不再存在以后，就达到一个稳定流动的状态，其渗水速率可用下列公式表示。

$$\frac{\mathrm{d}q}{\mathrm{d}t}=KA\,\frac{\Delta h}{L} \tag{11-1}$$

式中　$\dfrac{\mathrm{d}q}{\mathrm{d}t}$——渗水速率，$\mathrm{mm^3/s}$；

　　　A——试件的横截面积，$\mathrm{mm^3}$；

　　　L——试件的厚度，mm；

　　　K——渗透系数，$\mathrm{mm/s}$。

由上式可知，当试件尺寸和两侧的压力差一定时，常用渗透系数 K 表示抗渗性的高低。而渗透系数 K 又可用下式表示：

$$K=C\,\frac{\varepsilon r^2}{\eta} \tag{11-2}$$

式中　ε——总孔隙率；

　　　r——孔的水力半径（孔隙体积/孔隙表面积）；

　　　η——流体的黏度；

　　　C——常数。

可见，渗透系数 K 正比于孔隙半径的平方，与总孔隙率却只有一次方的正比关系，因而孔径的尺寸对抗渗性有着更为重要的影响。经验表明，当管径小于 $1\mu\mathrm{m}$ 时，所有的水都吸附于管壁或作定向排列，很难流动。至于水泥凝胶则由于胶孔尺寸更小，据鲍维斯的测定结果，其渗透系数仅为 $7\times10^{-16}\mathrm{m/s}$。因此，凝胶孔的多少对抗渗性实际上几乎无影响。渗透系数主要取决于毛细孔率的大小，从而使水灰比成为控制抗渗性的一个主要因素，如图 11-1 所示。

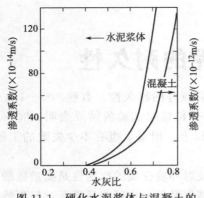

图 11-1　硬化水泥浆体与混凝土的
渗透系数和水灰比的关系

从图 11-1 可知，渗透系数随水灰比的增加而提高，例如水灰比为 0.7 的硬化浆体，其渗透系数要超过水灰比 0.4 的几十倍。这主要是因为孔系统的连通情况有所改变的缘故。在水灰比较低的场合，毛细孔常被水泥凝胶所堵隔，不易连通，渗透系数在相当程度上受到凝胶的影响，所以水灰比的改变不致引起渗透系数较大的变化；但当水灰比较大时，不仅使总孔隙率提高，并使毛细孔径增大，而且基本连通，渗透系数就会显著提高。因此可以认为，毛细孔，特别是连通的毛细孔对抗渗性极为不利。当绝大部分毛细孔均较细小且不连通时，水泥浆体的渗透系数一般可低至 10^{-12}cm/s 数量级。

但如果硬化龄期较短，水化程度不够，渗透系数会明显变大。随着水化产物的增多，毛细管系统变得更加细小曲折，直至完全堵隔，互不连通。因此，渗透系数随龄期而变小，见表 11-1。而实际上要达到毛细孔互不连通所需时间又依水灰比而变。据有关试验，在湿养护的条件下，水灰比为 0.40 时仅需 3d；为 0.50 时需 28d；为 0.60 时需要半年；为 0.70 时则长达 1 年左右。当水灰比超过 0.70 以后，即使完全水化，毛细孔也不能为水化产物所堵塞，即使龄期很长，抗渗性仍然较低。

表 11-1　硬化水泥浆体的渗透系数与龄期的关系（水灰比为 0.51）

龄期/d	新拌	1	3	7	14	28	100	240
渗透系数/(m/s)	10^{-5}	10^{-8}	10^{-9}	10^{-10}	10^{-12}	10^{-13}	10^{-16}	10^{-18}
附注	与水灰比无关	毛细孔相互连通					毛细孔互不连通	

梅塔进一步用试验论证了孔径分布对抗渗性的重要影响。无论水灰比或水化龄期如何，抗渗性主要取决于大的毛细孔，特别是直径超过 132nm 的孔的数量。实验结果表明，当水灰比提高时，孔隙率增大主要是由于这部分大毛细孔增多的缘故。随着养护龄期的增长，在早期主要是这些较大的孔被水化产物所填充，一直到后期才使小孔均匀地变细。因此认为，单单用总的孔隙率或者毛细孔率的大小来衡量浆体的抗渗能力有相当大的局限性。由于大于 132nm 的孔对于渗透性的影响远远比小孔要大得多，因而提出以大于 132nm 孔的体积与总孔隙率的比值，作为衡量抗渗性的主要指标。该项比值增加，渗透系数以对数增加，两者有较好的相关性。如再将水化程度、最大孔径等参数一并考虑，经多元回归所得的关系式可有相当高的精确度。而纽美等则提出应该特别注意浆体内最大的连通孔尺寸，其大小与抗渗性有着较好的线性关系。

因此，除降低水灰比外，还可以改变孔级配，变大孔为小孔以及尽量减小连通孔等途径来提高抗渗性，达到改善耐久性的目的。值得注意的是，在实验室条件下，虽然能够制得抗渗性很好的硬化浆体，但实际使用的砂浆、混凝土，其渗透系数要大得多（图 11-1）。这是因为砂、石等集料与水泥浆体的界面上存在着过渡的多孔区。集料越粗，影响越大。如果浆体先经干燥然后受湿，渗透系数要增加，这可能是由于干缩时孔径分部改变，部分毛细孔又恢复连通的缘故。特别是集料界面上的开裂对混凝土的影响更为明显。另外，混凝土捣实不良或者泌水过度所造成的通路，都会降低抗渗性。蒸汽养护也会使抗渗性变差。所以，混凝土的抗渗性仍然是一个更值得重视的问题。

11.2　抗冻性

在寒冷的地区使用水泥时，其耐久性在很大程度上取决于抵抗冻融循环的能力。虽然干湿交替也会引起膨胀，剧烈的温度变化同样有害，但冰冻的危害性通常更为严重。据研究，我国北方各港口混凝土破坏的主要原因之一，就是由于冻融交替和冰凌、海浪的冲击所导致。

水在结冰时，体积约增加 9%，因此硬化水泥浆体中的水结冰时会使毛细孔壁承受一定的膨胀应力；如其超过浆体结构的抗拉强度时，就会引起微细裂缝等不可逆的结构变化，从而在冰融化后不能完全复原，所产生的膨胀仍有部分残留。再次冻融时，原先形成的裂缝又由于结冰而扩大，如此经反复的冻融循环，裂缝越来越大，最后导致更为严重的破坏。因此，水泥的抗冻性一般是以试块能经受 $-15℃$ 和 $20℃$ 的冻融循环而抗压强度损失率小于 25% 时的最高冻融循环次数来表示的，如 200 次或 300 次冻融循环等。次数越多说明抗冻性越好。

硬化水泥浆体中的结合水是不会结冰的，凝胶水由于凝胶孔极小，只能在极低温度（如 $-78℃$）下才能结冰。因此在一般自然条件的低温下，只有毛细孔内的水和自由水才会结冰，而毛细孔内的水由于溶有 $Ca(OH)_2$ 和碱类的盐溶液，故冰点至少在 $-1℃$ 以下。同时，毛细孔中的水还受到表面张力作用，毛细孔越细，冰点越低。如 10nm 孔径中的水到 $-5℃$ 时结冰，而 3.5nm 孔径的冰点在 $-20℃$。所以，当温度下降到冰点以下，首先是从表面到内部自由水以及粗毛细孔的水开始结冰，然后随温度下降才是较细以至更细的毛细孔中的水结冰。

有关结冰时的破坏机理已经进行了不少研究，主要有静水压理论和渗透压理论。根据静水压理论，在毛细孔内结冰并不直接使浆体破坏，而是由于水结冰体积增加时，未冻水被迫向外流动，从而产生危害性的静水压力。其大小取决于浆体的渗透率、弹性特征、结冰速率以及结冰点到"出口"的距离，也就是静水压获得解除前的最短流程。显然，气孔的存在可以为静水压的解除提供出口。但如与气孔的距离过远，毛细孔即要受压膨胀，从而使周围的浆体处于应力状态。当温度继续下降，更多的毛细孔水结冰，水压相应增加，导致进一步的破坏。而渗透压理论则认为凝胶水要渗透入正在结冰的毛细孔内，是引起冻融破坏的原因。当毛细孔中的水部分结冰时，水中所含的碱以及其他物质等溶质的浓度增大；但在凝胶孔内的水由于定向排列的缘故在此时尚未结冰，溶液浓度不变。因而产生浓度差，促使凝胶孔的水向毛细孔扩散，其结果是形成渗透压，造成一定的膨胀应力。当然，在冰冻初期，毛细孔内冰晶长大时直接产生的结晶压力，也是引起膨胀的一个主要因素。

关于水泥品种与熟料矿物组成对抗冻性的影响，一般认为硅酸盐水泥比掺混合材料的水泥的抗冻性要好些。增加熟料中 C_3S 的含量，抗冻性可以改善。在其他条件相同的情况下，水泥的强度越高，其抗冻性一般越好。实践证明，将水灰比控制在 0.4 以下，可以制得高抗冻性的硬化浆体。水灰比提高时，毛细孔数增多且尺寸增大，使冻结的水量增加。故水灰比大于 0.55 时，其抗冻性将显著下降。在低温下施工时，应采用适当的养护保温措施，防止过早受冻。孔结构对浆体的抗冻性也很重要，在混凝土中掺加引气剂，使其形成大量分散的极细气孔，是提高抗冻性最为有效的一个措施。当硬化浆体的充水程度低于某一临界值时，就不会发生膨胀危害。因而，抗渗性好的浆体一般具有良好的抗冻性。在使用条件上，做好排水，尽量保持干燥，使含水量低于充水极限，可提高抗冻性。

11.3　环境介质的侵蚀性

硬化的水泥浆体与环境接触时，通常会受到环境介质的影响。对于水泥耐久性有害的环境介质主要有淡水、酸和酸性水、硫酸盐溶液和碱溶液等。在环境介质的侵蚀作用下，硬化的水泥石结构会发生一系列物理化学变化，降低强度，甚至溃裂破坏。

按侵蚀介质的种类，环境介质对水泥石的侵蚀可分为淡水侵蚀、酸和酸性水侵蚀、盐类侵蚀和强碱侵蚀。

11.3.1　淡水侵蚀

又称溶出侵蚀。它是指硬化水泥浆体受淡水浸析时，其组成逐渐被水溶解并在水流动时被带走，最终导致水泥石结构破坏的现象。

硅酸盐水泥的各种水化产物中，$Ca(OH)_2$ 溶解度最大，因而最先被溶解。由于水泥中的水化产物都必须在一定浓度的 $Ca(OH)_2$ 溶液中才能稳定存在，当 $Ca(OH)_2$ 被溶出后，若水量不多，且处于静止状态，则溶液会很快饱和，溶出即停止。在此情况下，淡水侵蚀的作用仅限于表面，影响不大。但在流动的水中，水流会将 $Ca(OH)_2$ 不断溶出并带走，从而促使其他水化产物分解，特别在有水压作用而混凝土的渗透性又较大的情况下，将会进一步增大孔隙率，使水更易渗透，使溶出侵蚀加快。

随着 CaO 的溶出，首先是 $Ca(OH)_2$ 被溶解，随后是高碱性的水化硅酸盐、水化铝酸盐等分解而成为低碱性的水化产物。如果不断浸析，最后会变成无胶结能力的硅酸凝胶、氢氧化铝等产物，从而大大降低结构强度。水泥结构与淡水接触时间较长时，会遭到一定的溶出侵蚀破坏。但对于抗渗性较好的水泥石或混凝土，淡水的溶出过程发展很慢，几乎可以忽略不计。

11.3.2　酸和酸性水侵蚀

又称溶析和化学溶解双重侵蚀。这是指硬化水泥浆体与酸性溶液接触时，其化学组分就会直接溶析或与酸发生化学反应形成易溶物质被水带走，从而导致结构破坏的现象。

酸和酸性水对水泥石的侵蚀作用主要是由于酸类离解出来的 H^+ 和酸根 R^+，分别与浆体中 $Ca(OH)_2$ 电离出的 OH^- 和 Ca^{2+} 结合成水和钙盐。

$$H^+ + OH^- \longrightarrow H_2O$$

$$Ca^{2+} + 2R^- \longrightarrow CaR_2$$

酸的侵蚀作用强弱取决于溶液的 H^+，即酸性强弱。溶液酸性越强，H^+ 越多，结合并带走的 $Ca(OH)_2$ 就越多，侵蚀就越严重。当 H^+ 达到足够高的浓度时，还能直接与水化硅酸钙、水化铝酸钙甚至未水化的硅酸钙、铝酸钙等作用而严重破坏水泥结构。

侵蚀性的大小与酸根阴离子的种类也有关系。无机酸如盐酸和硝酸能与 $Ca(OH)_2$ 作用生成可溶性的氯化钙和硝酸钙，随后也被水流带走，造成侵蚀破坏，而磷酸与水泥石中的 $Ca(OH)_2$ 反应则生成几乎不溶于水的磷酸钙，堵塞在毛细孔中，侵蚀速率就较慢。有机酸不如无机酸侵蚀程度强烈，且侵蚀性与其生成的钙盐性质有关。如乙酸、蚁酸、乳酸等与 $Ca(OH)_2$ 生成的盐易溶解，而草酸生成的都是不溶性钙盐，在混凝土表面能形成保护层，实际应用时还可以用以处理混凝土表面，增加对其他弱有机酸的抗蚀性。一般情况下，有机酸浓度越高，分子量越大，侵蚀性越强。

上述酸侵蚀一般只在化工厂或工业废水中才存在。在自然界中，对水泥有侵蚀作用的主要是从大气中溶入水中的 CO_2 产生的碳酸侵蚀。水中有碳酸存在时，首先与水泥石中 $Ca(OH)_2$ 发生作用，在混凝土表面生成难溶于水的碳酸钙。所生成的碳酸钙再继续与碳酸反应生成易溶于水的碳酸氢钙，从而使 $Ca(OH)_2$ 不断溶出，而且还会引起水化硅酸钙和水化铝酸钙的分解，其反应式如下。

$$Ca(OH)_2 + CO_2 + H_2O \longrightarrow CaCO_3 + 2H_2O$$
$$CaCO_3 + CO_2 + H_2O \Longleftrightarrow Ca(HCO_3)_2$$

式中的第二个反应是可逆的，当水中 CO_2 和 $Ca(HCO_3)_2$ 之间的浓度达到平衡时，反应即停止。由于天然水中本身常含有少量 $Ca(HCO_3)_2$，因而能与一定量的碳酸保持平衡，这部分碳酸不会溶解碳酸钙，没有侵蚀作用，称为平衡碳酸。但是，当水中还有较多的碳酸时，其超过平衡需要的多余碳酸就会溶解碳酸钙，对水泥产生侵蚀作用，这一部分碳酸称为侵蚀性碳酸。因此碳酸的含量越大，溶液酸性越强，侵蚀也会越严重。

水的暂时硬度越大，所需的平衡碳酸量越多，即使有较多的 CO_2 存在也不会产生侵蚀，同时，$Ca(HCO_3)_2$ 或 $Mg(HCO_3)_2$ 含量较高时，与硬化浆体中的 $Ca(OH)_2$ 作用，生成溶解度极小的碳酸钙或碳酸镁，沉积在硬化浆体结构的孔隙内及表面，提高了结构的密实性，阻碍了水化产物的进一步溶出，这样就降低了侵蚀作用。而在暂时硬度不高的水中，即使 CO_2 含量不多，但只要是大于当时相应的平衡碳酸量，也会产生一定的侵蚀作用。

11.3.3　盐类侵蚀

（1）硫酸盐侵蚀　又称膨胀侵蚀。它是指介质溶液中的硫酸盐与水泥石组分反应形成钙矾石而产生结晶压力，造成膨胀开裂，破坏硬化浆体结构的现象。

硫酸盐对水泥石结构的侵蚀主要是由于硫酸钠、硫酸钾等能与硬化浆体中的 $Ca(OH)_2$ 反应生成 $CaSO_4 \cdot 2H_2O$，如下式所示。

$$Ca(OH)_2 + Na_2SO_4 \cdot 10H_2O \longrightarrow CaSO_4 \cdot 2H_2O + 2NaOH + 8H_2O$$

上述反应使固相体积增大了 124%，在水泥石内产生了很大的结晶压力，从而引起水泥石开裂以至破坏。但上述形成的 $CaSO_4 \cdot 2H_2O$ 必须在溶液中 SO_4^{2-} 浓度足够大时，才能析出晶体。当溶液中 SO_4^{2-} 浓度小于 1000mg/L 时，由于石膏的溶解度较大，$CaSO_4 \cdot 2H_2O$ 晶体不能溶出。但生成的 $CaSO_4 \cdot 2H_2O$ 会继续与浆体结构中的水化铝酸钙反应生成钙矾石，反应式如下：

$$4CaO \cdot Al_2O_3 \cdot 19H_2O + 3(CaSO_4 \cdot 2H_2O) + 8H_2O \longrightarrow$$
$$3CaO \cdot Al_2O_3 \cdot 3CaSO_4 \cdot 32H_2O + Ca(OH)_2$$

由于钙矾石的溶解度很小，在 SO_4^{2-} 浓度较低时就能析出晶体，使固相体积膨胀 94%，同样会使水泥石结构胀裂破坏。所以，在硫酸盐浓度较低的情况下（250～1500mg/L）产生的是硫铝酸盐侵蚀。当其浓度达到一定大小时，就会转变为石膏侵蚀或硫铝酸钙与石膏混合侵蚀。

除硫酸钡以外，绝大部分硫酸盐对硬化水泥浆体都有明显的侵蚀作用。在一般的河水和湖水中，硫酸盐含量不多，通常小于 60mg/L，但在海水中 SO_4^{2-} 的含量常达 2500～2700mg/L。有的地下水流经含有石膏、芒硝（硫酸钠）或其他富含硫酸盐成分的岩石夹层时，将部分硫酸盐溶入水中，也会提高水中 SO_4^{2-} 浓度而引起侵蚀。

（2）镁盐侵蚀　在海水、地下水或某些沼泽水中常含有大量的镁盐，主要是硫酸镁和氯化镁。它们会与水泥石中的氢氧化钙发生反应，反应式如下。

$$MgSO_4 + Ca(OH)_2 + 2H_2O \longrightarrow CaSO_4 \cdot 2H_2O + Mg(OH)_2$$
$$MgCl_2 + Ca(OH)_2 \longrightarrow CaCl_2 + Mg(OH)_2$$

由于生成的氢氧化镁溶解度极小，极易从溶液中沉淀出来，从而使反应不断向右进行，增加 $CaSO_4 \cdot 2H_2O$ 的浓度，导致其结晶胀裂而毁坏水泥石。由于氢氧化镁饱和溶液的 pH 值只为 10.5，水化硅酸钙不得不放出石灰，以建立使其稳定存在所需的 pH 值。但是，硫酸镁又与放出的氧化钙作用，如此连续进行，实质上就是硫酸镁使水化硅酸钙分解，如下式所示。

$$3CaO \cdot 2SiO_2 \cdot aq + 3MgSO_4 + nH_2O \longrightarrow 3(CaSO_4 \cdot 2H_2O) + 3Mg(OH)_2 + 2SiO_2 \cdot aq$$

同时，在长期接触的条件下，即使是未分解的水化硅酸钙凝胶中的 Ca^{2+} 也要逐渐被 Mg^{2+} 所置换，最终转化成水化硅酸镁，导致胶凝性能进一步下降。另外，由 $MgSO_4$ 反应生成的二水石膏，又会引起硫酸盐侵蚀，所以危害更为严重。

（3）铵盐侵蚀　在农业化肥生产中通常含有氯化铵和硫酸铵的溶液，能使浆体组分转化成高度可溶性的产物，如 $2NH_4Cl + Ca(OH)_2 \longrightarrow CaCl_2 + 2NH_3 \cdot H_2O$。显然，这两种产物的溶解度都很大，故侵蚀性相当强烈。硫酸铵既有硫酸盐侵蚀又有氨盐侵蚀的双重作用，侵蚀作用极强。

11.3.4　强碱侵蚀

一般情况下，水泥混凝土能够抵抗碱类的侵蚀。但如长期处于较高浓度（＞10％）的含碱溶液中，也会发生缓慢的破坏。温度升高时，侵蚀作用加剧，其主要有化学侵蚀和物理析晶两方面的作用。

化学侵蚀是碱溶液与水泥石的组分间起化学反应，生成胶结力不强、易为碱液溶析的产物，代替了水泥石原有的结构组成。

$$2CaO \cdot SiO_2 \cdot nH_2O + 2NaOH \longrightarrow 2Ca(OH)_2 + Na_2SiO_3 + (n-1)H_2O$$
$$3CaO \cdot Al_2O_3 \cdot 6H_2O + 2NaOH \longrightarrow 3Ca(OH)_2 + Na_2O \cdot Al_2O_3 + 4H_2O$$

结晶侵蚀是由于孔隙中的碱液，因蒸发析晶产生结晶压力引起水泥石膨胀破坏。例如，孔隙中的 NaOH 在空气中的二氧化碳作用下形成 $Na_2CO_3 \cdot 10H_2O$，使体积增加而膨胀。

11.4　碱-集料反应

硅酸盐水泥如果碱含量较高，其耐久性还可能与配制混凝土时所用集料的品种有关。某些混凝土的破坏，是由于水泥水化所析出的 KOH 和 NaOH 与集料中的二氧化硅相互作用，形成了碱的硅酸盐凝胶，致使混凝土开裂，即产生所谓的碱-集料反应。

通常认为，只有在水泥中的总碱量较高，而同时集料中又含有活性 SiO_2 的情况下，才会发生上述的有害反应。活性集料有蛋白石、玉髓、燧石、流纹石、安山岩和凝灰岩等，其中蛋白石质的氧化硅可能活性最大。

活性氧化硅的特点是所有的硅氧四面体呈任意的网状结构，实际的内表面积很大，碱离子较易将其中起连接作用的硅-氧键破坏使其解体，胶溶成硅胶，或依下式反应成碱的硅酸盐凝胶。

$$SiO_2(活性) + 2mNaOH(KOH) \longrightarrow mNa_2O(K_2O) \cdot SiO_2 \cdot nH_2O$$

对膨胀的解释可粗分为两种理论：一种认为膨胀压的产生是因为凝胶吸水后体积增加，但受到周围水泥浆体约束的结果；另一种是渗透压理论，是指包围活性集料的水泥浆体起着半透膜的作用，使反应产物中的硅酸根离子难以透过，但允许水和碱金属氢氧化物扩散进来，从而认为渗透压是造成膨胀的主要原因。有关碱-集料反应的膨胀机理还在进一步研究中。

　　一般情况下，碱-集料反应进行得很慢，所引起的破坏要经过相当长的时间后才会明显出现。水分存在是碱-集料反应的必要条件，混凝土的渗透性对碱-集料反应有很大影响。提高温度将使反应加速。斯坦顿（T. E. Stanton）认为，影响碱集料反应膨胀的主要因素还有：水泥中碱含量、活性集料粒径及其含量，分别如图 11-2 和图 11-3 所示。

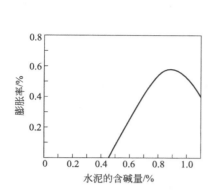

图 11-2　水泥含碱量与碱集料膨胀率的关系

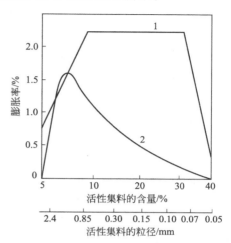

图 11-3　活性集料的粒径及其含量
与碱集料膨胀率的关系
1—粒径；2—含量

　　由图可见，当水泥的碱含量（$Na_2O+0.66K_2O$）在 0.6% 以下时，不会发生过大的膨胀，对活性集料是安全的。集料的颗粒粒径也很重要，在中间尺寸时膨胀最大。更值得注意的是，对于给定的活性集料，有一个导致最大膨胀的所谓"最危险"含量。对于蛋白石，"最危险"含量可低至 3%～5%；而对活性较低的集料，"最危险"含量可达 10% 或 20%，甚至 100%。也就是在活性颗粒较少的情况下，随着含量的增加，碱的硅酸盐凝胶越多，膨胀越大。但超过"最危险"含量以后，情况正好相反：活性颗粒越多，单位面积上所能作用的有效碱相应减少，膨胀率变小。因此，掺加足够数量的活性氧化硅细粉或火山灰、粉煤灰等，可有效抑制碱-集料膨胀的效果。

　　此外，水泥中的碱还可与白云石质石灰石产生膨胀反应，导致混凝土破坏，常称为碱-碳酸盐反应。这类岩石仅限于细粒状泥质白云灰岩，其组成在方解石至白云石之间。膨胀大的岩石通常含有 40%～60% 的白云石以及 5%～20% 包括伊利石及其类似的黏土等酸不溶物。反应机理也尚未彻底了解。有人认为，当碱存在时会发生如下的白云石化反应：

$$CaCO_3 \cdot MgCO_3 + 2NaOH \longrightarrow CaCO_3 + Mg(OH)_2 + Na_2CO_3$$

　　通过上述反应使白云石晶体中黏土质包裹物暴露出来，从而将黏土的吸水膨胀或通过黏土膜产生的渗透压作为造成破坏的主要原因。而且在 $Ca(OH)_2$ 存在的条件下，还会依如下反应使碱重新产生：

$$Na_2CO_3 + Ca(OH)_2 \longrightarrow CaCO_3 + 2NaOH$$

　　这样，就使上述的反白云石化反应继续进行，如此反复循环，有可能造成更严重的危害。

11.5　耐久性的改善途径

　　由上可见，影响水泥混凝土耐久性的因素主要为抗渗性差，各种有害介质易于进入内部；抗冻性不良，在冻融交替的条件下容易剥落破坏；在外界侵蚀性介质作用的环境中，会引起一系列化学、物理的变化，从而逐渐受到侵蚀；或者水泥含碱太多，且与集料配合不当，引起碱-集料反应的膨胀破坏等。

为了提高耐久性，应该设法减少或者消除水泥混凝土内部的不利因素，增加本身的抵抗能力。尽量提高所配混凝土的密实度、改善孔径分布，是增强抗渗、抗冻性能，阻止侵蚀介质深入内部的有力措施。而改变熟料的矿物组成或掺加适当的混合材料，则可从本质上提高其抵抗环境侵蚀的能力。如有需要，还可利用其他材料的特长，进行表面处理或表层涂覆，以弥补水泥混凝土的不足。

11.5.1　提高密实性和改善孔结构

硬化浆体或混凝土越密实，抗渗能力越强，环境的侵蚀性介质也越难进入。研究表明，提高混凝土的密实度是改善抗硫酸盐性，以及抗淡水浸析等溶出性侵蚀的有力措施。由于水分难以进入，对碱-集料反应的进展也会有良好的阻滞作用。为此，必须正确设计混凝土的配合比，保证足够的水泥用量，适当降低水灰比，仔细选择集料级配，讲究施工质量。

从抗冻性的角度看，硬化浆体或混凝土的抗渗性、吸水率和充水程度都是决定抗冻性的重要因素。透水性高的浆体，极易被水饱和，超过充水极限。因此，使用低的水灰比，使浆体中的毛细孔径减小，同时可冻结水减至尽可能的最低程度，也就是通过提高密实度的途径，来提高抗冻性，这在不少的工程实践中已经得到很好的证明。另外，在密实度高的浆体中，水被迫流动时所产生的阻力加大，相应会产生较大水压，反而可能对抗冻性不利。因此，还必须从调整孔结构着手，才能进一步提高抗冻能力。加入适量的引气剂，可在浆体中形成数量众多的微小气泡，其直径约为 0.05mm 数量级。最重要的是保证空气在整个浆体中分布均匀。实际的控制因素则是气泡的间距。如果微气泡间距足够小，基本上就有可能消除结冰时的膨胀。研究认为，为充分防止膨胀所需的气孔间距，根据估计不宜超过0.25mm。所以，在实际使用中，采用低水灰比，再掺加适量的引气剂，使浆体既密实又有合理分布的微孔结构，可以获得相当良好的抗冻性能。还要提出的是，引入的微气泡都彼此分离，不会形成连通的透水孔道，故较难达到充水极限，同时对抗渗性也没多大影响。但由于总的孔隙体积增加，强度略有下降。因此引气剂要适量，特别是实际引入的空气量要加以控制。不过，在通常情况下，掺入引气剂后和易性能够明显改善，故可减少用水量，相应降低水灰比，从而使强度得到一定的补偿。

总之，在减少孔隙率，提高密实度的同时，还需注意孔径分布，要尽量减少毛细孔。只有高度抗渗的混凝土，才具有良好的抗蚀性。采用适量的引气剂，不但能提高抗冻能力，而且在某些场合也会使抗蚀性获得一定改善。

11.5.2　改变熟料矿物组成

实践证明，调整熟料的矿物组成，是改善水泥抗蚀能力的主要措施。降低熟料中 C_3A 的含量，相应增加 C_4AF 的含量，可以提高水泥的抗硫酸能力。有关研究表明，在硫酸盐作用下，铁铝酸钙所形成的水化硫铁酸钙或其与硫铝酸钙的固溶体，是隐晶质呈凝胶状析出，而且分布比较均匀，因此其膨胀性能远比钙矾石小。而且，如果有游离的水化铝酸钙存在，水化铁酸钙还能在其周围形成保护性薄膜，因此可将水泥的 A/F 比作为评价抗硫酸盐能力的依据。也有人认为，在一般水泥中形成的钙矾石，当所掺石膏用尽以后要转化成单硫型硫铝酸钙。而以后在硫酸盐溶液的作用下，又会再度转化成钙矾石，随之产生体积膨胀，造成破坏。而在 C_3A 含量低的水泥中，钙矾石不可能向单硫型转化，则是抗硫酸盐性能提高的主要原因。

由于 C_3S 在水化时析出较多的 $Ca(OH)_2$，而 $Ca(OH)_2$ 又是造成溶出侵蚀的主要原因，故适当减少 C_3S 的含量，相应增加较为耐蚀的 C_2S，也能提高水泥的耐蚀性，尤其是抗水性。

在煅烧熟料后采用急速冷却，增加玻璃体含量，对水泥的抗硫酸盐性会有不同的影响。由于玻璃体水化所得到的水化铝酸钙与水化铁酸钙的固溶体 $C_3(A,F)H_6$ 以及水化石榴石在硫酸盐溶液中都具有较好的稳定性，所以氧化铝含量高的水泥应采用急冷。但铁铝酸盐的晶体比高铁玻璃体更加耐蚀，所以对于含氧化铁高的水泥，急冷反而使抗蚀性变差。

不过，在选择熟料的矿物组成时，还需考虑到强度，特别是早期强度的发展。在某些情况下，如果硬化过慢，反而会使侵蚀加快。这可能是因为浆体的早期结构过弱，更不能抵抗晶体膨胀的缘故。另外，混凝土的密实度通常比水泥的组成有着更为重要的影响。

11.5.3　掺加混合材料

在硅酸盐水泥中掺加火山灰质混合材料或粒化高炉矿渣后，可有效提高其抗蚀能力。因为熟料水化时析出的 $Ca(OH)_2$ 能与混合材料中的活性氧化硅或氧化铝结合，生成低碱水化产物，例如：

$$x Ca(OH)_2 + SiO_2 + aq \longrightarrow x CaO \cdot SiO_2 \cdot aq$$

在混合材料掺量足够的条件下，所形成的水化硅酸钙中 C/S 接近于 1，使其平衡所需的石灰极限浓度仅为 $0.05 \sim 0.09 g/L$，比普通硅酸盐水泥为稳定水化硅酸钙所需的石灰浓度低得多。因此，在淡水中的溶析速率要明显减慢。同时，还能使水化铝酸盐的浓度降低，而且水化硫铝酸钙在氧化钙浓度较低的液相中产生结晶，膨胀较为缓和。又因掺加混合材料后，熟料所占比例减少，C_3A 和 C_3S 的含量相应降低，也会改善抗蚀性，而且由于生成较多的凝胶，提高了硬化水泥浆体的密实性，抗渗性好。所以一般来说，火山灰水泥和矿渣水泥的抗蚀性比硅酸盐水泥要强。而矿渣水泥的抗硫酸盐性又随矿渣掺量的增加及矿渣中 Al_2O_3 含量的降低而提高。

但火山灰水泥的抗冻性和大气稳定性不高，在硫酸盐侵蚀的同时，再有反复冻融和干湿交替情况下，耐久性欠佳。在含酸或镁盐的溶液中，掺加火山灰质混合材料效果也不明显，因为这些侵蚀性介质对水化硅酸钙和水化铝酸钙的直接破坏作用仍无法避免。另外，在掺烧黏土类火山灰质混合材料时，由于活性 Al_2O_3 含量较高，抗硫酸盐能力反而可能变差，应当引起重视。

在硅酸盐水泥中掺加磨细石英砂后再经压蒸处理，抗侵蚀性能有明显改善。在高温压蒸条件下，不但 $Ca(OH)_2$ 能与石英砂反应生成水化硅酸钙，消除了 $Ca(OH)_2$ 的有害影响，而且所生成的水化硅酸钙结晶比较完善，比表面积小，性能较为稳定。至于 C_3A 的水化产物则是 C_3AH_6 以及更不活泼的 $C_4A_3H_3$，还能形成抗硫酸盐性能好的水化石榴石。

掺加适当的混合材料，对碱-集料反应有明显的抑制作用，而且混合材料的酸性氧化物，主要是氧化硅含量越高，抑制碱-集料反应的能力越强。

11.5.4　表面处理或涂覆

还可用化学的方法对混凝土表面进行处理，以提高其表面的密实程度。例如，在使用前先在空气中碳化一段时间，将氢氧化钙转变成碳酸钙可以形成难溶的保护性外壳，从而改善抗淡水浸析和硫酸盐侵蚀的能力。在混凝土表面用硅酸钠或氟硅酸盐的水溶液处理，使其在表面孔隙中生成氟化钙和硅酸凝胶等，也能提高抗渗耐蚀能力。用桐油或亚麻仁油涂刷混凝土表面，对一些酸和盐的稀溶液同样有一定的防护作用。不过，这些表面处理所得致密保护层一般很薄，当受到水流冲刷以及海浪和冰的撞击时，防护作用不能长期保持。还可采用压渗法，将四氟化硅气体以一定压力压渗进混凝土内部，能够获得较厚的保护层，但此方法成本较高，不适于现场施工。对于具有特殊要求的工程，可以采用浸渍混凝土，也就是将树脂单体如甲基丙烯酸甲酯等浸渍到混凝土的孔隙和微裂缝内，再使其聚合成大分子聚合物，能使孔隙率显著减小，因而具有较高的抗侵蚀性。

必要时，还可使用各种防渗涂层，如沥青或用树脂改性的沥青、环氧树脂、聚氨酯或有机硅等，但这些有机高分子材料的价格较贵。也有加用沥青毡、沥青砂浆或沥青混凝土等保护层覆盖表面。在某些强化学侵蚀等要求较高的工程，更需采用陶瓷、金属等贴面材料，以隔离侵蚀介质与混凝土的直接接触等。

当然，应根据工程的具体条件，针对不同的破坏因素，采取相应的预防措施和改善耐久性的方法。当有几种因素同时作用时，更应注意复合作用的影响，分清主次，抓住主要因素并采取针对措施，才能获得较好的技术经济效果。

思 考 题

1. 如何提高水泥的抗渗性？
2. 硬化水泥浆体中哪些水会对抗冻性产生不利影响？如何提高水泥抗冻性？
3. 侵蚀的类型有哪些？试述每一种侵蚀的原因。
4. 何谓碱—集料反应？如何避免或减轻碱—集料反应？
5. 如何改善硬化水泥浆体的耐久性？

第 12 章　其他通用硅酸盐水泥

除硅酸盐水泥（P·Ⅰ、P·Ⅱ）外，通用水泥还有普通硅酸盐水泥、矿渣硅酸盐水泥、火山灰质硅酸盐水泥、粉煤灰硅酸盐水泥及复合硅酸盐水泥五大类。它们同属于硅酸盐水泥系列，都是以硅酸盐水泥熟料为主要组分，以石膏作缓凝剂。不同品种水泥之间的差别主要在于所掺加混合材料的种类和数量不同。

12.1　混合材料

12.1.1　混合材料的种类与作用

混合材料是指在粉磨水泥时与熟料、石膏一起加入磨内的矿物质材料，其主要作用是：①提高水泥产量，降低水泥生产成本，节约能源，提高经济效益；②有利于改善水泥的性能，如改善水泥安定性、提高混凝土的抗蚀能力、降低水泥水化热等；③调节水泥标号，生产多品种水泥，以便满足各项建设工程的需要；④综合利用工业废渣，减少环境污染，实现水泥工业生态化。

根据来源，混合材料分为天然的和人工的（主要是工业废渣），但通常根据混合材料的性质及其在水化过程中所起的作用，分为活性混合材料和非活性混合材料两大类。

活性混合材料是指具有火山灰性或潜在水硬性，以及兼有火山灰性和水硬性的矿物质材料，它们的活性指标均应符合有关的国家标准或行业标准。活性混合材料主要有粒化高炉矿渣、火山灰质混合材料和粉煤灰三大类。

火山灰性是指一种材料磨成细粉后，单独和水不具有水硬性，但在常温下与石灰一起和水后，能形成具有水硬性的化合物。火山灰质混合材料的硬化机理是其中所含活性 SiO_2 在 $Ca(OH)_2$ 的激发下，能够反应生成具有胶凝作用的水化硅酸钙。

潜在水硬性是指材料单独加水后基本无水硬性，但在石膏的作用下，可呈现水硬性。具有潜在水硬性混合材料的硬化机理是其中活性组分在石膏的激发下，生成水化硫铝酸钙，并凭借自身的钙，形成水化硅酸钙。

非活性混合材料是指在水泥中主要起填充作用而又不损害水泥性能的矿物质材料，即活性指标达不到活性混合材料要求的矿渣、火山灰材料、粉煤灰以及石灰石、砂岩、生页岩等。

12.1.2　粒化高炉矿渣

高炉矿渣是冶炼生铁的废渣。用高炉炼铁时，除了铁矿石和燃料（焦炭）之外，为了降低冶炼温度，还要加入相当数量的石灰石和白云石作为熔剂，它们在高炉内分解所得的氧化钙、氧化镁与铁矿石中的废石及焦炭中的灰分相熔化，生成主要组成是硅酸钙（镁）与铝硅酸钙（镁）的矿渣。其密度为 $2.3\sim2.8g/cm^3$，比铁水轻，因而浮在铁水上面，定期从排渣口排出，经水或空气急冷处理便成粒状颗粒，这就是粒化高炉矿渣。

根据矿渣化学成分中碱性氧化物（$CaO+MgO$）和酸性氧化物（$SiO_2+Al_2O_3$）比值 M 的大小，可分为三种：$M>1$ 的为碱性矿渣；$M=1$ 的为中性矿渣；$M<1$ 的为酸性矿渣。

根据冶炼生铁的种类，可分成铸造生铁矿渣、炼钢生铁矿渣、特种生铁矿渣（如锰矿渣、镁矿渣）。根据冷却方法、物理性能及外形，矿渣可分为慢冷渣（块状、粉状）和急冷渣（粒状、纤维状、多孔状、浮石状）。

12.1.2.1 高炉矿渣的化学组成

矿渣含 SiO_2、Al_2O_3、CaO 和 MgO 等氧化物，其中前三者占 90％以上。另外还含有少量的 MnO、FeO 和一些硫化物，如 CaS、MnS 和 FeS 等。在个别情况下，还可能含有 TiO_2、P_2O_5 和氟化物等。

粒化高炉矿渣的化学成分与水泥熟料相似，只是氧化钙含量低。各种粒化高炉矿渣的化学成分差别很大，同一工厂的矿渣，化学成分也不完全一样。利用粒化高炉矿渣制造水泥时，矿渣中各氧化物的作用如下。

（1）氧化钙 矿渣中的氧化钙在熔体冷却过程中能与氧化硅和氧化铝结合形成具有水硬性的硅酸钙和铝酸钙，所以对矿渣活性有利。

（2）氧化硅 就生成胶凝性组分而言，矿渣中 SiO_2 含量相对于 CaO 和 Al_2O_3 含量已经过多。SiO_2 含量较高时，矿渣熔体的黏度较大，冷却时，易于形成低碱性硅酸钙和高硅玻璃体，使矿渣活性降低。

（3）氧化铝 氧化铝在矿渣中一般形成铝酸钙或硅铝酸钙玻璃体，对矿渣活性有利。

（4）氧化镁 矿渣中的氧化镁一般都以稳定化合物或玻璃态化合物存在，对水泥安定性不会发生不良影响。氧化镁的存在可以降低矿渣熔体的黏度，有助于提高矿渣的粒化质量，增加矿渣活性。

（5）氧化亚锰 氧化亚锰含量较低时对矿渣活性影响不显著；但含量超过 4％～5％时，矿渣活性会下降。根据 GB/T 203—2008 规定，粒化高炉矿渣中锰化合物的含量以 MnO 计，不得超过 2％。但在高炉冶炼锰铁时所得的矿渣，氧化亚锰的质量分数可以放宽到 15％。这是因为锰铁合金高炉矿渣的 Al_2O_3 含量较高，而 SiO_2 含量较低。另外锰铁矿冶炼时出渣温度比较高，锰矿渣经成粒后，形成的玻璃体含量较高，对活性有利。

（6）硫化钙 矿渣中的 CaS 与水作用生成 $Ca(OH)_2$，对矿渣自身起碱性激发作用，因而是有利组分。

（7）氧化钛 矿渣中的 TiO_2 以钛钙石（CT）形式存在，是一种惰性矿物，因而使矿渣的活性下降。当矿石为普通铁矿时，矿渣中 TiO_2 含量一般不越过 2％；当用钛磁铁矿时，矿渣中 TiO_2 含量可达 20％～30％，活性很低。GB/T 203—2008 规定，粒化高炉矿渣中 TiO_2 的含量不得超过 2％。但以钒钛磁铁矿为原料在高炉冶炼生铁时所得的矿渣，TiO_2 的含量可以放宽到 10％。

（8）氧化铁和氧化亚铁 在正常冶炼时，矿渣中氧化铁和氧化亚铁含量很少，一般为 1％～2％，对矿渣的活性影响不大。

12.1.2.2 粒化高炉矿渣的组成与结构

慢冷的结晶态矿渣基本上不具有水硬活性，因此必须进行急冷处理。矿渣熔体经水淬或空气急冷以后，冷凝成尺寸为 0.5～5mm 的颗粒状矿渣，即粒化高炉矿渣。粒化高炉矿渣主要由玻璃体组成，而玻璃体含量与矿渣熔体的化学成分及冷却速率有很大关系。一般来说，酸性矿渣的玻璃体含量较碱性矿渣高。此外，冷却速率越快，玻璃体含量也越高。我国的粒化高炉矿渣中玻璃质含量一般都在 80％以上。

国内外许多学者将不同化学成分的粒化高炉矿渣加入一定量的碱性激发剂与硫酸盐激发剂，来试验矿渣的化学成分与试体抗压强度的关系，发现强度最高的矿渣组成为 CaO 50％、

SiO_2 31%、Al_2O_3 19%。可见粒化高炉矿渣的活性与各种化学成分之间有一定联系。粒化高炉矿渣活性除受化学成分影响外，还取决于玻璃体的数量和性能。实践证明，在矿渣化学组成大致相同的条件下成粒时，熔渣温度越高，冷却速率越快，则矿渣中玻璃体的含量越多，矿渣的活性也越高。

关于矿渣玻璃体的结构，一般认为是由不同的氧化物（氧化铝、氧化硅等）形成的向各方向发展的空间网络，它的分布规律比晶体差得多。在矿渣玻璃体中 Na^+、Ca^{2+}、Mg^{2+} 等离子完全不规则地、统计地分布在网络中的空间内。当矿渣熔体水淬急冷时，玻璃体的网络结构就被固定下来。但是，铝硅酸盐网络中在硅氧链断裂处的硅氧四面体和 Al^{3+} 代替 Si^{4+} 形成的铝氧四面体是不稳定的，当与水作用时，尤其是在激发剂作用下，会使玻璃体结构解离。

有些学者认为粒化矿渣是由极度变形的微晶组成的，它们的尺寸极其微小，是有缺陷的、扭曲的处于介稳态的微晶子，具有较高的活性。也有人认为，粒化矿渣的结构在宏观上是由硅氧四面体组成的聚合度不同的网状结构，钙、镁离子分布在网状结构的空穴中；而在微观上大体是按相律形成不均匀物相或微晶矿物。也就是说在微区或近程上是有序的，而远程上却是无序排列。

据测定，熔渣在 850℃ 左右时，已开始产生结核，生长晶体。因此，为获得活性高的矿渣，就必须把熔渣温度迅速急冷到 800℃ 以下。同时，在烘干粒化高炉矿渣时，还必须避免温度过高，防止其产生反玻璃化（900℃ 左右玻璃体转变成晶体，称反玻璃化），失去活性。

12.1.2.3　粒化高炉矿渣活性的激发

磨细的粒化高炉矿渣单独与水拌和时，基本没有水硬性。但在碱性溶液中就能水化并产生一定强度，这种能形成碱性液相以激发矿渣活性的物质称为碱性激发剂。在碱性溶液中，由于 OH^- 比水分子较易进入矿渣网状结构的内部空穴，并能比较激烈地与活性阳离子互相作用，因而促进了矿渣的分散和溶解，形成有胶凝性的物质。常用的碱性激发剂有石灰和硅酸盐水泥熟料，此时，它们水化时所形成的 $Ca(OH)_2$ 可与矿渣中的活性 SiO_2 和活性 Al_2O_3 化合生成水化硅酸钙及水化铝酸钙等。

$$SiO_2(活性)+m_1Ca(OH)_2+n_1H_2O \longrightarrow m_1CaO \cdot SiO_2 \cdot (m_1+n_1)H_2O$$
$$Al_2O_3(活性)+m_2Ca(OH)_2+n_2H_2O \longrightarrow m_2CaO \cdot Al_2O_3 \cdot (m_2+n_2)H_2O$$

在含有氢氧化钙的碱性介质中，加入一定数量的硫酸钙，能使矿渣的潜在活性较为充分地发挥，产生比单独加碱性激发剂时高得多的强度，这一类物质称为硫酸盐激发剂。$Ca(OH)_2$ 促使矿渣颗粒的分散和解体，并生成水化硅酸钙与水化铝酸钙，而硫酸钙的掺入，能进一步与矿渣中的活性氧化铝化合，生成水化硫铝酸钙，促使强度进一步提高。常用的硫酸盐激发剂有二水石膏、半水石膏及无水石膏。

$$Al_2O_3(活性)+3Ca(OH)_2+3(CaSO_4 \cdot 2H_2O)+23H_2O \longrightarrow 3CaO \cdot Al_2O_3 \cdot 3CaSO_4 \cdot 32H_2O$$

12.1.2.4　粒化高炉矿渣的质量评定及质量要求

高炉矿渣的化学成分、矿物组成和结构是十分复杂的，而这些因素又直接影响着矿渣的活性，并且同一种矿渣，用于制造不同品种的矿渣水泥，由于所用激发剂的种类和数量不同，所表现的活性也不一样。因此，就造成了评定矿渣质量的复杂性。

用化学成分分析来评定矿渣的质量，虽然不够全面，没有涉及矿渣的内部结构，但是，对粒化矿渣来说，用这种方法已能说明矿渣的特性。所以是目前国内外评定粒化高炉矿渣质量的主要方法。GB/T 203—2008 对粒化高炉矿渣的质量系数（K）规定如下：

$$K = \frac{w_{CaO} + w_{MgO} + w_{Al_2O_3}}{w_{SiO_2} + w_{MnO} + w_{TiO_2}} \geq 1.2 \qquad (12-1)$$

式中　w_{CaO}，w_{MgO}，$w_{Al_2O_3}$，w_{SiO_2}，w_{MnO}，w_{TiO_2}——矿渣中相应氧化物的质量分数，%。

质量系数 K 反映了矿渣中活性组分与低活性和非活性组分之间的比例，其值越大，则矿渣的活性越高。

用化学成分计算出来的质量指标，没有考虑矿渣的结构，所以也有建议采用质量系数与矿渣中玻璃体含量的乘积来表示。乘积越大，矿渣的水硬活性越高。

除了化学成分分析外，还可采用激发强度实验法，最常用的是直接测定矿渣硅酸盐水泥的强度，用抗压强度比来评定矿渣的活性。虽然该方法比较符合生产实际，但由于所用熟料的质量、水泥粉磨细度、矿渣和石膏的掺入量等均对测定结果产生影响，因而很难提出一个统一的标准作为衡量矿渣质量的指标。

根据国家标准 GB/T 203—2008，用于水泥中粒化高炉矿渣的性能应符合表 12-1 的要求。

表 12-1　矿渣的性能要求

项　目		技术指标	项　目		技术指标
质量系数 K	≥	1.2	堆积密度/(kg/m³)	≤	1.2×10^3
二氧化钛的质量分数/%	≤	2.0①	最大粒度/mm	≤	50
氧化亚锰的质量分数/%	≤	2.0②	大于 10mm 颗粒的质量分数/%	≤	8
氟化物的质量分数（以 F 计）/%	≤	2.0	玻璃体质量分数/%	≥	70
硫化物的质量分数（以 S 计）/%	≤	3.0			

①　以钒钛磁铁矿为原料在高炉冶炼生铁时所得的矿渣，二氧化钛的质量分数可以放宽到 10%。

②　在高炉冶炼锰铁时所得的矿渣，氧化亚锰的质量分数可以放宽到 15%。

此外，矿渣的放射性应符合 GB 6566 的规定，并且矿渣中不得混有外来夹杂物，如含铁尘泥、未充分淬冷矿渣等。如果采用成品矿渣粉，其技术指标应符合 GB/T 18046—2008《用于水泥和混凝土中的粒化高炉矿渣粉》所提出的要求。

12.1.3　火山灰质混合材料

12.1.3.1　分类

（1）天然的火山灰质混合料

① 火山灰　火山喷发的细粉碎屑，沉积在地面或水中形成的疏松态物质。

② 凝灰岩　由火山灰沉积而成的致密岩石。

③ 沸石岩　凝灰岩经环境介质作用形成的一种以碱或碱土金属的含水铝硅酸盐矿物为主的岩石。

④ 浮石　火山喷出的多孔的玻璃态质岩石。

⑤ 硅藻土或硅藻石　由极细致的硅藻介壳聚集、沉积形成的生物岩石，一般硅藻土呈松土状。

（2）人工的火山灰质混合料材

① 煤矸石　煤层中炭质页岩经自燃或燃烧后的产物。

② 烧页岩　页岩或油母页岩经自燃或燃烧后的产物。

③ 烧黏土　黏土煅烧后的产物。

④ 煤渣　煤炭燃烧后的产物。

⑤ 硅质渣　由矾土提取硫酸铝后的残渣。

12.1.3.2　火山灰质混合材料的活性检定

火山灰质混合材料的活性检定包括火山灰性实验和 28d 抗压强度比实验。

（1）火山灰性实验　混合材料火山灰性实验原理及过程详见 GB/T 2847—2005《用于水泥中的火山灰质混合材料》，简述如下。

① 火山灰质混合材料含水量应小于 1%，80μm 方孔筛筛余为 1%～3%。硅酸盐水泥应符合 GB 175 的有关要求，强度等级不低于 42.5。试验样品由上述硅酸盐水泥和火山灰质混合材料按 7∶3 的质量比混合而成。

② 将 100g 蒸馏水和（20.00±0.01）g 试验样品先后放入塑料瓶中，密封后用力摇动 20s，制成浑浊液。然后，将塑料瓶放入（40±1）℃的恒温箱中恒温 8d 或 15d。

③ 恒温 8d 后，将瓶内溶液过滤，并将滤液冷却至室温。测定滤液的总碱度（氢氧根离子浓度）和氧化钙含量。

④ 以总碱度为横坐标，氧化钙含量为纵坐标，将试验结果点在火山灰活性图上（图 12-1）。如果试验点落在图中曲线（40℃时氧化钙的溶解度曲线）的下方，则认为该混合材料火山灰性试验合格；如果试验点落在图中曲线上方或曲线上，则需要重做试验，不过塑料瓶应在恒温箱内放置 15d。此时如果试验点落在图中曲线的下方则认为该混合材料火山灰性试验仍为合格。

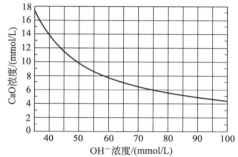

图 12-1　评定火山灰活性的曲线

（2）水泥胶砂 28d 抗压强度比　火山灰水泥胶砂 28d 抗压强度比按 GB/T 12957—2005《用于水泥混合材料的工业废渣活性试验方法》进行测定。其中，实验所用对比样水泥应符合 GSB 14—1510《强度检验用水泥标准样品》的规定，或采用强度等级为 42.5 及以上的硅酸盐水泥，有矛盾时以前者为准。实验水泥由对比水泥和待检验火山灰按 7∶3 质量比混合而成。按 GB/T 17671 分别测定对比水泥胶砂抗压强度和试验水泥胶砂抗压强度，然后依照式(12-2)计算火山灰水泥胶砂 28d 抗压强度比。

$$K = \frac{R_1}{R_2} \times 100\% \tag{12-2}$$

式中　R_1——掺 30% 火山灰后的试验样品 28d 抗压强度，MPa；

R_2——对比样品 28d 抗压强度，MPa。

12.1.3.3　火山灰质混合材料的质量要求

火山灰质混合材料的主要质量控制指标见表 12-2。

表 12-2　火山灰质混合材料的主要质量控制指标

序号	名　称		指　标
1	烧失量/%	≤	10.0
2	三氧化硫含量/%	≤	3.5
3	火山灰性		合格
4	28d 抗压强度比/%	≥	65
5	放射性		符合 GB 6566 的规定

12.1.4　粉煤灰

粉煤灰是从煤粉炉烟道气体中收集的粉末，按煤种可分为 F 类粉煤灰（由无烟煤或烟煤煅烧收集的粉煤灰）和 C 类粉煤灰（由褐煤或次烟煤煅烧收集的粉煤灰，其氧化钙含量一般大 10％）。

粉煤灰是具有一定活性的火山灰质混合材料，其化学成分主要是二氧化硅、三氧化二铝、氧化钙和未燃的炭。

在光学显微镜和电子显微镜下可以看到，粉煤灰是由结晶体、玻璃体及少量未燃尽炭组成。在结晶体中，有石英、莫来石；玻璃体，有光滑的球形玻璃体粒子，有形状不规则的小颗粒（孔隙少），有疏松多孔、形状不规则的玻璃球；另外还有赤铁矿（Fe_2O_3）、磁铁矿（Fe_3O_4）和疏松多孔的未燃尽的炭粒。

粉煤灰中石英含量可波动在 2％～20％；莫来石 5％～30％；（$Fe_2O_3 + Fe_3O_4$）1％～6％；玻璃体 50％～80％。玻璃体中含有 SiO_2 20％～45％，Al_2O_3 3％～25％。

粉煤灰活性主要来自低铁玻璃体，其含量越高，则活性越高；石英、莫来石、赤铁矿和磁铁矿不具有活性，这些矿物含量多时，粉煤灰活性下降。

另外，粉煤灰的颗粒形状及大小，对其活性也有较大影响。细小的密实球形玻璃体含量越高，粉煤灰活性越高，其标准稠度需水量也越低。不规则的多孔玻璃体含量越多，粉煤灰的标准稠度需水量越高，活性下降。未燃尽的炭粒增多，需水量增多，由其制成的粉煤灰水泥的强度也低。

粉煤灰中含有 5～45μm 的细颗粒越多，活性越高；含有 80μm 以上颗粒越多，活性越低。

GB/T 1596—2005《用于水泥和混凝土中的粉煤灰》规定，水泥活性混合材料用粉煤灰的技术要求应符合表 12-3。

表 12-3　水泥活性混合材料用粉煤灰的技术要求

序号	项　目		技术要求
1	烧失量/% ≤	F 类粉煤灰	8.0
		C 类粉煤灰	
2	含水量/% ≤	F 类粉煤灰	1.0
		C 类粉煤灰	
3	三氧化硫含量/% ≤	F 类粉煤灰	3.5
		C 类粉煤灰	
4	游离氧化钙含量/% ≤	F 类粉煤灰	1.0
		C 类粉煤灰	4.0
5	安定性(雷氏夹沸煮后增加距离)/mm	C 类粉煤灰	5
6	强度活性指数/% ≤	F 类粉煤灰	70
		C 类粉煤灰	

此外，还要求粉煤灰的放射性符合 GB 6566 的规定；当粉煤灰用于活性骨料混凝土，要限制掺和料的碱含量时，由供需双方协商确定；粉煤灰的均匀性以细度（45μm 方孔筛筛余）为考核依据，单一样品的细度不应超过前 10 个样品细度平均值的最大偏差，最大偏差范围由供需双方协商确定。

粉煤灰强度活性指数按 GB/T 1596—2005 附录 D 进行测定。实验所用对比水泥应符合

GSB 14—1510《强度检验用水泥标准样品》的要求；实验水泥由对比水泥和待检验粉煤灰按 7：3 质量比混合而成。按 GB/T 17671 分别测定对比水泥胶砂抗压强度和试验水泥胶砂抗压强度，然后依照式(12-3) 计算粉煤灰强度活性指数：

$$H_{28} = \frac{R}{R_0} \times 100\%$$

$$(12\text{-}3)$$

式中　H_{28}——活性指数，%；

　　　R——实验胶砂 28d 抗压强度，MPa；

　　　R_0——对比胶砂 28d 抗压强度，MPa。

12.2　其他通用硅酸盐水泥的生产

几种掺混合材料硅酸盐水泥的生产过程相似。在我国，熟料、混合材料和石膏通常是共同入磨进行粉磨，生产中主要是确定它们之间的配合比。水泥中混合材料的种类和掺量要根据熟料质量、混合材料的活性和要求生产水泥的品种及标号进行综合考虑，其适宜掺量依据强度试验的结果决定。

掺混合材料硅酸盐水泥的最大缺点是早期强度较低。为提高它们的早期强度，一般可采取以下措施：①适当提高熟料中早强矿物 C_3S 和 C_3A 的含量；②控制混合材料的质量和加入量；③提高水泥粉磨细度，但应综合考虑磨机产量降低和电耗增加带来的不利影响；④对于矿渣水泥，特别是熟料和矿渣中氧化铝含量较高时，可适当提高石膏的掺量，它不仅调节水泥凝结时间，还起着硫酸盐激发剂的作用；⑤利用不同种类混合材料之间的互补作用，生产复合硅酸盐水泥。

12.3　其他通用硅酸盐水泥的水化与硬化

12.3.1　矿渣硅酸盐水泥的水化与硬化

矿渣水泥的水化硬化过程较硅酸盐水泥更为复杂。但基本上可归纳如下：水泥加水拌和后，首先是水泥熟料与水作用，生成水化硅酸钙、水化铝酸钙、水化铁酸钙和氢氧化钙等，这些水化物的性质与纯硅酸盐水泥水化时的产物是相同的。生成的氢氧化钙是矿渣的碱性激发剂，它离解了玻璃体的结构，使玻璃体中的 Ca^{2+}、AlO_4^{5-}、Al^{3+}、和 SiO_4^{4-} 进入溶液，生成新的水化物，即水化硅酸盐、水化铝酸钙。有石膏存在时，还生成水化硫铝（铁）酸钙、水化铝硅酸钙（C_2ASH_8）和水化石榴子石等。由于矿渣水泥中水泥熟料矿物相对减少，并且相当多的氢氧化钙又与矿渣组分相互作用，所以与硅酸盐水泥相比，水化产物的碱度一般要低些，其中氢氧化钙含量也相对减少。

由上可知，矿渣水泥的硬化过程，首先是水泥熟料的水化硬化，然后矿渣才参加反应。由于在矿渣水泥中熟料矿物相对减少，因此其早期硬化较慢，所表现出来的是水泥的 3d 和 7d 强度偏低。

随着水化不断进行，虽然 $Ca(OH)_2$ 在不断减少，但新的水化硅酸钙、水化铝酸钙以及钙矾石大量形成，水泥颗粒与水化产物间的联结较硅酸盐水泥更紧密，结合更趋牢固，三维空间的稳固性更好，硬化体孔隙率逐渐变低，平均孔径变小，强度不断增长，其 28d 以后的强度可以赶上甚至超过硅酸盐水泥。

综上所述，矿渣水泥的水化硬化过程与硅酸盐水泥没有本质的区别，但又有自身的显著特点。影响硅酸盐水泥水化硬化的诸因素同样影响着矿渣水泥的水化与硬化。此外，采用湿热处理可以在很大程度上加速矿渣水泥的硬化速率；矿渣活性越高，颗粒越细，掺量越少，水化硬化就越快。

12.3.2 火山灰质硅酸盐水泥的水化与硬化

火山灰水泥的水化硬化过程是：水泥拌水后，首先是水泥熟料矿物水化，生成水化硅酸钙、水化硫铝（铁）酸钙、水化铝（铁）酸钙和 $Ca(OH)_2$ 等。然后是熟料矿物水化释放出来的 $Ca(OH)_2$ 与火山灰质混合材料中玻璃体所含的活性 SiO_2 和 Al_2O_3 作用，使其崩溃、溶解，生成难溶于水的二次水化硅酸钙、水化铝酸钙等。由于火山灰反应，降低了熟料水化液相中的 $Ca(OH)_2$ 含量，从而又可加速熟料矿物的水化。

火山灰水泥的水化产物大体上与硅酸盐水泥相同，主要是以 C-S-H 为主的低钙硅酸钙凝胶，其次是水化铝（铁）酸钙、水化硫铝（铁）酸钙及固溶体。当提高水化温度时，还可能有水化石榴石生成。由于火山灰反应的存在，水化产物中 C-S-H 的 C/S 比值较低，一般在 1.0～1.6。同时，$Ca(OH)_2$ 的数量比硅酸盐水泥浆体中的要少得多，且随着养护时间的延长而逐渐减少。

各种火山灰硅酸盐水泥的水化硬化过程基本上是类似的，但水化产物和水化速率往往由于混合材料的种类、性质、掺量及熟料质量的不同和硬化环境的差异而不同。火山灰水泥形成的硬化体与硅酸盐水泥相比，内表面积增大，微小孔隙增多。

12.3.3 粉煤灰硅酸盐水泥的水化与硬化

粉煤灰水泥的水化和硬化及其水化产物与火山灰水泥非常相似。但由于粉煤灰的化学成分、结构状态与火山灰质混合材料存在着一定差别，使粉煤灰水泥的水化和硬化及其形成的硬化体结构有自身的特点。

粉煤灰水泥拌水后，首先是水泥熟料的水化，然后是粉煤灰中的活性组分 SiO_2 和 Al_2O_3 与熟料矿物水化所释放的 $Ca(OH)_2$ 等水化产物反应。由于粉煤灰的玻璃体结构比较稳定，表面相当致密，所以粉煤灰玻璃体被 $Ca(OH)_2$ 侵蚀和破坏的速率很慢，即火山灰反应缓慢。在水泥水化 7d 后，粉煤灰颗粒表面几乎没有变化；直至 28d，才能见到表面初步水化，略有凝胶状的水化产物出现；在水化 90d 后，粉煤灰颗粒表面才开始生成大量的水化硅酸钙凝胶体，它们相互交叉连接并形成很高的粘接强度。

粉煤灰水泥的水化产物与硅酸水泥基本相同，主要有水化硅酸钙、水化硫铝（铁）酸钙、水化铝（铁）酸钙和 $Ca(OH)_2$，有时还可能存在少量水化石榴石等。但水化产物 $Ca(OH)_2$ 含量较少，且水化产物大部分为凝胶相，C-S-H 胶凝的 C/S 比值较低。

12.4 其他通用硅酸盐水泥的性能和应用

通用硅酸盐水泥在建筑上主要是用以配制砂浆和混凝土。其中，硅酸盐水泥凝结硬化快，早期强度高，水泥标号高；抗冻性、耐磨性好，但水化热较高、抗化学侵蚀性较差。因而，硅酸盐水泥主要用于配制高强度等级的混凝土、早期强度要求较高的工程和在低温条件下需要强度发展较快的工程；也可用于一般地上工程和不受侵蚀的地下工程、无腐蚀性水中的受冻工程。对于其他通用硅酸盐水泥来说，由于所掺加混合材料的种类和数量不同，其性能和使用范围也有所差别。

12.4.1　普通硅酸盐水泥

普通水泥的性能与硅酸盐水泥是相近的，没有明显的差别。这是由于普通水泥中熟料所占比例很大，起主导作用，混合材料则起辅助作用。然而，由于普通水泥毕竟掺有 5％～20％的混合材料，因而与硅酸盐水泥相比也有一些差别。主要表现在普通水泥早期强度的增进率低。此外，如使用火山灰质混合材料时，水泥的需水量、干缩性较大，泌水性有所降低，而抗蚀性有所提高。

普通水泥除不太适合于早期强度要求较高的工程和水利工程的水中部分、大体积混凝土工程以外，其他使用范围与硅酸盐水泥使用范围相同。长期的实践证明，用普通水泥配制的各种混凝土，其各项性能与用硅酸盐水泥配制的混凝土相似，所以普通水泥得到较为广泛的应用。

12.4.2　矿渣硅酸盐水泥

矿渣水泥的颜色比硅酸盐水泥淡，密度比硅酸盐水泥小，为 $2.8～3.0g/cm^3$。在矿渣水泥中，水泥熟料的含量比硅酸盐水泥少得多，因而凝结时间一般比硅酸盐水泥长，初凝一般 2～5h，终凝 5～9h。标准稠度与普通水泥相近。早期强度较普通水泥低，但在硬化后期，28d 后的强度发展将超过硅酸盐水泥。一般来说，矿渣掺量越多，早期强度越低，但后期强度增长率越大。

矿渣水泥具有较好的化学稳定性，对海水或 Na_2SO_4、$MgSO_4$ 等硫酸盐溶液，都有较强的抵抗能力。如在饱和的 NaCl 溶液中，当矿渣的掺量达到 70％时，矿渣水泥的强度发展几乎不受损害。对于淡水所引起的溶出性侵蚀，矿渣水泥也具有较好的抗蚀能力。一般认为矿渣水泥中 $Ca(OH)_2$ 以及铝酸盐含量的显著减少，是矿渣水泥化学稳定性提高的主要原因。同时，矿渣水泥中的水化硅酸钙凝胶的结构较紧密，对于阻止侵蚀性介质的扩散也起一定的作用。但应注意，矿渣水泥在抵抗酸性水和镁盐侵蚀方面比普通水泥差，而且其抗大气性、抗冻性及抗干湿交替环境等性能不及普通水泥。

矿渣水泥的干缩性比普通水泥大，和易性较差。如养护不当，在未充分水化之前干燥或干湿交替，就容易产生裂缝。同时，矿渣水泥泌水性较大，拌制混凝土时容易析出多余的水分，形成毛细管通路。由此，在施工过程中要采取相应措施，如加强保湿养护、严格控制加水量、低温施工时采用保温养护等。

此外，矿渣水泥中 C_3S 和 C_3A 的相对含量少，水化硬化过程缓慢，因此水化热比普通水泥低很多。矿渣水泥与钢筋的黏结力很好，保护钢筋不锈蚀的能力，可和普通水泥相比。矿渣水泥硬化后，$Ca(OH)_2$ 的含量很低，因而具有耐热性强的特点。

根据上述矿渣水泥的特点，矿渣水泥主要适用于以下场合。

① 与普通水泥一样，能用于任何地上工程，制造各种混凝土及钢筋混凝土构件。但施工时要严格控制混凝土的用水量，并尽量排除混凝土表面泌出的水分。加强保湿养护，防止产生干缩现象。拆模时间可相对延长。低温施工时，必须采取保温或加速硬化等措施。

② 适用于地下或水中工程以及经常受较高水压的工程。对于要求耐淡水侵蚀和耐硫酸盐侵蚀的水工或海港工程，以及大体积混凝土工程，尤其适宜，但不适用于受冻融或干湿交替的建筑。

③ 最适用于蒸汽养护的预制构件。据试验，矿渣水泥经蒸汽养护后，不但能获得较好的力学性能，而且浆体结构的微孔变细，能改善制品和构件的抗裂性和抗冻性。

④ 适用于受热车间（200℃以下）如冶炼车间、锅炉间和承受较高温度的工程。

12.4.3　火山灰质硅酸盐水泥

火山灰水泥的密度比硅酸盐水泥小,一般为 $2.7 \sim 2.9 \mathrm{g/cm^3}$。火山灰水泥的需水量与混合材料的种类和掺入量有关,如混合材料为凝灰岩、粗面凝灰岩,需水量与硅酸盐水泥相近;当用硅藻土、硅藻石等作混合材料时,则水泥的需水量增加,并且也随混合材料掺入量的增加而增加,准标稠度需水量的增大,使水泥强度明显下降。

火山灰水泥的强度发展较慢,尤其是早期强度较低,这主要是由于掺加混合材料后的水泥中,C_3S 和 C_3A 含量相对降低的缘故,但是,后期强度往往可以赶上甚至超过硅酸盐水泥的强度。混合材料的活性越高,追上的时间越短。后期强度增长较大,是由于混合材料中的活性 SiO_2 与 $Ca(OH)_2$ 反应,生成比硅酸盐水泥水化产物更多的水化硅酸钙凝胶的缘故。

火山灰水泥的水化热比硅酸盐水泥低,因而对养护温度较敏感。养护温度低,凝结硬化显著变慢,所以不宜冬季施工。而采用蒸汽养护等水热处理,可以加速硬化,较适用于制作蒸汽养护的水泥制品。

火山灰水泥在空气中的干缩率,由于混合材料的品种不同而有很大的差别。火山灰质混合材料的比表面积对水泥干缩率的影响很大。一般来说硅藻土的比表面积最大,由它制备的硬化水泥胶砂试体的干缩率最大。

火山灰水泥水化产物中 $Ca(OH)_2$ 含量极低,水化铝酸盐的含量也较少,而水化硅酸钙凝胶含量较多,因而水泥石的致密度较高。其抗渗性和抗淡水溶析性以及抗硫酸盐性较硅酸盐水泥好。

根据上述火山灰水泥的性能,其使用范围大致如下。

① 最适用于地下或水中工程,尤其是需要抗渗性、抗淡水及硫酸盐侵蚀的工程中。它的抗冻性和抗大气性不如硅酸盐水泥,不宜用于受冻融的部位。

② 火山灰水泥水化热较低,适用于大体积混凝土工程。

③ 宜进行蒸汽养护,生产混凝土预制构件。

④ 可和普通水泥一样用于地面建筑工程,但用软质混合材料的火山灰水泥由于干缩变形较大,不适用于干燥地区或高温车间。

使用火山灰水泥还应注意到:火山灰水泥在泌水性能方面,特别是采用软质混合材料,而且粉磨较细时,泌水性小是其突出的优点。但也必须认识到,由于火山灰质混合材料品种的不同,水泥的性能也存在差异。如水泥中掺入软质混合材料时,其容积密度、比密度和泌水性较小,但标准稠度需水量和膨胀变形较大;而掺硬质混合材料时,这些性能又和普通水泥相似。火山灰水泥抗硫酸盐的侵蚀性比普通水泥好得多,有时甚至超过矿渣水泥,但是并不是所有的水泥都有如此的抗硫酸盐性。当混合材料中活性氧化铝含量较多,且熟料又含有较多的 C_3A 时,其抗硫酸盐的能力甚至比 C_3A 含量少的普通水泥还差。因此,必须掌握不同混合材料对火山灰水泥性能的影响。

12.4.4　粉煤灰硅酸盐水泥

粉煤灰水泥在性能上具有干缩性小、抗裂性强、配制混凝土和易性好、水化热低以及对碱-集料反应有一定的抑制作用等特点。

粉煤灰水泥的干缩率比掺其他种类火山灰质混合材料的水泥要小。由于粉煤灰中含有大量致密的球形玻璃体颗粒,所以它一般表面粗糙,与多孔的天然火山灰质混合材料有明显差别。大多数天然火山灰质材料,如硅藻土、凝灰岩、火山灰等,都是具有很大内表面积的多孔结构,对水的物理吸附能力较大。而粉煤灰的内表面积较小,相比之下其结构较为致密,因此，对水的吸附能力也小得多。

　　粉煤灰水泥具有较好的抗裂性能。水泥的抗裂性能与水泥的干缩性能、抗拉强度有密切的关系。干缩率越大，抗拉强度越低，水泥制品产生裂缝的机会越多。粉煤灰有很多球状颗粒，所以需水量小，干缩率较小，这对增强水泥制品的抗裂性有良好的作用。

　　粉煤灰水泥与其他火山灰水泥一样，具有较高抗淡水和抗硫酸盐的腐蚀能力。另外，粉煤灰对高镁水泥的体积安定性有很好的稳定作用。

　　在普通水泥熟料中掺入粉煤灰，对降低水泥水化热的效果显著。粉煤灰掺量越多，水泥的水化热越低。因而粉煤灰水泥除可用于一般的工业和民用建筑以外，尤其适用于大体积水工混凝土以及地下和海港工程。但由于粉煤灰水泥混凝土泌水性较快，抗大气性较差，因而要加强施工管理，特别是注意加强早期的养护，以保证混凝土强度的正常发展。

12.4.5　复合硅酸盐水泥

　　复合水泥中同时掺加两种或两种以上的混合材料，它不只是将各类混合材料加以简单的混合，而是有意识地使其相互取长补短，产生单一混合材料没有的优良效果。复合水泥的性能与所用复掺混合材料的种类和数量有关，如果混合材料及掺量选择适宜，可以克服单一混合材料水泥的一些缺点。一般来说，复合水泥的早期强度接近于普通水泥，而其他性能优于矿渣水泥、火山灰水泥和粉煤灰水泥，因而使用范围较为广泛。

思　考　题

　　1. 水泥中掺加混合材料的主要目的是什么？

　　2. 何谓活性混合材料及非活性混合材料？

　　3. 说明潜在水硬性和火山灰性的含义。

　　4. 对水泥混合材料有哪些技术要求？试举例说明。

　　5. 如何提高掺混合材料硅酸盐水泥的早期强度？

　　6. 试述掺矿渣水泥的水化硬化过程。

　　7. 简要叙述通用硅酸盐水泥的性能和应用。

第13章 水泥生产质量管理

水泥生产是一个连续的过程，无论哪一道工序出现问题，都会影响水泥质量。为保证和提高水泥质量，必须经常、系统、科学地对各生产工序，从原料、燃料、半成品到成品，按照工艺要求一环扣一环地进行严格的质量控制。为加强水泥企业管理，保证和稳定水泥及水泥熟料产品质量，工业和信息化部根据《中华人民共和国产品质量法》和相关水泥、水泥熟料的产品标准，制定了《水泥企业质量管理规程》。以下主要介绍原燃材料、半成品、出厂水泥和水泥熟料的质量管理。

13.1 原燃材料的质量管理

（1）企业应根据质量控制要求选择合格的供方，以保证所采购的原燃材料符合规定要求，供应部门应严格按照原燃材料质量标准均衡组织进货。建立原燃材料供货方的档案，并对其符合性进行评价。原燃材料质量控制指标应符合表 13-1 的规定。

（2）原燃材料的质量应能满足工艺技术条件的要求，建立预均化库或预均化堆场，保证原燃材料均化后再使用，使用前应先检验。同库存放多种原料时，应按原料种类分区存放，存放现场应有标识，避免混杂。原燃材料初次使用或更换产地时，必须检验放射性，确认能保证水泥和水泥熟料产品放射性合格后方可使用。

（3）混合材料、石膏、水泥助磨剂、水泥包装袋等质量应符合相关的标准要求。

① 企业在初次使用时，必须按相关标准进行检验，确认能保证产品质量后方可使用。

② 供方应按品种和批次随货提供货物出厂检验报告或型式检验报告。

③ 水泥企业应按相关标准进行验收。

④ 对质量波动大的材料应及时记录，并在生产时注意搭配使用。对验收不合格的材料，应及时通知供方，可采取退货或让步接收的办法处理；当采取让步接收的办法处理时，应不影响下道工序产品的质量；当双方发生纠纷时，可委托省级或省级以上建材质检机构进行型式检验或仲裁检验。

⑤ 混合材料的品种和掺量必须符合相应产品标准的要求。

（4）原燃材料应保持合理的储存量，其最低储存量为：钙质原料 5d（外购 10d）；硅铝质原料、燃料、混合材料 10d；铁质原料、石膏 20d。企业根据原燃材料供应的难易程度，在保证正常生产的前提下，可以适当调整其最低储存量。当低于最低储存量时，企业应组织有关部门采取措施，限期补足。

（5）矿山开采应执行国家相关规定。制订开采计划和质量指标时，首先要满足配料要求，不同品位的矿石应分别开采，按化验室规定的比例搭配进厂。企业自备矿山外包开采时，应对分包方进行能力评定，签订外包协议书，并进行有效的控制。

13.2 半成品的质量管理

（1）生料 为保证生料质量，应配备精度符合配料需求的计量设备，并建立定期维护和

表 13-1　过程质量控制指标要求表

序号	类别	物料	控制项目	指标	合格率/%	检验频次	取样方式	备注
1	进厂原材料	钙质原料	CaO、MgO	自定				每月统计 1 次
			粒度	自定		自定	瞬时	
			水分	自定	≥80			
		硅铝质原料	SiO$_2$、Al$_2$O$_3$	自定				
		铁质原料	Fe$_2$O$_3$	自定				
		混合材料	物理化学性能	符合相应产品标准规定	100	1 次/(年·品种)	瞬时或综合	
			放射性	根据设备要求自定				
			水分	自定				
		原煤	水分	自定	≥80	1 次/批	瞬时	
			工业分析	自定				
			全硫	≤2.5%				
			发热量	自定				
		石膏	粒度	≤30mm(立磨自定)		自定或 1 次/批		
			SO$_3$	自定				
			结晶水	自定				
2	入磨物料	钙质原料	CaO	自定				每月统计 1 次
			粒度	自定		自定	瞬时	
			水分	自定	≥80			
		硅铝质原料	SiO$_2$、Al$_2$O$_3$	自定				
		铁质原料	Fe$_2$O$_3$	自定				
		混合材料	品种和掺量	符合相应产品标准规定	100	1 次/月	瞬时或综合	
			水分	根据设备要求自定				
		原煤	水分	自定	≥80	1 次/批	瞬时	
			工业分析	自定				

序号	类别	物料	控制项目	指标	合格率/%	检验频次	取样方式	备注
2	入磨物料	原煤	发热量	自定	≥80	1次/批	瞬时	每月统计1次
		熟料	粒度	≤30mm	自定	自定		
			MgO①	≤5.0%	100	1次/24h		
		石膏	粒度	≤30mm(立磨自定)	自定	自定		
			SO_3	自定		1次/月		
3	出磨生料	生料	$CaO(T_{CaCO_3})$	控制值±0.3%(±0.5%)	≥70	分磨1次/h	瞬时或连续	每月统计1次
			Fe_2O_3	控制值±0.2%	≥80	分磨1次/2h		
			KH或LSF	控制值±0.02(KH);控制值±2(LSF)	≥70	分磨1次/h～1次/24h		
			N(SM),P(IM)	控制值±0.10	≥85	分磨1次/1h～1次/2h		
			80μm筛余	控制值±2.0%	≥90	分磨1次/24h		
			0.2mm筛余	≤2.0%		分磨1次/24h		适用回转窑
			水分	≤1.0%		1次/周		
4	入窑生料	生料	$CaO(T_{CaCO_3})$	控制值±0.3%(±0.5%)	≥80	分窑1次/h	瞬时或连续	每季度统计1次
			分解率	控制值±3%	≥90	分窑1次/周		适用旋窑
			KH或LSF	控制值±0.02(KH);控制值±2(LSF)	≥90	分磨1次/4h～1次/24h	瞬时	
			N(SM),P(IM)	控制值±0.10	≥95	分窑1次/24h	连续	每季度统计1次
			全分析	根据设备、工艺要求决定	—			
5	入窑煤粉	煤粉	水分	自定(褐煤和高挥发分煤水分不宜过低)	≥90	1次/4h	瞬时连续	每月统计1次
			80μm筛余	根据设备要求,煤质自定	≥85	1次/2h～1次/4h		
			工业分析(灰分和挥发分)	相邻两次灰分±2.0%	≥85	1次/24h		
			煤灰化学成分	自定	—	1次/堆		

续表

序号	类别	物料	控制项目	指标	合格率/%	检验频次	取样方式	备注
6	出窑熟料	熟料	立升重	控制值±75g/L	≥85	分窑 1次/8h	瞬时	旋窑
			f-CaO	≤1.5%		自定		旋窑
				≤3.0%		1次/4h		立窑
				≤3.0%	≥85	1次/2h	瞬时或综合	白水泥
				≤1.0%		1次/2h		中热水泥
				≤1.2%		1次/2h		低热水泥
			全分析	自定	—	分窑 1次/24h	瞬时或综合	
			KH	控制值±0.02	≥80	分窑 1次/8h ～ 1次/24h	综合样	每月统计 1 次
			N(SM),P(IM)	控制值±0.1	≥85		综合样	
			全套物理检验	其中 28d 抗压强度≥50MPa（旋窑）	—	分窑 1次/24h	综合样	
7	出磨水泥	水泥	45μm 筛余	控制值±3.0%		分磨 1次/2h	瞬时或连续	45μm 筛余,80μm 筛余比表面积可以任选一种。每月统计一次
			80μm 筛余	控制值±1.5%	≥85	分磨 1次/2h	瞬时或连续	
			比表面积	控制值±15m²/kg		分磨 1次/2h	瞬时或连续	
			混合材料掺量	控制值±2.0%	100	分磨 1次/8h	连续	
			MgO②	≤5.0%	≥75	分磨 1次/24h	瞬时或连续	
			SO₃	控制值±0.2%	100	分磨 1次/4h	瞬时或连续	
			Cl⁻	<0.06%	100	分磨 1次/24h	连续	
			全套物理检验	符合产品标准规定,其中 28d 抗压余强度本表序号 8 出厂水泥规定	100	分品种和强度等级 1 次/编号	综合样	
8	出厂水泥	水泥	物理性能	符合产品标准规定	100	分品种和强度等级 1 次/编号	综合样	—
				28d 抗压富余强度 ≥2.0MPa	100		综合样	通用硅酸盐水泥
				≥1.0MPa				白色硅酸盐水泥
				≥1.0MPa				中热硅酸盐水泥

续表

序号	类别	物料	控制项目	指标	合格率/%	检验频次	取样方式	备注
8	出厂水泥	水泥	物理性能	28d抗压富余强度	≥1.0MPa	100		综合样	低热矿渣硅酸盐水泥
					≥2.5MPa				道路硅酸盐水泥
					≥2.5MPa				钢渣水泥
				28d抗压强度控制值	目标值±3%③ 目标值≥水泥标准规定值+富余强度值+3S③	100	分品种和强度等级1次/编号		
				28d抗压强度月(或一个统计期)平均变异系数	C_{v1}≤4.5%(强度等级32.5) C_{v1}≤3.5%(强度等级42.5) C_{v1}≤3.0%(强度等级52.5以上)	100		综合样	每季度统计一次
				均匀性试验的28d抗压强度变异系数	C_{v2}≤3.0%③		分品种和强度等级1次/季度		
			化学性能	符合相应标准规定	100	分品种和强度等级1次/编号	综合样	每月统计一次
			混合材料掺量	控制值±2.0%	100	分品种和强度等级1次/编号	综合样	每月统计一次
			水泥包装袋品质	符合GB 9774规定	100	分品种1次/批	综合样	
			袋装水泥袋重	每袋净含量≥49.5kg,随机抽取20袋,总质量(含包装袋)≥1000kg	100	每班每台包装机至少抽查20袋	随机	每季度统计一次

① 入磨物料中熟料的MgO含量>5.0%时,经压蒸安定性检验合格,可以放到6.0%。

② 出磨水泥中的MgO含量>5.0%时,经压蒸安定性检验合格,可以放宽到6.0%。

③ 月(或一个统计期)平均28d抗压强度的合格率低于规定值时,应该增加检验频次,直到合格率符合要求。

注:1. 当检验结果低于规定值时,应该增加检验频次,直到合格率符合要求。

2. 表中允许误差均为绝对值。

校准制度，生料配料应按化验室下达的通知进行，配料过程应及时调控，确保稳定配料；出磨生料的质量控制要求应符合表 13-1 的规定。

出磨生料要采取必要的均化措施，并保持合理库存。出磨生料和入窑生料的质量控制要求应符合表 13-1 的规定。

（2）入窑煤粉　煤粉质量应相对稳定。入窑煤粉应配置准确的计量控制装备。煤粉质量控制要求应符合表 13-1 的规定。

（3）熟料　熟料质量是确保水泥质量的关键，其要求如下。

① 窑操作员应经培训后持证上岗。

② 入窑风、煤、料的配合应合理，统一操作，确保窑热工制度的稳定，并根据窑况及时采取调整措施，防止欠烧料、生烧料的出现。

③ 出窑熟料的质量控制要求应符合表 13-1 的规定。

④ 出窑熟料按化验室指定的储库存放，不应直接入磨，应搭配或均化后使用，可用储量应保证 5d 的使用量。熟料中不得混有杂物，对质量差的熟料，化验室应采取多点搭配或分开存放并标识，经检验后按比例搭配使用，同时对出磨水泥质量进行跟踪管理。

（4）水泥粉磨

① 为保证水泥质量，水泥磨喂料设备应配备精度符合配料需求的计量设备，并建立定期维护和校准制度。发生断料或不能保证物料配比准确性时，应立即采取有效措施予以纠正。

② 熟料、石膏、混合材料和水泥助磨剂等入磨物料的配比应按化验室下达的通知进行，并有相应的记录。

③ 粉磨中改品种或强度等级由低改高时，应用高强度等级水泥清洗磨机和输送设备，清洗的水泥全部按低强度等级处理，并做好相应的记录。

④ 入磨熟料温度控制在 100℃ 以下。

⑤ 出磨水泥温度不大于 135℃。超过此温度应停磨或采取降温措施，防止石膏脱水而影响水泥的性能。

（5）出磨水泥

① 出磨水泥的质量控制要求应符合表 13-1 的规定。

② 水泥库应有明显标识，出磨水泥应按化验室指令入库，每班应准确测量各水泥库的库存量并做好记录，按化验室要求做好入库管理。

③ 同一库不得混装不同品种、强度等级的水泥。生产中改品种或强度等级由低改高时，应用高强度等级水泥清洗输送设备、水泥储存库和包装设备，清洗的水泥全部按低强度等级处理，并做好相应的记录。

④ 专用水泥或特性水泥应用专用库储存。

⑤ 出磨水泥要保持 3d 以上的储存量。

⑥ 出磨水泥应按相关产品标准的规定进行检验，检验数据经验证可以作为出厂水泥相关指标的确认依据，但不能作为出厂水泥的实物质量检验数据。检验项目、频次应符合表 13-1 的规定。

（6）在生产过程中重要质量指标 3h 以上或连续三次检测不合格时，属于过程质量事故，化验室应及时向责任部门反馈，责任部门应及时采取纠正措施，做好记录并报有关部门。

13.3　出厂水泥和水泥熟料的质量管理

(1) 水泥和水泥熟料的出厂决定权属于化验室。化验室应配备专业技术人员负责出厂水泥和水泥熟料的检验及过程管理，水泥和水泥熟料应有化验室通知方可出厂。

(2) 出厂水泥和水泥熟料质量必须按相关的水泥产品标准严格检验和控制，由于出厂水泥和水泥熟料检验结果滞后，企业必须建立出厂水泥和水泥熟料质量合格确认制度，经确认合格后方可出厂。出厂水泥和水泥熟料质量合格确认制度由化验室负责制定，内容如下。

① 按照水泥产品标准规定，出厂水泥所有的技术指标均应建立相应的质量合格确认制度（出厂前已有检验结果的项目除外），并形成书面文件。

② 以出厂水泥进行确认时，其中强度指标应根据出厂水泥品种和强度等级分别建立早期强度与实物水泥 3d 和 28d 强度的关系式。早期强度检验方法按 JC/T 738《水泥强度快速检验方法》进行。

③ 以出磨水泥进行确认时，出磨水泥质量应稳定，且 28d 抗压强度月（或一个统计期）平均变异系数满足 $C_v \leqslant 5.0\%$（强度等级 32.5）、$C_v \leqslant 4.0\%$（强度等级 42.5）、$C_v \leqslant 3.5\%$（强度等级 52.5 及以上）。其中强度指标应根据出磨水泥品种和强度等级分别建立早期强度与实物水泥 3d 和 28d 强度的关系式。早期强度检验方法按 JC/T 738《水泥强度快速检验方法》进行。

④ 当出磨水泥质量出现波动或 28d 抗压强度月平均变异系数（或一个统计期）$C_v > 5.0\%$（强度等级 32.5）、$C_v > 4.0\%$（强度等级 42.5）、$C_v > 3.5\%$（强度等级 52.5 及以上）时，应按出厂水泥进行确认。

⑤ 出厂水泥的合格确认制度应定期根据生产条件、原料变化等及时修正。

⑥ 水泥熟料的出厂合格确认制度参照出厂水泥制定。

(3) 出厂水泥质量控制　为保证出厂水泥的实物质量，企业应制定严于现行标准要求的内控指标。出厂水泥的内控指标要求应符合表 13-1 的规定。

(4) 均化　水泥必须均化后出厂。保证水泥的均匀性，缩小标准偏差，严禁无均化功能的水泥库单库包装或散装，严禁上入下出。每季度应进行一次水泥 28d 抗压强度匀质性试验。水泥匀质性试验方法按 GB 12573 附录 B 规定进行。

(5) 出库　根据化验室签发的书面通知，按库号和比例出库，并做好记录。同时水泥库应定期进行清理和维护，卸料设备保持完好，确保正常出库。

(6) 包装　按照水泥产品标准的规定，应建立水泥包装质量的确认程序，形成书面文件，并定期根据包装质量的变化进行修正。水泥包装质量的确认内容要求如下。

① 选择水泥包装袋定点生产企业，建立供方资质、生产能力等档案。每批包装袋应有出厂检验报告，每年至少有一次检验报告，每月或按包装袋的批次进行牢固度验收检验。

② 建立包装质量抽查制度。每班每台包装机至少抽查 20 袋，其包装质量、标志等应符合标准要求，发现不符合要求时，应及时处理，并做好记录。散装水泥应出具与袋装水泥包装标志内容相同的卡片。

③ 袋装水泥在确认或检验合格后存放一个月以上，化验室应发出停止该批水泥出厂通知，并现场标识。经重新取样检验，确认符合标准规定后方能重新签发水泥出厂通知单。

(7) 取样和编号

① 出厂水泥必须按产品标准规定取代表性样品进行检验并留样封存，封存日期按相关产品标准规定。

② 出厂水泥的编号，应严格执行产品标准的规定，禁止超吨位编号。

（8）交货与验收　出厂水泥质量交货与验收必须严格执行相关产品标准的规定。

（9）标准砂　标准砂是检验水泥胶砂强度的法定标准物质，企业应在国家指定的各省（区、市）定点经销单位购买标准砂，并保存购买发票和标准砂标准样品证书复印件等。根据水泥产量和试验需求制定合理的标准砂年采购数量。杜绝使用和购买假砂。

（10）不合格水泥的处理

① 出厂水泥检验结果中任一项指标不合格时，应立即通知用户停止使用该批水泥，企业与用户双方将该编号封存样寄送省级或省级以上国家认可的建材行业质检机构进行复检，以复检结果为准。

② 按合同要求进行实物质量验收中，双方共同签封的样品在有效期内被省级或省级以上国家认可的建材行业质检机构判为不合格的，企业应及时查明原因，采取纠正措施和预防措施。

③ 出厂水泥自检或经过复检，富余强度不符合表 13-1 的规定时，企业应及时查明原因，采取纠正措施和预防措施。

（11）本规程未指明的其他品种水泥和商品熟料生产企业应参照本规程制定对出厂产品的要求，并组织实施。

（12）企业应积极做好售后服务，建立和坚持访问用户制度，广泛征询对水泥质量、性能、包装、运输及执行合同等方面的意见，建立用户档案，持续改进和追踪。

13.4　生产控制图表

工厂化验室应根据工厂生产流程和原材料供应情况，编制详细的生产控制图表，表中应详细规定取样地点、取样方法、分析检验次数、测定项目以及控制指标等。在编制生产控制表时应考虑以下几方面问题。

（1）质量控制点的确定与控制项目　水泥生产是连续生产工艺过程，每道工序的质量都与最终产品质量有关。把从矿山到水泥成品出厂过程的某些影响质量的主要环节加以控制的点，称为生产质量控制点。质量控制点的确定，要能及时、准确地反映生产中真实的质量状况，并能体现"事先控制，把关堵口"的原则。

由于水泥生产有共同特点，各工厂质量控制点也大体相同，但各工厂工艺流程各有特色，所以各厂质量控制点又有所不同。确定质量控制点时，可根据工艺流程图，在图上标出要设置的控制点，然后根据每一控制点确定控制项目。生产质量控制表应包括控制点、控制项目、取样地点、取样次数、取样方法、检验项目、控制指标及合格率等。表 13-2 是某预分解窑水泥厂的生产控制表。实际应用中，可参照《水泥企业质量管理规程》并结合工厂的实际进行控制表的设计。

（2）取样方法的选择　为了能够及时准确控制生产、指导生产，正确取样具有重要意义。如果取的样品没有代表性，不仅不能正确反映生产实际情况，还会造成人力和物力的浪费，给生产带来损失。目前取样方法有两种：一种是平均样；另一种是瞬时样。一般对生料和水泥等粉状物料，可在一段时间内取平均样。有的工序只能取瞬时样，如熟料容积密度、f-CaO 等样品。

表13-2 某预分解窑水泥厂生产控制表

控制项目	取样地点	取样频度和取样量	试验频度	样品处理及试样量	实验项目	控制指标	备注
进厂石灰石	皮带机下料口	10min/次,3kg/次	每小时混合缩分为一个样,约为4.5kg	破碎、缩分制样,每小时混合样,每班分为一个样30g,预均化堆场,每堆一个样20g	测定CaO 测定K$_2$O、Na$_2$O 全分析	CaO≥48.5% K$_2$O+Na$_2$O<0.7%	合格率85% 堆场7d用量
进厂砂土	堆场	1次/班,100g/次	每月合并为一个样 每班一次	缩分、烘干为150g	全分析 水分	K$_2$O+Na$_2$O<3.8% SiO$_2$>85% 水分<10%	合格率100% 堆场9d用量
进厂矶土渣	堆场	1次/批,2kg/次	每月合并为一个样 每班一次	缩分、烘干为150g	全分析 水分	Al$_2$O$_3$>34% 水分<5%	合格率100% 堆场8d用量
进厂铁粉	火车或堆场	1次/批,2kg/次	每批一个样 每旬合并为一个样	缩分、烘干为100g	全分析 水分	Al$_2$O$_3$<22% Fe$_2$O$_3$>40% 水分<10%	堆场30d用量 同一供货点10个车皮一个样
进厂煤	火车或堆场	1次/批,2kg/次	每批一个样 每旬合并为一个样	缩分、烘干为100g	水分 灰分 热值	水分<10% 粒度<50mm 原煤灰值≥21800kJ/kg	堆场10d用量 同一供货点10个车皮一个样
进厂石膏	火车或堆场	1次/批,2kg/次	每批合并为一个样	缩分为150g	水分 SO$_3$	水分<5.0% 粒度<60mm SO$_3$>35%	堆场45d用量
进厂矿渣	堆场	1次/批,2kg/次	每批合并为一个样	缩分、烘干为150g	全分析	质量系数≥1.2	合格率100%,堆场20d用量
煤粉	入仓前	1次/4h,150g/次	每4h一个样	150g 每旬合并为一个样	水分、细度、工业分析、热值、灰分、全分析	细度:80μm筛余<7% 水分<1% 低热值≥21800kJ/kg	合格率75%,煤粉仓4h用量
出磨生料	磨机出口	自动取样,自动调整磨机原料配合比	每3~5min分析	300g X射线分析	水分 细度 三个率值,四个化学成分	水分<1% 细度:80μm筛余<10%	合格率75%,进出磨粗粉、细粉的水分,细度不定期检查

续表

控制项目	取样地点	取样频度和取样量	试验频度	样品处理及试样量	实验项目	控制指标	备注
调和生料	生料库	自动取样 300g/次	每40min一个样，每班合并为一个样	X射线分析自动处理150g	全分析 水分 细度	KH±0.02 SM±0.10 IM±0.20 水分＜0.5% 80μm筛余＜10%	指标熟料率值 水分根据需要测定 均化库2d用量
入1级筒生料	入1级筒前	A或B筒，1次/h，200g/次	每4h一个样 各班合并为一样	缩分150g送X射线分析室,150g	全分析 水分;细度		各级旋风筒出口，原料烧失量，碱含量不定期抽查；水分测定
预热器飞灰;袋收尘灰;增湿塔灰	出口	标定时做		各150g	全分析 烧失量		
出5级筒生料	5级筒出口 入窑管道	开始投料 1次/2h,200g/次 正常后,1次/4h,200g/次	2h一个样 4h一个样	50g 50g	分解率 分解率	＞95%	
熟料	熟料库顶输送机	1次/h 1kg/次	随时监视 每小时一个样，每天一个样	自动通过岩相2个/次 X射线分析室加石膏粉磨20g	立升重、全分析、岩相、比表面积、f-CaO、安定性、凝结时间、强度	立升重＞1300g/L f-CaO＜1% 按国家标准进行试验	合格率100%；熟料库5天用量；粒度不定期检查；f-CaO合格率75%
水泥	入水泥库空气输送斜槽	1次/2h,100g/次	每2h一个样 每天合并一个样	20g 2.5~3kg	水分、细度、SO_3、安定性、凝结时间、强度	比表面积＞310m²/kg SO_3=2.0%±0.2% 按国家标准进行试验	合格率100%；水泥磨系统各点细度不定期检查；比表面积与SO_3合格率75%
出厂水泥	各编号水泥袋装或散装	每1000t一个编号，每100袋取一样，每次600g,取20袋，每个编号等量留样	每编号合并一个样 每月合并一个样	混合均匀12kg,混合均匀缩分150g	细度、比表面积、安定性、强度、凝结时间全分析	国家标准	等量留样备查

　　（3）取样次数和检验次数的确定　取样和检验次数应根据技术要求和实际生产中的质量波动情况来确定。为了控制主机（如窑、磨等）设备生产的产品质量，检验次数应多一些。如 $CaCO_3$ 滴定值对煅烧和熟料质量样影响较大，检验次数应多些。

　　（4）检验方法的选择　检验方法要求简单、快速和准确。但在实际生产中，常规检验方法很难全部满足要求。如生料全分析虽然准确，但检验时间较长。采用自动分析仪器才能很好解决上述问题。

　　（5）质量控制指标的确定　水泥质量控制指标要根据国家标准和质量管理规程等确定。在生产中，应根据工厂实际，制定出高于国家标准的内控指标。在生产中还应根据生产的品种、标号不断地调整和制定相应的质量控制指标，使产品质量更加稳定。

思　考　题

　　1. 在水泥生产过程中，控制点、控制项目和控制指标的依据是什么？

　　2. 观察表 13-1，为什么很多项目的指标值由工厂自定？

第14章　特种水泥

目前，我国对特种水泥还没有一个比较明确的定义，习惯上将通用硅酸盐水泥之外的水泥品种都归于特种水泥范畴。

相对于一般土木建筑工程所用的通用水泥，特种水泥是指具有某些独特性能，适合特定的用途，或能发挥特殊作用并赋予建筑物特别功能的水泥品种，包括特性水泥和专用水泥。

14.1　特种水泥的分类

特种水泥种类繁多，分类复杂，目前有三种常见的分类方法：一是按特种水泥所具有的特性分类；二是按特种水泥的用途分类；三是按特种水泥中主要水硬性物质的名称分类。

（1）按特种水泥所具有的特性分类

① 快硬高强水泥　具有凝结硬化快，早期强度高的特点，又分为快硬和特快硬两类。

② 膨胀和自应力水泥　硬化后体积有一定膨胀，主要用于防水砂浆、修补工程、预应力混凝土管等。

③ 低水化热水泥　水化放热较小，主要用于水工工程和大体积混凝土工程。

④ 耐高温水泥　能承受较高温度，可用于窑炉衬料等。

⑤ 耐腐蚀水泥　能承受腐蚀性介质的腐蚀，如抗硫酸盐水泥、耐酸水泥等。

（2）按特种水泥的用途分类

① 水工水泥　主要应用于水工大坝或其他大体积混凝土工程、海港工程及其他经常与侵蚀介质接触的地下或水下工程，是国内应用量最大的特种水泥之一。水工水泥主要包括抗硫酸盐水泥、中热和低热水泥。

② 油井水泥　主要用于油气井固井，按其适用的温度和压力分为 9 个级别、3 个类型。

③ 道路水泥　具有耐磨性好、干缩性小等特点，主要用于道路工程。

④ 装饰水泥　主要用于建筑装饰，包括白色水泥和彩色水泥。

⑤ 砌筑水泥　主要用于砌筑砂浆、内墙抹面和基础垫层等，一般不用于配制混凝土。

⑥ 防辐射水泥　用于核辐射的防护和高放废液的固化处理。

（3）按特种水泥中主要水硬性矿物分类　特种水泥按其中所含主要水硬性矿物可分为六大类，即硅酸盐水泥（通用水泥除外）、铝酸盐水泥、硫铝酸盐水泥、铁铝酸盐水泥、氟铝酸盐水泥和以其他活性材料为主要组成的水泥。

目前，我国一般将上述分类方法结合起来，把特种水泥按其特性或用途主要分为快硬高强水泥、水工水泥、海工水泥、膨胀和自应力水泥、油井水泥、装饰水泥、高温水泥和其他水泥共八大类。以下选择较典型及应用较多的部分特种水泥，概括介绍其组成、生产方法、性能和用途。

14.2　铝酸盐水泥

根据我国国家标准 GB 201—2000 规定，凡以铝酸钙为主的铝酸盐水泥熟料，磨细制成的水硬性胶凝材料，都称为铝酸盐水泥，代号 CA。

铝酸盐水泥是一种快硬早强的水硬性胶凝材料，适用于军事工程、紧急抢修工程、严寒下的冬季施工以及要求早强的特殊工程。铝酸盐水泥耐高温性能较好，所以其主要用途之一是配制耐热混凝土，用作窑炉衬砌。另外，铝酸盐水泥又是自应力水泥和膨胀水泥的主要组分，所以应用范围广泛。

按 Al_2O_3 的含量，铝酸盐水泥分为 CA-50（$50\% \leqslant Al_2O_3 < 60\%$）、CA-60（$60\% \leqslant Al_2O_3 < 68\%$）、CA-70（$68\% \leqslant Al_2O_3 < 77\%$）和 CA-80（$77\% \leqslant Al_2O_3$）四类。

14.2.1　化学成分和矿物组成

铝酸盐水泥熟料的主要化学成分为氧化钙、氧化铝、氧化硅，还有氧化铁及少量的氧化镁、氧化钛等。由于原料和生产方法的不同，铝酸盐水泥的化学成分变化较大。按 GB 201—2000《铝酸盐水泥》规定，铝酸盐水泥化学成分的波动范围应符合表 14-1 所列数值规定。

表 14-1　铝酸盐水泥化学成分范围　　　　　　　　　　单位：%

类型	Al_2O_3	SiO_2	Fe_2O_3	R_2O	S	Cl
CA-50	$\geqslant 50, < 60$	$\leqslant 8.0$	$\leqslant 2.5$	$\leqslant 0.4$	$\leqslant 0.1$	$\leqslant 0.1$
CA-60	$\geqslant 60, < 68$	$\leqslant 5.0$	$\leqslant 2.0$			
CA-70	$\geqslant 68, < 77$	$\leqslant 1.0$	$\leqslant 0.7$			
CA-80	$\geqslant 77$	$\leqslant 0.5$	$\leqslant 0.5$			

14.2.1.1　化学成分

铝酸盐水泥以铝酸钙为主，三氧化二铝的含量在 50% 以上。以下讨论各主要氧化物所起的作用及其含量要求。

（1）氧化铝　氧化铝是生成铝酸钙的主要成分。我国采用回转窑烧结法生产，Al_2O_3 含量一般不低于 45%。氧化铝含量过低，熟料中会出现 $C_{12}A_7$，使水泥快凝，强度下降；氧化铝过高，过多形成 CA_2，早期强度下降。

（2）氧化钙　氧化钙是保证生成铝酸钙的基本成分。氧化钙含量过高，熟料中会形成 $C_{12}A_7$，使水泥快凝；CaO 含量过低，会形成大量的 CA_2，早期强度下降。另外，用回转窑烧结法生产时，熟料的烧成温度随氧化钙含量的增加而降低，CaO 含量过高，烧成范围窄，不易控制。

（3）氧化硅　氧化硅含量为 4%～5% 时，能促使生料更均匀烧结，加速矿物形成。但随着 SiO_2 含量的增加，C_2AS 的含量相应增加，使铝酸盐水泥的早强性能下降。

（4）氧化铁　氧化铁形成胶凝性极弱的 CF 和 C_2F，会降低水泥强度。采用烧结法时，含 1%～3% Fe_2O_3 可使熟料易于烧结，但超过 4%，窑内熟料中心部分煅烧不完全，使水泥凝结加快而强度降低。

（5）二氧化钛　在高硅低铁铝酸盐水泥中，TiO_2 以钙钛石（$CaO \cdot TiO_2$）形式存在，属于惰性矿物。

（6）氧化镁　少量 MgO（1%～2%）能加速矿物形成，降低氧化铝含量高时熔融物的黏度和熔融温度。但随着氧化镁含量的增多，由此形成的镁铝尖晶石（$MgO \cdot Al_2O_3$）量也相应增加；它不具有胶凝性，使水泥质量下降。

（7）其他　碱能使熔融温度降低，但对水泥质量有影响。含量超过 0.5% 时，会引起快凝，并使强度下降。P_2O_5 含量小于 1% 时，对水泥质量影响不大；超过 1%，水泥的强度下降。

14.2.1.2　熟料的矿物组成

铝酸盐水泥的主要矿物组成是铝酸一钙（$CaO \cdot Al_2O_3$，简写 CA）和二铝酸一钙（$CaO \cdot 2Al_2O_3$，简写 CA_2），还含有少量的其他铝酸盐，如 $2CaO \cdot Al_2O_3 \cdot SiO_2$（简写 C_2AS）、$12CaO \cdot 7Al_2O_3$（简写 $C_{12}A_7$）等，有时还含有很少量 $2CaO \cdot SiO_2$（简写 $\beta\text{-}C_2S$）等。

（1）铝酸一钙　是铝酸盐水泥中的主要矿物，具有很高的水硬活性。其特点是凝结正常，硬化迅速，为铝酸盐水泥强度的主要来源。但 CA 含量过高的水泥，强度发展主要集中在早期，后期强度增进率不高。

（2）二铝酸一钙　在氧化钙含量低的水泥熟料中，CA_2 的含量较多。CA_2 水化硬化较慢，早期强度低，但后期强度能不断增高。如含量过多，将影响铝酸盐水泥的快硬性能。质量优良的铝酸盐水泥一般以 CA 和 CA_2 为主。增加 CA_2 含量，能提高水泥的耐火性。

（3）七铝酸十二钙　在铝酸盐水泥中通常含量不多，随着 CaO/Al_2O_3 比值的增加而增加。水化凝结极快，强度不及 CA 高。水泥中含有较多 $C_{12}A_7$ 时，水泥出现快凝，耐热性下降。

（4）硅铝酸二钙　C_2AS 又称钙黄长石，也称铝方柱石。水硬性很差，在 SiO_2 含量高的熟料中形成 C_2AS，水化非常慢，严重影响铝酸盐水泥的早期强度。

（5）六铝酸一钙　是惰性矿物，没有水硬性。含有矿物 CA_6 的水泥，其耐火性能较高。

除上述铝酸盐矿物外，有时还会有硅酸二钙存在。水泥熟料中所含的铁，根据生产方法的不同，可以 CF、C_2F、Fe_2O_3 或 FeO 等形式存在。MgO 能与 Al_2O_3 形成镁铝尖晶石（$MgO \cdot Al_2O_3$），也可生成镁方柱石（$2CaO \cdot MgO \cdot 2SiO_2$）和更复杂的含镁化合物。钙钛石常以机械混合物的形式夹杂在其他矿物中。

14.2.2　铝酸盐水泥的原料

生产铝酸盐水泥的主要原料是矾土和石灰石。

（1）矾土　矾土中主要成分是氧化铝，并含有黏土质、石英石、碳酸盐、氧化铁及二氧化钛等杂质。矾土中主要矿物为波美石（又称水铝石、一水硬铝石，$Al_2O_3 \cdot H_2O$）和水铝土（又称水铝矿、三水铝石，$Al_2O_3 \cdot 3H_2O$）。我国各产地的高铝矾土中，主要矿物是一水铝石和高岭石（$Al_2O_3 \cdot 2SiO_2 \cdot 2H_2O$）。矾土质量按 Al_2O_3/SiO_2 质量比来评价，一般称此铝硅比（A/S）为"质量系数"。回转窑烧结法对矾土质量要求如下：$SiO_2 < 10\%$；$Al_2O_3 > 70\%$；$Fe_2O_3 < 1.5\%$；$TiO_2 < 5\%$；$Al_2O_3/SiO_2 > 7$。

（2）石灰石　生产铝酸盐水泥时，石灰石中的 SiO_2、MgO 和 Fe_2O_3 均是有害杂质，特别是在采用烧结法生产时，要求石灰石纯度高。我国生产铝酸盐水泥所用石灰石质量要求为：$CaO > 52\%$；$SiO_2 < 1\%$；$MgO < 2\%$。

14.2.3　配料计算

14.2.3.1　铝酸盐水泥生产控制系数

为了得到预计的熟料组成，必须将熟料中各主要矿物含量控制在一定范围内。一般采用铝酸盐碱度系数（A_m）、铝硅比和铝钙比作为常用的控制率值。

（1）铝酸盐碱度系数（A_m）　铝酸盐酸度系数 A_m 表示 Al_2O_3 被 CaO 饱和成 CA 的程

度，即：

$$A_m = \frac{\text{熟料中实际形成 CA、CA}_2\text{ 的 CaO 量}}{\text{熟料中铝酸钙全部为 CA 时所需的 CaO 量}}$$

经推导，铝酸盐酸度系数 A_m 可用下式进行计算：

$$A_m = \frac{C - 1.87S - 0.70(F + T)}{0.55(A - 1.70S - 2.53M)}$$

式中　C，S，F，T，A 和 M——熟料中 CaO、SiO_2、Fe_2O_3、TiO_2、Al_2O_3 和 MgO 的含量，%。

铝酸盐碱度系数 A_m 表示熟料中 CA 与 CA_2 的相对含量。A_m 值越高，即表示生成的 CA 越多。A_m 值降低时，CA_2 相应增加。当 $A_m = 1$ 时，熟料中的氧化铝除了生成 C_2AS 和 MA 外，其余全部与氧化钙化合生成 CA，熟料中没有 CA_2 存在。另外，当 $A_m = 0.5$ 时，熟料中只形成 CA_2，而并不形成 CA。A_m 值降低，凝结慢，强度低。

铝酸盐碱度系数是生产中确定配料的一个主要依据，一般根据水泥性能的要求、原料的质量、工艺流程以及煅烧设备的不同，并参照实际生产的经验数据予以确定。用回转窑烧结法生产时，A_m 一般选取 0.75，此时烧结范围为 $50 \sim 80℃$，生产易于控制。生产快硬高强水泥时，A_m 选取 $0.8 \sim 0.9$，以获得后期强度高的膨胀水泥。生产具有良好高温性能的铝酸盐水泥时，A_m 选取 $0.55 \sim 0.65$。要求耐火度大于 $1630℃$ 时，氧化钙含量要进一步降低。

（2）铝硅比系数　铝酸盐水泥的正确配比，除取决于 A_m 外，氧化铝与氧化硅含量的比值也极为重要，一般称为铝硅比系数（Al_2O_3/SiO_2 或 A/S）。铝硅比与水泥强度有密切关系，其值越高，水泥强度也越高。随着 SiO_2 含量的增加，需相应增加 CaO 含量，以保证水泥强度。

（3）铝钙比系数　氧化铝与氧化钙的比值称为"铝钙比系数"，简写成 A/C。铝钙比高，烧成温度高，水泥凝结硬化慢，但耐火度高；反之，烧成温度低，强度高，耐火度低，水泥会出现快凝、急凝现象。

14.2.3.2　配料计算方法

在铝酸盐碱度系数和铝硅比系数选定后，即可进行配料计算。当回转窑以重油为燃料时，可作无灰分掺入计算。如用煤粉为燃料，则煤灰掺入量按经验数值确定。

设具有确定 A_m 值的生料是由 x 份（质量计，下同）第一组分（矾土）和 1 份第二组分（石灰石）所组成，熟料煅烧时无灰分掺入。用 C_1、S_1、A_1、F_1、T_1 和 M_1 分别表示矾土中 CaO、SiO_2、Fe_2O_3、TiO_2、Al_2O_3 和 MgO 的质量分数；C_2、S_2、A_2、F_2、T_2 和 M_2 分别表示石灰石中相应氧化物的质量分数，则 x 可由下式确定：

$$x = \frac{[1.87S_2 + 0.70(F_2 + T_2) + 0.55A_m(A_2 - 1.70S_2 - 2.53M_2)] - C_2}{C_1[1.87S_1 + 0.70(F_1 + T_1) - 0.55A_m(A_1 - 1.70S_1 - 2.53M_1)]}$$

按上述配比，计算生料和熟料的化学成分，再代入碱度公式，验证其结果是否与预定数值相符，进行校核。

水泥熟料的矿物组成，可按下列各式计算：

$$CA = 1.55(2A_m - 1)(A - 1.70S - 2.53M)$$
$$CA_2 = 2.55(1 - A_m)(A - 1.70S - 2.53M)$$
$$C_2AS = 4.57S$$
$$CT = 1.70T$$
$$C_2F = 1.70F$$
$$MA = 3.53M$$

14.2.4　铝酸盐水泥的生产

铝酸盐水泥的生产有熔融法和烧结法两种。我国广泛采用回转窑烧结法，它与硅酸盐水泥的煅烧基本相同，生料在回转窑中煅烧至部分熔融的烧结状态。由于煅烧一般是在氧化气氛中进行，原料中的杂质不能被还原除去，故对原料的要求较严，含 SiO_2 及 Fe_2O_3 等杂质要少。铝酸盐水泥熟料的烧成温度一般为 1300～1330℃，烧结范围仅 70～80℃，在煅烧操作上不易控制，必须很好地掌握煅烧温度，避免烧流和结大块，以免影响窑的产量。

煤灰中 SiO_2 的掺入会影响铝酸盐水泥的质量，应选择低灰分和灰分中 SiO_2 含量少的燃料，煤灰的熔点也要求高些。生料磨得应细些（80μm 方孔筛筛余 6％以下）。煅烧质量的好坏，可从熟料的颜色及结粒上反映出来。正常煅烧的熟料颜色为淡黄色，外观细密，结粒为 5～10mm。水泥粉磨后比表面积一般为 260～300m²/kg。

14.2.5　铝酸盐水泥的水化和硬化

铝酸盐水泥的主要矿物为铝酸一钙，由于晶体结构中钙、铝配位极不规则，水化极快，其水化产物与温度关系很大。

当温度 15～20℃时：
$$CaO \cdot Al_2O_3 + 10H_2O \longrightarrow CaO \cdot Al_2O_3 \cdot 10H_2O$$

当温度为 20～30℃时：
$$(2m+n)CaO \cdot Al_2O_3 + (11m+10n)H_2O \longrightarrow$$
$$n(CaO \cdot Al_2O_3 \cdot 10H_2O) + m(2CaO \cdot Al_2O_3 \cdot 8H_2O) + m(Al_2O_3 \cdot 3H_2O)$$

m、n 的比值随温度提高而增加。

当温度＞30℃时：
$$3(CaO \cdot Al_2O_3) + 12H_2O \longrightarrow 3CaO \cdot Al_2O_3 \cdot 6H_2O + 2Al_2O_3 \cdot 3H_2O$$

二铝酸一钙的水化反应与 CA 相同：
$$2CA_2 + aq \xrightarrow{15\sim20℃} 2CAH_{10} + 2AH_3$$
$$2CA_2 + aq \xrightarrow{>20℃} C_2AH_8 + 3AH_3$$
$$3CA_2 + aq \xrightarrow{>30℃} C_3AH_6 + 5AH_3$$

七铝酸十二钙的水化反应如下：
$$C_{12}A_7 + aq \xrightarrow{5℃} 4CAH_{10} + 3C_2AH_8 + 2CH$$
$$C_{12}A_2 + aq \xrightarrow{<20℃} 6C_2AH_3 + AH_3$$
$$C_{12}A_2 + aq \xrightarrow{>25℃} 4C_3AH_6 + 3AH_3$$

结晶的 C_2AS 水化作用极为缓慢，β-C_2S 水化生成 C-S-H 凝胶。

铝酸盐水泥的硬化过程与硅酸盐水泥相似。CAH_{10} 和 C_2AH_8 都属于六方晶系，结晶所形成的片状和针状晶体，互相交错搭接，可形成坚强的结晶合生体，氢氧化铝凝胶又填充于晶体骨架的空隙，结合水量大，因此，水泥石内孔隙率低，结构致密，故使水泥获得较高的机械强度。但是，铝酸盐水泥的长期强度，特别是在湿热环境下，会明显下降，甚至引起结构工程的破坏。其原因是由于 CAH_{10} 和 C_2AH_8 都是介稳相，要逐渐转化为比较稳定的 C_3AH_6，并由于温度升高而加速。在转化过程放出大量游离水，使水泥石孔隙率增加、强度下降。

温度是影响铝酸盐水泥水化的重要因素，所以在施工和养护时应设法降低铝酸盐水泥混凝土的温度，这是保证工程质量的重要环节。

合理控制水灰比是保证工程质量的第二个重要因素。按照理论计算，铝酸盐水泥的水灰比可达 0.5。如果实际施工时，水灰比小于 0.5，则在水泥水化过程中，一定还有部分水泥没有水化。但在晶型转化过程中，会有大量游离水析出，这部分未水化的水泥颗粒又能重新水化，所形成的水化产物就有可能将新产生的孔隙填充密实，有效地弥补由晶型转化所引起的游离水和孔隙率增加的不良后果。因此，在条件许可的情况下，应尽量降低水灰比，一般铝酸盐水泥混凝土的水灰比不应超过 0.4。

14.2.6　铝酸盐水泥的性能与用途

14.2.6.1　铝酸盐水泥的性能

（1）水泥的颜色　由于铝酸盐水泥的化学组成与生产方法不同，制成的水泥颜色也不相同。用氧化气氛煅烧时，颜色从淡黄变到褐色；用还原气氛煅烧时呈青灰色。氧化铝含量高、铁含量低或几乎无铁的低钙铝酸盐耐火水泥一般呈灰白色或近于白色。

（2）密度和容积密度　铝酸盐水泥的密度为 $3.0 \sim 3.2 \text{g/cm}^3$，疏松状的容积密度为 $1.0 \sim 1.3 \text{g/cm}^3$，紧密状的容积密度为 $1.6 \sim 1.8 \text{g/cm}^3$。

（3）细度　GB 201—2000《铝酸盐水泥》规定，水泥比表面积不小于 $300 \text{m}^2/\text{kg}$ 或 0.045mm 筛余不大于 20％。

（4）凝结时间　铝酸盐水泥的正常稠度需水量为 23％～28％。根据国家标准规定，CA-50、CA-70、CA-80 铝酸盐水泥的初凝不得早于 30min，终凝不得迟于 6h。CA-60 铝酸盐水泥的初凝不得早于 60min，终凝不得迟于 18h。

（5）强度　铝酸盐水泥具有早强快硬的特性，其强度指标必须符合表 14-2 的规定。

表 14-2　铝酸盐水泥胶砂强度要求

水泥类型	抗压强度/MPa				抗折强度/MPa			
	6h	1d	3d	28d	6h	1d	3d	28d
CA-50	20	40	50	—	3.0	5.5	6.5	—
CA-60	—	20	45	85	—	2.5	5.0	10.0
CA-70	—	30	40	—	—	5.0	6.0	—
CA-80	—	25	30	—	—	4.0	5.0	—

（6）抗硫酸盐性　铝酸盐水泥具有很好的抗硫酸盐性能，甚至比抗硫酸盐水泥还强。可以认为，这是由于铝酸盐水泥主要组成为低钙铝酸盐，水化时不析出 $Ca(OH)_2$，水泥石中液相碱度较低，与硫酸盐介质形成的水化硫铝酸钙晶体分布均匀。另外，铝酸盐水泥水化时生成铝胶，不但使水泥石结构极为密实，而且能在水化或未水化颗粒表面形成保护性薄膜，所以，除海水等含硫酸盐水外，对碳酸水、稀酸等侵蚀性溶液也均有很好的稳定性。

（7）抗碱性　铝酸盐水泥是不耐碱的，在碱溶液中，铝酸盐水泥很快被破坏，主要的碱金属的碳酸盐会与 CAH_{10} 或 C_2AH_8 反应，例如：

$$K_2CO_3 + CAH_{10} \longrightarrow CaCO_3 + K_2O \cdot Al_2O_3 + 10H_2O$$
$$2K_2CO_3 + C_2AH_8 \longrightarrow 2CaCO_3 + K_2O \cdot Al_2O_3 + 2KOH + 7H_2O$$

生成的 $K_2O \cdot Al_2O_3$ 又与大气中 CO_2 再作用，继续产生新的 K_2CO_3 而循环作用：

$$K_2O \cdot Al_2O_3 + CO_2 \longrightarrow K_2CO_3 + Al_2O_3$$

这样就使上述反应循环发展，因此，当与碱性溶液接触，或者在混凝土集料内含有少量碱性化合物的情况下，也会引起不断侵蚀。

（8）耐高温性　铝酸盐水泥有一定的耐高温性，在高温下仍能保持较高的强度。例如：

干燥的铝酸盐水泥混凝土在 900℃下，还有原强度的 70％；1300℃时尚有 53％。这是因为在高温作用下，铝酸盐水泥所配制的混凝土中还会产生固相反应，烧结结合逐步代替水化结合，因此，不会使强度过分降低。

14.2.6.2　铝酸盐水泥的应用

根据铝酸盐水泥性能的特点，它可应用于以下场合。

① 铝酸盐水泥适用于抢修、抢建以及需要早期强度高的工程，如军事工程、桥梁、道路、机场跑道、码头、堤坝的紧急施工与抢修工程；基本建设中的紧急施工项目；设备基础的抢修及二次浇灌等。

因铝酸盐水泥 1d 强度可达到本强度等级数值的 80％以上，接近 90％，所以用铝酸盐水泥制备的混凝土有"一日混凝土"之称，这是一般水泥所不及的。

② 铝酸盐水泥在 5～10℃下养护，硬化比较快，适用于冬季及低温环境下施工使用。

③ 铝酸盐水泥适用于制作耐热和隔热混凝土及砌筑用耐热砂浆，各种锅炉、窑炉用的耐热混凝土和耐热砂浆等。

④ 适用于受硫酸盐性地下水、矿物水侵蚀的工程。禁止用于接触碱溶液的工程。

⑤ 适用于油井和气井工程，以及受交替冻融和交替干湿的建筑物。但由于铝酸盐水泥水化迅速，水化热集中于早期释放，不适宜用于大体积工程。

⑥ 铝酸盐水泥与石膏等配合，还可以制成膨胀混凝土和自应力水泥等特殊用途的水泥，铝酸盐水泥也可以制作防中子辐射等特殊的混凝土。

⑦ 铝酸盐水泥一般不得与硅酸盐水泥、石灰等能析出 $Ca(OH)_2$ 的胶凝材料混合使用；在拌和浇筑过程中也必须避免相互混杂，否则会引起强度降低并缩短凝结时间，甚至还会出现快凝现象。因为普通水泥中的石膏和硅酸钙所析出的 $Ca(OH)_2$ 都能加速铝酸盐水泥的凝结，而且 CAH_{10} 和 C_2AH_8 以及 AH_3 凝胶与 $Ca(OH)_2$ 相遇立即转变成 C_3AH_6；另外，硅酸盐水泥中的石膏被铝酸盐水泥消耗后，就不能起应有的缓凝作用；同时，C_3S 的水化又因 $Ca(OH)_2$ 被消耗掉而得到加速。因此，这两种水泥颗粒表面的水化产物会剧烈地相互作用，反应非常迅速。于是凝结硬化极快，但水化过程不能进行完全。所以，这两种水泥混合后的强度比单独使用时都要低。

14.3　硫铝酸盐水泥

国家标准 GB 20472—2006 规定，以适当成分的生料，经煅烧所得以无水硫铝酸钙和硅酸二钙为主要矿物成分的水泥熟料掺加适量的石灰石和石膏共同磨细制成，具有水硬性的胶凝材料，称为硫铝酸盐水泥。该水泥分为快硬硫铝酸盐水泥、低碱度硫铝酸盐水泥和自应力硫铝酸盐水泥。

以适当成分的硫铝酸盐水泥熟料和少量石灰石（0～15％）、适量石膏共同磨细制成的，具有早期强度高的水硬性胶凝材料，称为快硬硫铝酸盐水泥，代号为 R·SAC。

以适当成分的硫铝酸盐水泥熟料和较多量石灰石（15％～35％）、适量石膏共同磨细制成的，具有碱度低的水硬性胶凝材料，称为低碱度硫铝酸盐水泥，代号为 L·SAC。

以适当成分的硫铝酸盐水泥熟料加入适量石膏磨细制成的具有膨胀性的水硬性胶凝材料，称为自应力硫铝酸盐水泥，代号为 S·SAC。

14.3.1　硫铝酸盐水泥熟料的矿物组成

硫铝酸盐水泥熟料是由铝质原料（如矾土）、钙质原料（如石灰石）和石膏，经适当配合后，在高温下煅烧而成。其主要矿物是硫铝酸钙（$C_4A_3\bar{S}$）和硅酸二钙（β-C_2S），还有少量 $CaSO_4$、钙钛石和含铁相等。

生产硫铝酸盐水泥熟料主要控制三个率值，即碱度系数（C_m）、铝硫比（P）和铝硅比（N），其计算式如下：

$$C_m = \frac{C - 0.70T}{0.73(A - 0.64F) + 1.40F + 1.87S}$$

$$P = \frac{A - 0.64F}{\bar{S}}$$

$$N = \frac{A - 0.64F}{S}$$

式中　C、S、A、F、T、$\bar{S}$——CaO、SiO_2、Al_2O_3、Fe_2O_3、TiO_2、SO_3 的质量分数，%。

碱度系数表示 CaO 满足于生成熟料有用矿物所需 CaO 量的程度。$C_m = 1$ 时，熟料中的 CaO 刚好满足各有用矿物所需 CaO 量；$C_m > 1$ 时，理论上表示 CaO 有剩余，要出现 f-CaO。C_m 一般控制在 0.9~1.0。

铝硫比的含义是在形成 $C_4A_3\bar{S}$ 的反应过程中，形成铁相所剩余的 Al_2O_3 与 $CaSO_4$ 之间满足形成 $C_4A_3\bar{S}$ 的程度。当 $P = 3.82$ 时，Al_2O_3 与 $CaSO_4$ 之间比例刚好满足形成 $C_4A_3\bar{S}$；当 $P < 3.82$ 时，表示 $CaSO_4$ 有富余。P 值一般控制在 3.5~3.82。

铝硅比 N 反应熟料中 $C_4A_3\bar{S}$ 和 C_2S 两矿物之间的比例关系。铝硅比太小，会影响水泥质量，一般控制 $N > 3$。

生料煅烧过程中，随着物料温度的升高，发生下列反应：

900~1000℃　　　　　　　　　　$CaCO_3 \longrightarrow CaO + CO_2$

1000~1250℃　　$CaSO_4 + 3CaO + 3Al_2O_3 \longrightarrow 3CaO \cdot 3Al_2O_3 \cdot CaSO_4$

　　　　　　　　$CaSO_4 + 4CaO + 2SiO_2 \longrightarrow 2(2CaO \cdot SiO_2) \cdot CaSO_4$

1280℃　　　　$2(2CaO \cdot SiO_2) \cdot CaSO_4 \longrightarrow 2(2CaO \cdot SiO_2) + CaSO_4$

如温度升至 1400℃以上，则 $CaSO_4$ 迅速分解，$C_4A_3\bar{S}$ 也开始分解。在煅烧过程中，石膏会部分分解，若石膏含量不足，则 Al_2O_3 过剩，形成钙黄长石（C_2AS），使水泥早强性能下降；若石膏含量过多，在冷却过程中，会形成硫硅酸钙，使水泥的水化活性下降。因此，石膏含量不宜过多，燃烧温度不宜超过 1400℃，以 1250~1350℃为宜。在煅烧过程中，要防止还原气氛。在还原气氛中，$CaSO_4$ 会分解成 CaS、CaO 和 SO_2。

熟料矿物组成可按下列各式计算：

$$C_4A_3\bar{S} = 1.99Al_2O_3$$

$$C_2S = 2.87SiO_2$$

$$C_2F = 1.70Fe_2O_3$$

$$CT = 1.70TiO_2$$

$$SO_3 = SO_3 - 0.131C_4A_3\bar{S}$$

$$f\text{-}CaO = C - [0.55A - 1.87S + 0.70(F + T + \bar{S})]$$

14.3.2　硫铝酸盐水泥的组成材料

根据国家标准，用于制造快硬硫铝酸盐水泥和低碱度硫铝酸盐水泥的熟料，Al_2O_3 含量（质量分数）应不小于 30.0%，SiO_2 含量应不大于 10.5%；其 3d 抗压强度应不低于 55.0MPa。用于制造自应力硫铝酸盐水泥的熟料，其铝硅比还应不大于 6.0。

用于自应力硫铝酸盐水泥缓凝剂的石膏应符合 GB/T 5483 中 G 类二级以上规定要求；用于快硬和低碱度硫铝酸盐水泥缓凝剂的石膏应符合 GB/T 5483 中 A 类一级、G 类二级以上规定要求。采用工业副产石膏时，应经过试验，对水泥无害。

混合材料用石灰石，其 CaO 含量应不小于 50%，Al_2O_3 含量应不大于 2.0%。

14.3.3　硫铝酸盐水泥的技术要求

14.3.3.1　硫铝酸盐水泥的物理性能、碱度和碱含量

硫铝酸盐水泥的物理性能、碱度和碱含量应符合表 14-3 规定。

表 14-3　硫铝酸盐水泥的技术要求

项目		指标		
		快硬硫铝酸盐水泥	低碱度硫铝酸盐水泥	自应力硫铝酸盐水泥
比表面积/(m²/kg)	≥	350	400	370
凝结时间①/min				
初凝	≥	25	25	40
终凝	≤	180	180	240
pH 值	≤	—	10.5	—
28d 自由膨胀率/%		—	0.00~0.05	—
自由膨胀率/%				
7d	≤	—	—	1.30
28d	≤	—	—	1.75
水泥中的碱含量/%	<	—	—	0.50
28d 自应力增进率/(MPa/d)	≤	—	—	0.010

① 用户要求时，可以变动。

14.3.3.2　强度指标

快硬硫铝酸盐水泥以 3d 抗压强度分为 42.5、52.5、62.5 和 72.5 四个强度等级，各强度等级水泥应不低于表 14-4 的数值。

表 14-4　快硬硫铝酸盐水泥强度要求

强度等级	抗压强度/MPa			抗折强度/MPa		
	1d	3d	28d	1d	3d	28d
42.5	30.0	42.5	45.0	6.0	6.5	7.0
52.5	40.0	52.5	55.0	6.5	7.0	7.5
62.5	50.0	62.5	65.0	7.0	7.5	8.0
72.5	55.0	72.5	75.0	7.5	8.0	8.5

低碱度硫铝酸盐水泥以 7d 抗压强度分为 32.5、42.5 和 52.5 三个强度等级，各强度等级水泥应不低于表 14-5 的数值。

表 14-5　低碱度硫铝酸盐水泥强度要求

强度等级	抗压强度/MPa		抗折强度/MPa	
	1d	7d	1d	7d
32.5	25.0	32.5	3.5	5.0
42.5	30.0	42.5	4.0	5.5
52.5	40.0	52.5	4.5	6.0

自应力硫铝酸盐水泥以 28d 自应力值分为 3.0、3.5、4.0 和 4.5 四个自应力等级。所有

自应力等级的水泥抗压强度 7d 不小于 32.5MPa，28d 不小于 42.5MPa。各级别自应力硫铝酸盐水泥各龄期自应力值应符合表 14-6 的要求。

表 14-6　自应力硫铝酸盐水泥的自应力值要求

级别	7d 自应力值/MPa	28d 自应力值/MPa	
	$\geqslant$	$\geqslant$	$\leqslant$
3.0	2.0	3.0	4.0
3.5	2.5	3.5	4.5
4.0	3.0	4.0	5.0
4.5	3.5	4.5	5.5

14.3.4　硫铝酸盐水泥的生产

① 对原燃料的要求为：石灰石，CaO＞50％，MgO＜1.5％；矾土，Al_2O_3＞55％，SiO_2＜25％；二水石膏，SO_3＞38％，也可以使用相应质量的无水石膏；煤灰分＜25％。

② 生料细度要求为：80μm 方孔筛筛余＜10％。

③ 熟料一般在回转窑内煅烧，烧成温度以 1250～1350℃为宜，烧成温度范围较宽，液相少，没有结圈危险。

④ 水泥熟料的易磨性较好。磨制不同硫铝酸盐水泥时，将各种原料混合并粉磨至适当比表面积即可。

14.3.5　硫铝酸盐水泥的水化

$C_4A_3\bar{S}$ 和 β-C_2S 水化时，发生下列水化反应：

$$C_4A_3\bar{S}+2C\bar{S}H_2+36H \longrightarrow 2AH_3+C_3A\cdot 3C\bar{S}\cdot H_{32}$$

$$C_4A_3\bar{S}+18H \longrightarrow 2AH_3+C_3A\cdot C\bar{S}\cdot H_{12}$$

$$C_2S+nH \longrightarrow C\text{-}S\text{-}H(\text{I})+CH$$

$$3CH+AH_3+3C\bar{S}H_2+20H \longrightarrow C_3A\cdot 3C\bar{S}\cdot H_{32}$$

当石膏含量较少时，首先生成钙矾石，后来生成低硫型硫铝酸钙。由于硫铝酸钙水泥的烧成温度较低，β-C_2S 是在低温下形成的，所以活性较高，水化较快，较早形成 C-S-H（I）凝胶。另外，$C_4A_3\bar{S}$ 形成了大量 AH_3 凝胶。C-S-H 和 AH_3 凝胶填充在水化硫铝酸钙中间，加固和密实了水泥石的结构。水泥的早期强度在于早期形成大量的钙矾石；C-S-H 的形成，保证了水泥后期强度的增长。

14.3.6　硫铝酸盐水泥的用途

快硬硫铝酸盐水泥可用于紧急抢修工程（如接缝堵漏、锚喷支护、抢修飞机跑道等）、冬季施工工程、地下工程等。低碱度硫铝酸盐水泥主要用于制作玻璃纤维增强水泥制品。当用于配有钢纤维、钢筋、钢丝网、钢埋件等混凝土制品和结构时，所用钢材应为不锈钢。自应力硫铝酸盐水泥具有良好气密性和抗渗性，可制造大口径输水、输气和输油管。

14.4　白色水泥和彩色水泥

白色水泥和彩色水泥主要用于建筑装饰工程，可配制成彩色灰浆或制造各种彩色和白色混凝土，如水磨石、斩假石等。白色水泥和彩色水泥与其他天然的和人造的装饰材料相比，具有使用方便、价格较低廉、耐久性好等优点。

14.4.1　白色硅酸盐水泥

14.4.1.1　定义

GB 2015—2005 规定：以氧化铁含量少的硅酸盐水泥熟料，加入适量石膏及本标准规定的混合材料，磨细制成的水硬性胶凝材料称为白色硅酸盐水泥（简称白色水泥），代号 P·W。白色水泥分为 32.5、42.5 和 52.5 三个强度等级。

熟料中氧化镁含量不宜超过 5.0%；如果水泥经压蒸安定性试验合格，则水泥中氧化镁含量允许放宽到 6.0%。混合材料是指石灰石或窑灰，掺量为水泥质量的 0～10%。石灰石中的 Al_2O_3 含量不得超过 2.5%；窑灰应符合 JC/T 742 的规定。石膏应符合 GB/T 5483 的规定。粉磨水泥时允许加入助磨剂，其加入量不应超过水泥质量的 1%，助磨剂应符合 JC/T 667 的规定。

14.4.1.2　技术要求

白色水泥的技术要求为：

① 熟料中三氧化硫的含量不得超过 3.5%；

② 80μm 方孔筛筛余不大于 10%；

③ 初凝不得早于 45min，终凝不得迟于 10h；

④ 安定性用沸煮法检验必须合格；

⑤ 水泥白度值应不低于 87；

⑥ 各龄期抗压强度和抗折强度不得低于表 14-7 中的数值。

表 14-7　白色水泥的强度指标

强度等级	抗压强度/MPa		抗折强度/MPa	
	3d	28d	3d	28d
32.5	12.0	32.5	3.0	6.0
42.5	17.0	42.5	3.5	6.5
52.5	22.0	52.5	4.0	7.0

14.4.1.3　白色水泥的生产

（1）精选原燃料　硅酸盐水泥熟料的颜色主要是 Fe_2O_3 引起的，白色水泥的生产主要是降低 Fe_2O_3 的含量，为此必须精选原燃料。

钙质原料通常选用纯度较高的石灰石或白垩，黏土质原料则选用含铁量低的高岭土（或称白土）、叶蜡石或含铁量低的砂质黏土，校正原料有瓷石或石英砂。

煅烧白色水泥熟料时，应尽量采用无灰分的燃料-重油或天然气。由于我国石油需求量大，目前还不能满足白水泥厂的需求，因而绝大部分白水泥厂还是采用煤作为燃料。我国某白水泥厂用煤作为燃料的质量要求为：挥发分，25%～30%；灰分，<7%；灰分中 Fe_2O_3 含量，<13%。

（2）化学组成的设计　白水泥由硅酸钙和铝酸三钙为主要矿物组成，由于 C_3S 颜色较 C_2S 为白，因此，要求提高石灰饱和系数和铝氧率，尽量降低有色矿物 C_4AF 的含量。此种低铁、高饱和系数的物料烧成较困难，必须在生料中掺入萤石作为矿化剂，有利于降低白水泥熟料烧成温度和提高白度。

（3）生料和水泥的粉磨　为了减少铁粉混入，磨机采用花岗岩或陶瓷衬板，并以烧结刚玉或瓷球作为研磨体。为了保证水泥的白度，粉磨熟料时加入的石膏，其粉末的颜色应比熟料的白度高，所以一般采用质优的纤维石膏。

（4）熟料的漂白 熟料漂白工艺也是白水泥生产中的一个重要环节。熟料漂白有如下方式。

① 水冷却漂白 这是一种用冷却方式把在高温下形成的熟料结构和组成固定下来的方法。熟料从窑内卸出时直接用水急冷，开始急冷的温度越高，漂白效果越好。熟料粒度、漂白用水量都对漂白效果有影响。

② 在中性或还原性介质中漂白 中性介质采用氮气流，还原介质采用工业原油、氢气流、天然气及丙烷等。

③ 两阶段综合冷却漂白 熟料从窑内卸出，先在还原性介质中冷却到 600~800℃，然后用水急冷。此法具有最强的漂白作用。

国内外应用最多的是水冷却漂白法，这种方法简单、经济、稳定、效果好。

14.4.2 彩色水泥

彩色水泥的生产方法有两种：一种是直接烧制法，在水泥生料中掺入适量着色物质，煅烧成彩色熟料，然后磨制成彩色水泥；另一种是混合法，它是在白色水泥或硅酸盐水泥中掺入适量的着色物质，粉磨成彩色水泥。

混合法制造彩色水泥，所用着色剂要求对光和大气的耐候性好，不溶于水，并能耐碱，对水泥石不起破坏作用，也不能使水泥的强度显著下降；颜色要浓，不含杂质；加入量要少，价格比较便宜。常用的着色剂有氧化铁（铁红、铁黄、铁黑）、二氧化锰（黑色、褐色）、氧化铬（绿色）、酞菁蓝、群青蓝、立索尔宝红、汉撒黄和炭黑等。

直接法烧制彩色水泥熟料时，根据研究表明，在生料中加入下列着色剂，可以烧制成不同颜色的彩色熟料。加入 Cr_2O_3，可得黄绿色、绿色、蓝绿色；加入 Co_2O_3，在还原焰中得紫红色，在氧化焰中得玫瑰色至红褐色；加入 Mn_2O_3，在还原焰中得浅黄色，氧化焰中得紫红色；加入 Ni_2O_3，呈浅黄色至红褐色。彩色水泥熟料颜色的深浅随着着色剂的掺量而变。该方法的缺点是着色剂的加入量很少，不易控制准确和混合均匀，窑内气氛变化会造成颜色不匀。

14.5 中热水泥和低热水泥

中热硅酸盐水泥、低热硅酸盐水泥及低热矿渣硅酸盐水泥是水化放热较低的品种，使用于浇筑水工大坝、大型构筑物和大型房屋的基础等。

对于大体积混凝土工程，由于其热导率低，水泥水化时放出的热量不易散失，容易使内部温度最高达 60℃ 以上，因而与冷却较快的混凝土外表面存在几十摄氏度的温差。混凝土外部冷却产生收缩，而内部尚未冷却，于是产生内应力，从而容易产生微型纹，致使混凝土耐水性降低。采用低放热量和低放热速率的水泥就可降低大体积混凝土的内部温升。

降低水泥的水化热和放热速率，主要是选择合理的熟料矿物组成、粉磨细度以及掺入适量混合材。

各水泥熟料矿物的水化热及放热速率具有下列顺序：$C_3A > C_3S > C_4AF > C_2S$。因此，为了降低水泥的水化热和放热速率，必须降低熟料中 C_3A 和 C_3S 的含量，相应提高 C_4AF

和 C_2S 的含量。但是，C_2S 的早期强度很低，所以不宜增加过多；C_3S 含量也不应过少，否则水泥强度发展过慢。因此，在设计中热和低热水泥熟料矿物组成时，首先应着重减少 C_3A 的含量，相应增加 C_4AF 含量。

提高水泥粉磨细度，其放热速率加快；但水泥磨得过粗，强度下降。水泥中掺入混合材，如粒化高炉矿渣，可使水化热按比例下降。

根据国家标准 GB 200—2003，以适当成分的硅酸盐水泥熟料，加入适量石膏，磨细制成的具有中等水化热的水硬性胶凝材料，称为中热硅酸盐水泥（简称中热水泥），代号 P·MH。中热硅酸盐水泥熟料中 C_3S 含量应不超过 55%，C_3A 含量应不超过 6%，游离氧化钙应不超过 1.0%。中热水泥强度等级为 42.5。

以适当成分的硅酸盐水泥熟料，加入适量石膏，磨细制成的具有低水化热的水硬性胶凝材料，称为低热硅酸盐水泥（简称低热水泥），代号 P·LH。低热硅酸盐水泥熟料中 C_3S 含量应不超过 40%，C_3A 含量应不超过 6%，游离氧化钙含量应不超过 1.0%。低热水泥强度等级为 42.5。

以适当成分的硅酸盐水泥熟料，加入粒化高炉矿渣、适量石膏，磨细制成的具有低水化热的水硬性胶凝材料，称为低热矿渣硅酸盐水泥（简称低热矿渣水泥），代号 P·SLH。低热矿渣硅酸盐水泥熟料中 C_3A 含量应不超过 8%，游离氧化钙应不超过 1.2%，氧化镁含量不宜超过 5%；如果水泥经压蒸安定性实验合格，则熟料中氧化镁含量允许放宽到 6.0%。低热矿渣水泥中粒化高炉矿渣掺加量按质量分数计为 20%～60%，允许用不超过混合材总量 50% 的粒化电炉磷渣或粉煤灰替代部分粒化高炉矿渣。低热矿渣水泥强度等级为 32.5。

中热硅酸盐水泥与低热硅酸盐水泥、低热矿渣硅酸盐水泥的各项技术要求如下。

① 中热水泥和低热水泥中氧化镁含量不宜大于 5.0%。如果水泥经压蒸安定性试验合格，则中热水泥和低热水泥中氧化镁含量允许放宽到 6.0%。

② 水泥中碱含量由供需双方商定。若使用活性骨料，用户要求提供低碱水泥时，中热水泥和低热水泥中的碱含量应不大于 0.6%；低热矿渣水泥碱含量应不大于 1.0%。碱含量按 $w(Na_2O)+0.658w(K_2O)$ 计算。

③ 水泥中三氧化硫含量应不大于 3.5%。

④ 中热水泥和低热水泥的烧失量应不大于 3.0%。

⑤ 水泥比表面积应不低于 250m²/kg。

⑥ 初凝不得早于 60min，终凝不得迟于 12h。

⑦ 安定性用沸煮法检验必须合格。

⑧ 中热水泥、低热水泥和低热矿渣水泥各龄期抗压强度和抗折强度均不得低于表 14-8 的数值。

⑨ 中热水泥、低热水泥和低热矿渣水泥各龄期水化热应不大于表 14-9 的数值。

表 14-8　中热水泥、低热水泥和低热矿渣水泥的等级和各龄期强度要求

品种	强度等级	抗压强度/MPa			抗折强度/MPa		
		3d	7d	28d	3d	7d	28d
中热水泥	42.5	10.0	22.0	32.5	3.0	4.5	6.5
低热水泥	42.5	15.0	13.0	42.5	—	3.5	6.5
低热矿渣水泥	32.5	—	12.0	32.5	—	3.0	5.5

表 14-9　中热水泥、低热水泥和低热矿渣水泥的等级和各龄期水化热要求

品种	强度等级	水化热/(kJ/kg)	
		3d	7d
中热水泥	42.5	251	293
低热水泥	42.5	230	260
低热矿渣水泥	32.5	197	230

中热水泥主要适用于大坝溢流面的面层和水位变动区等要求较高的耐磨性及抗冻性工程；低热水泥和低热矿渣水泥主要适用于大坝或大体积建筑物内部及水下工程。

14.6　抗硫酸盐硅酸盐水泥

根据国家标准 GB 748—2005 规定，抗硫酸盐硅酸盐水泥按其抗硫酸盐侵蚀程度分为中抗硫酸盐硅酸盐水泥和高抗硫酸盐硅酸盐水泥两类。

以特定矿物组成的硅酸盐水泥熟料，加入适量石膏，磨细制成的具有抵抗中等浓度硫酸根离子侵蚀的水硬性胶凝材料，称为中抗硫酸盐硅酸盐水泥，简称中抗硫酸盐水泥，代号为 P·MSR。

以特定矿物组成的硅酸盐水泥熟料，加入适量石膏，磨细制成的具有抵抗较高浓度硫酸根离子侵蚀的水硬性胶凝材料，称为高抗硫酸盐硅酸盐水泥，简称高抗硫酸盐水泥，代号为 P·HSR。

从硫酸盐侵蚀的原因可知，水泥石中的 $Ca(OH)_2$ 和水化铝酸钙是引起破坏的内在因素。因此，水泥的抗硫酸盐性能在很大程度上取决于水泥熟料的矿物组成及其相对含量。

C_3S 在水化时要析出较多的 $Ca(OH)_2$，而它的存在，又是造成侵蚀的一个主要因素。所以降低 C_3S 的含量，相应增加耐蚀性较好的 C_2S 是提高耐蚀性的措施之一。

由于含有硫酸盐的地下水或河水中的 SO_3 与水泥水化形成的 $Ca(OH)_2$ 和铝酸盐水化物反应，生成二水石膏和水化硫铝酸钙等晶体，产生体积膨胀，从而破坏了砂浆或混凝土结构，这是引起硫酸盐侵蚀的基本原因。所以，降低熟料中 C_3A 的含量，是提高水泥抗硫酸盐能力的主要措施。

C_4AF 的耐蚀性要比 C_3A 强，所以用 C_4AF 来代替 C_3A，就能够在提高水泥抗硫酸盐能力的同时，还能保证有足够的熔剂矿物，有利于烧成。

抗硫酸盐水泥分为 32.5、42.5 两个强度等级。各项技术要求如下。

① 中抗硫酸盐水泥 C_3S 含量不超过 55%，C_3A 含量不超过 5%；高抗硫酸盐水泥 C_3S 含量不超过 50%，C_3A 含量不超过 3%。

② 水泥中烧失量不得超过 3.0%。

③ 水泥中氧化镁含量不得超过 5.0%。如果水泥经压蒸安定性试验合格，则水泥中氧化镁含量允许放宽到 6.0%。

④ 水泥中三氧化硫含量不得超过 2.5%。

⑤ 水泥中不溶物含量应不大于 1.5%。

⑥ 水泥比表面积应不小于 280m²/kg。

⑦ 初凝不得早于 45min，终凝不得迟于 10h。

⑧ 安定性用沸煮法检验必须合格。

⑨ 水泥中碱含量由供需双方商定。若使用活性骨料，用户要求提供低碱水泥时，水泥

中的碱含量按 $w(\mathrm{Na_2O})+0.658w(\mathrm{K_2O})$ 计算应不大于 0.6%。

⑩ 中抗硫酸盐水泥 14d 线膨胀率应不大于 0.060%；高抗硫酸盐水泥 14d 线膨胀率应不大于 0.040%。

⑪ 抗硫酸盐水泥各龄期抗压强度和抗折强度均不得低于表 14-10 的数值。

表 14-10　抗硫酸盐水泥的等级和各龄期强度要求

强度等级	抗压强度/MPa		抗折强度/MPa	
	3d	28d	3d	28d
32.5	10.0	32.5	2.5	6.0
42.5	15.0	42.5	3.0	6.5

抗硫酸盐水泥的生产工艺基本上与硅酸盐水泥生产相似，不同之处在于熟料矿物有所区别。对于抗硫酸盐水泥熟料，由于 KH 值低，SM 值高，IM 值也较低，所以熟料的形成热较硅酸盐水泥熟料低，易于烧成。但因液相黏度低，对于回转窑的窑皮维护不利，应加强稳定热工制度、严格控制熟料的结粒情况。在水泥粉磨过程中，由于熟料中 $\mathrm{C_2S}$ 和 $\mathrm{C_4AF}$ 含量较高，熟料的易磨性较差，水泥磨机的台时产量将有所下降。

抗硫酸盐水泥的抗硫酸盐侵蚀性能好，耐磨性能好，胀缩、抗渗、抗冻等性能与硅酸盐水泥相似。抗硫酸盐水泥主要用于受硫酸盐侵蚀的海港、水利、地下、隧道、引水、道路和桥梁基础等工程。抗硫酸盐水泥也可以代替硅酸盐水泥和普通硅酸盐水泥用于工业和民用建筑工程。

14.7　油井水泥

油井水泥专用于油井、气井的固井工程，又称堵塞水泥。在勘探和开采石油或天然气时，要把钢质套管下入井内，再注入水泥浆，将套管与周围地层胶结封固，进行固井作业，封隔地层内的油、气、水层，防止互相串扰，以便在井内形成一条从油层流向地面、隔绝良好的油流通道。

油井底部的温度和压力，随着井深的增加而提高。每深入 100m，温度约提高 3℃，压力增加 1~2MPa。例如，井深达 7000m 以上时，井底温度可达 200℃，压力可达 125MPa。因此，高温高压，特别是高温对水泥各种性能的影响，是油井水泥生产和使用时必须考虑的重要问题。

油井水泥的基本技术要求为：在井底的温度和压力条件下，所配成的水泥在注井过程中具有一定的流动性和合适的密度；水泥浆在注入井内后，应较快凝结，并在短期内达到相当强度；硬化后的水泥石应有良好的稳定性和抗渗性，对地层水中的侵蚀性介质也要有足够的耐蚀性等。近年来，由于国内外石油工业的发展，对油井水泥的要求越来越高，使油井水泥相应得到很大的进展。但是，目前还没有一种水泥能满足可能遇到的各种井内条件所提出的全部要求，所以应根据实际情况生产或使用不同种类的油井水泥。

温度和压力对水泥水化硬化的影响：温度是主要的，压力是次要的。因此，井深不同，对水泥的性能就有不同的要求。

根据国家标准 GB 10238—2005，中国油井水泥分为以下级别（A、B、C、D、E、F、G 和 H）和类型（O、MSR 和 HSR）。外加剂或调凝剂不能影响油井水泥的预期性能。

（1）A 级　由水硬性硅酸钙为主要成分的硅酸盐水泥熟料，通常加入符合 GB/T 5483

的石膏磨细制成的产品。在生产 A 级水泥时，允许掺入符合 JC/T 667 的助磨剂。该产品适合于无特殊性能要求时使用，只有普通（O）型。

（2）B 级　由水硬性硅酸钙为主要成分的硅酸盐水泥熟料，通常加入符合 GB/T 5483 的石膏磨细制成的产品。在生产 B 级水泥时，允许掺入符合 JC/T667 的助磨剂。该产品适合于井下条件要求中抗或高抗硫酸盐时使用，有中抗硫酸盐（MSR）和高抗硫酸盐（HSR）两种类型。

（3）C 级　由水硬性硅酸钙为主要成分的硅酸盐水泥熟料，通常加入符合 GB/T 5483 的石膏磨细制成的产品。在生产 C 级水泥时，允许掺入符合 JC/T 667 要求的助磨剂。该产品适合于井下条件要求高的早期强度时使用，有普通（O）、中抗硫酸盐（MSR）和高抗硫酸盐（HSR）三种类型。

（4）D 级　由水硬性硅酸钙为主要成分的硅酸盐水泥熟料，通常加入符合 GB/T 5483 的石膏磨细制成的产品。在生产 D 级水泥时，允许掺入符合 JC/T 667 要求的助磨剂。此外，在生产时还可选用合适的调凝剂进行共同粉磨或混合。该产品适合于中温、中压的条件下使用，有中抗硫酸盐（MSR）和高抗硫酸盐（HSR）两种类型。

（5）E 级　由水硬性硅酸钙为主要成分的硅酸盐水泥熟料，通常加入符合 GB/T 5483 要求的石膏磨细制成的产品。在生产 E 级水泥时，允许掺入符合 JC/T 667 要求的助磨剂。此外，在生产时还可选用合适的调凝剂进行共同粉磨或混合。该产品适合于高温、高压的条件下使用，有中抗硫酸盐（MSR）和高抗硫酸盐（HSR）两种类型。

（6）F 级　由水硬性硅酸钙为主要成分的硅酸盐水泥熟料，通常加入符合 GB/T 5483 的石膏磨细制成的产品。在生产 F 级水泥时，允许掺入符合 JC/T 667 要求的助磨剂。此外，在生产时还可选用合适的调凝剂进行共同粉磨或混合。该产品适合于高温高压的条件下使用，有中抗硫酸盐（MSR）和高抗硫酸盐（HSR）两种类型。

（7）G 级　由水硬性硅酸钙为主要成分的硅酸盐水泥熟料，通常加入符合 GB/T 5483 的石膏磨细制成的产品。在生产 G 级水泥时，除了加石膏或水或者两者一起与熟料相互粉磨或混合外，不得掺其他外加剂。该产品是一种基本型油井水泥，有中抗硫酸盐（MSR）和高抗硫酸盐（HSR）两种类型。

（8）H 级　由水硬性硅酸钙为主要成分的硅酸盐水泥熟料，通常加入符合 GB/T 5483 要求的石膏磨细制成的产品。在生产 H 级水泥时，除了加石膏或水或者两者一起与熟料相互粉磨或混合外，不得掺其他外加剂。该产品是一种基本型油井水泥，有中抗硫酸盐（MSR）和高抗硫酸盐（HSR）两种类型。

不同级别和类型的油井水泥应符合表 14-11 规定的相应化学要求。

不同级别和类型的油井水泥应符合表 14-12 规定的相应物理性能要求。

表 14-11　油井水泥的化学要求

化学要求	水泥级别					
	A	B	C	D、E、F	G	H
普通型(O)						
氧化镁(MgO)，最大值	6.0	NA	6.0	NA	NA	NA
氧化硫(SO$_3$)，最大值	3.5[①]	NA	4.5	NA	NA	NA
烧失量，最大值	3.0	NA	3.0	NA	NA	NA
不溶物，最大值	0.75	NA	0.75	NA	NA	NA
铝酸三钙(C$_3$A)，最大值	NR	NA	15	NA	NA	NA

续表

化学要求	水泥级别					
	A	B	C	D、E、F	G	H
中抗硫酸盐型（MSR）						
氧化镁（MgO），最大值	NA	6.0	6.0	6.0	6.0	6.0
氧化硫（SO_3），最大值	NA	3.0	3.5	3.0	3.0	3.0
烧失量，最大值	NA	3.0	3.0	3.0	3.0	3.0
不溶物，最大值	NA	0.75	0.75	0.75	0.75	0.75
硅酸三钙（C_3S）						
最大值	NA	NR	NR	NR	58	58
最小值	NA	NR	NR	NR	48	48
铝酸三钙（C_3A），最大值	NA	8	8	8	8	8
总碱量（R_2O），最大值	NA	NR	NR	NR	0.75	0.75
高抗硫酸盐型（HSR）						
氧化镁（MgO）最大值	NA	6.0	6.0	6.0	6.0	6.0
氧化硫（SO_3），最大值	NA	3.0	3.5	3.0	3.0	3.0
烧失量，最大值	NA	3.0	3.0	3.0	3.0	3.0
不溶物，最大值	NA	0.75	0.75	0.75	0.75	0.75
硅酸三钙（C_3S）						
最大值	NA	NR	NR	NR	65[2]	65[2]
最小值	NA	NR	NR	NR	48[2]	48[2]
铝酸三钙（C_3A），最大值	NA	3[2]	3[2]	3[2]	3[2]	3[2]
铁铝酸四钙（C_4AF）＋二倍铝酸三钙（C_3A），最大值	NA	24[2]	24[2]	24[2]	24[2]	24[2]
总碱量（R_2O），最大值	NA	NR	NR	NR	0.75[3]	0.75[3]

① 当 A 级水泥的铝酸三钙（C_3A）含量 ≤8% 时，SO_3 最大值为 3%。

② 当用假定化合物表示化学成分时，不一定就指氧化物真正或完全以该氧化物的形式存在。

③ 总碱量（R_2O）以 $w(Na_2O)+0.658w(K_2O)$ 计算。

注：NR 为不要求；NA 为不适用。

表 14-12　油井水泥的物理性能要求

项　　目	油井水泥级别							
	A	B	C	D	E	F	G	H
混合水（占水泥质量分数）/%	46	46	56	38	38	38	44	38
细度（最小值）/（m²/kg）	280	280	400	NR	NR	NR	NR	NR
游离液含量（最大值）/%	NR	NR	NR	NR	NR	NR	5.90	5.90

	实验方案	最终养护温度/℃	最终养护压力/MPa	抗压强度（最小值）/MPa							
抗压强度（8h 养护）	NA	38	常压	1.7	1.4	2.1	NR	NR	NR	2.1	2.1
	NA	60	常压	NR	NR	NR	NR	NR	NR	10.3	10.3
	6S	110	20.7	NR	NR	3.4	NR	NR	NR	NR	NR
	8S	143	20.7	NR	NR	NR	3.4	NR	NR	NR	NR
	8S	160	20.7	NR	NR	NR	NR	3.4	NR	NR	NR

项目				油井水泥级别							
				A	B	C	D	E	F	G	H
	实验方案①	最终养护温度/℃	最终养护压力/MPa	抗压强度(最小值)/MPa							
抗压强度(24h养护)	NA	38	常压	12.4	10.3	13.8	NR	NR	NR	NR	NR
	4S	77	20.7	NR	NR	NR	6.9	6.9	NR	NR	NR
	6S	110	20.7	NR	NR	NR	13.8	NR	6.9	NR	NR
	9S	143	20.7	NR	NR	NR	NR	13.8	NR	NR	NR
	9S	160	20.7	NR	NR	NR	NR	NR	6.9	NR	NR
	实验方案②	15~30min 最大稠度/Bc③		稠化时间(最大值/最小值)/min							
稠化时间	4	30		90 最小值	90 最小值	90 最小值	90 最小值	NR	NR	NR	NR
	5	30		NR	NR	NR	NR	NR	NR	90 最小值	90 最小值
	5	30		NR	NR	NR	NR	NR	NR	120 最大值	120 最大值
	6	30		NR	NR	NR	100 最小值	100 最小值	100 最小值	NR	NR
	8	30		NR	NR	NR	NR	154 最小值	NR	NR	NR
	9	30		NR	NR	NR	NR	190 最小值	NR	NR	NR

① 应按 GB 10238—2005 中表 6 规定的试验方案进行升温和加压，从 4～9s，压力为 (20.700±0.345)MPa。

② 试验期间，浆杯中水泥浆温度和压力应按 GB 10238—2005 中表 9-13 规定的试验方案进行升温和加压。

③ 稠度（单位 Bc）采用增压稠度仪测得，并按规定进行校准。

注：NR 为不要求；NA 为不适用。

　　油井水泥的生产方法有两种：一种是制造特定矿物组成的熟料，以满足某级水泥的化学和物理要求；另一种是采用基本油井水泥加入相应的外加剂达到相应等级水泥的技术要求。现在通常采用第二种方法。

14.8　道路硅酸盐水泥

　　公路、城市道路、机场跑道等混凝土路面经常受高速车辆的摩擦，循环不定的负荷，载重车辆的冲击和震荡，起卸货物的骤然负荷，路面与路基的温差和干湿度差产生的膨胀应力，冬季的冻融等。所以，用于道路的水泥混凝土路面，要求耐磨性好，收缩变形小，抗冻性强，抗冲击好，有高的抗折和抗压强度以及较好的弹性。

　　GB 13693—2005 规定：由道路硅酸盐水泥熟料，适量石膏，0～10％活性混合材料，磨细制成的水硬性胶凝材料，称为道路硅酸盐水泥（简称道路水泥），代号 P·R。道路水泥分为 32.5、42.5 和 52.5 三个强度等级。

　　道路硅酸盐水泥熟料中，C_3A 的含量不应超过 5.0％，C_4AF 的含量不应低于 16.0％。活性混合材料为符合 GB/T 1596 表 1 中要求的 F 类粉煤灰、符合 GB/T 203 要求的粒化高炉矿渣、符合 GB/T 6645 要求的粒化电炉磷渣和符合 YB/T022 的钢渣。石膏应符合 GB/T5483 的规定；采用工业副产石膏时，应经过试验，证明对水泥无害。粉磨水泥时允许加入助磨剂，其加入量不应超过水泥重量的 1%，助磨剂应符合 JC/T 667 的规定。

道路水泥的技术要求为：

① 水泥中氧化镁含量不得超过 5.0%；

② 水泥中 SO_3 含量不得超过 3.5%；

③ 水泥中烧失量不得超过 3.0%；

④ 比表面积为 $300\sim450m^2/kg$；

⑤ 初凝不得早于 1.5h，终凝不得迟于 10h；

⑥ 安定性用沸煮法检验必须合格；

⑦ 28d 干缩率不得大于 0.10%；

⑧ 耐磨性要求 28d 磨耗量不得大于 $3.0kg/m^2$；

⑨ 碱含量由供需双方商定，若使用活性骨料，用户要求提供低碱水泥时，水泥中的碱含量按 $w(Na_2O)+0.658w(K_2O)$ 计算应不大于 0.6%；

⑩ 各龄期抗压强度和抗折强度不得低于表 14-13 中的数值。

表 14-13　道路水泥的强度指标

强度等级	抗折强度/MPa		抗压强度/MPa	
	3d	28d	3d	28d
32.5	3.5	6.5	16.0	32.5
42.5	4.0	7.0	21.0	42.5
52.5	5.0	7.5	26.0	52.5

道路水泥所用原料及生产工艺同硅酸盐水泥，但应适当改变水泥熟料的矿物组成、粉磨细度、石膏加入量及外掺剂。与普通硅酸盐水泥熟料相比，道路水泥熟料一般适当提高 C_3S 和 C_4AF 含量。提高 C_3S 含量可以提高水泥的强度和耐磨性，但脆性增强；提高 C_4AF 含量有利于提高水泥的抗折强度和耐磨性；限制 C_3A 含量的目的在于减小收缩变形。

提高水泥粉磨细度，虽可提高强度，但收缩增加很快，从而产生微裂缝，使道路易于破坏。适当提高水泥中的石膏加入量，可提高水泥的强度和降低收缩，对制造道路水泥有利。为提高道路水泥的耐磨性，可以加入 5% 以下的石英砂。

思　考　题

1. 铝酸盐水泥的特点是什么？与它的化学成分有何关系？

2. 铝酸盐水泥的水化硬化特点是什么？

3. 铝酸盐水泥的性质与硅酸水泥有何不同？使用上要注意哪些问题？

4. 硫铝酸盐水泥有哪些种类？用途是什么？

5. 生产中热硅酸盐水泥和低热硅酸盐水泥时，如何设计熟料的矿物组成？

6. 生产抗硫酸盐硅酸盐水泥时，如何设计熟料的矿物组成？

7. 生产白色水泥时，在工艺上要控制哪些因素？

第15章 水泥物理性能检验

水泥物理性能检验是研究水泥物理性能，进行水泥生产控制，保证和提高水泥质量的必要手段，也是贯彻执行国家标准，保证工程质量的重要措施。本章主要介绍水泥物理性能检验的基本原理、检验方法、所用仪器设备、主要参数及检验结果的计算。

15.1 水泥细度检验

GB/T 1345—2005《水泥细度检验方法 筛析法》规定采用 $45\mu m$ 方孔筛和 $80\mu m$ 方孔筛对水泥试样进行筛析试验，用筛上筛余物的质量分数来表示水泥的细度。适用于硅酸盐水泥、普通硅酸盐水泥、矿渣通硅酸盐水泥、火山灰质硅酸盐水泥、粉煤灰硅酸盐水泥和复合硅酸盐水泥及指定采用该标准的其他水泥品种和粉状物料。

15.1.1 方法原理

采用 $45\mu m$ 方孔筛和 $80\mu m$ 方孔筛对水泥试样进行筛析试验，用筛上筛余物的质量分数表示水泥样品的细度。

筛析法有负压筛析法、水筛法和手工筛析法三种。当三种方法测定结果发生争议时，以负压筛析法为准。

15.1.2 仪器设备

（1）试验筛 试验筛由圆形筛框和筛网组成，筛网符合 GB/T 6005 R20/3 $80\mu m$ 和 GB/T 6005 R20/3 $45\mu m$ 的要求，分负压筛、水筛和手工筛三种，负压筛和水筛的结构尺寸如图15-1和图15-2所示。负压筛应附有透明筛盖，筛盖与筛上口应有良好的密封性。手工筛结构符合 GB/T 6003.1 的要求，其中筛框高度为 50mm，筛子的直径为 150mm。

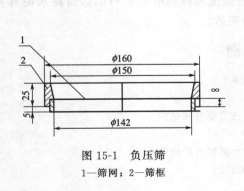

图 15-1 负压筛
1—筛网；2—筛框

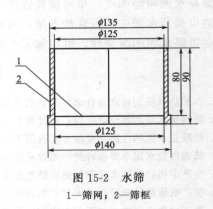

图 15-2 水筛
1—筛网；2—筛框

（2）负压筛析仪 负压筛析仪由筛座、负压筛、负压源及收尘器组成，其中筛座由转速为 $(30\pm2)r/min$ 的喷气嘴、负压表、控制板、微电机及壳体等构成，如图15-3所示。筛析仪负压可调范围为 $4000\sim6000Pa$；喷气嘴上口平面与筛网之间距离为 $2\sim8mm$。

（3）水筛架和喷头 水筛架和喷头的结构尺寸应符合 JC/T 728 的规定。

（4）天平　最小分度值不大于 0.01g。

15.1.3　操作程序

15.1.3.1　试验准备

水泥样品按 GB 12573 的要求进行取样，先通过 0.9mm 方孔筛，再在（110±5）℃的烘箱中烘干 1h，并在干燥器中冷却至室温。

试验前所用试验筛应保持清洁，负压筛和手工筛应保持干燥。试验时，80μm 筛析试验称取试样 25g，45μm 筛析试验称取试样 10g。

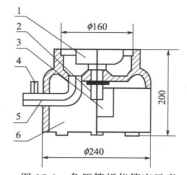

图 15-3　负压筛析仪筛座示意

1—喷气嘴；2—微电机；3—控制板开口；
4—负压表接口；5—负压源及收尘器接口；
6—壳体

15.1.3.2　负压筛析法

① 把负压筛放在筛座上，盖上筛盖，接通电源，检查控制系统，调节负压至 4000～6000Pa 范围内。

② 称取试样精确至 0.01g，置于洁净的负压筛中，放在筛座上，盖上筛盖，接通电源，开动筛析仪连续筛析 2min，在此期间如有试样附着在筛盖上，可轻轻地敲击筛盖使试样落下。筛毕，用天平称量全部筛余物。

15.1.3.3　水筛法

① 筛析试验前，应检查水中无泥、砂，调整好水压及水筛架的位置，使其能正常运转，并控制喷头底面和筛网之间距离为 35～75mm。

② 称取试样精确至 0.01g，置于洁净的水筛中，立即用淡水冲洗至大部分细粉通过后，放在水筛架上，用水压为（0.05±0.02）MPa 的喷头连续冲洗 3min。筛毕，用少量水把筛余物冲至蒸发皿中，等水泥颗粒全部沉淀后，小心倒出清水，烘干并用天平称量全部筛余物。

15.1.3.4　手工干筛法

① 称取水泥试样精确至 0.01g，倒入手工筛内。

② 用一只手持筛往复摇动，另一只手轻轻拍打，往复摇动和拍打过程应保持近于水平。拍打速度每分钟约 120 次，每 40 次向同一方向转动 60°，使试样均匀地分布在筛网上，直至每分钟通过的试样量不超过 0.03g 为止。称量全部筛余物。

15.1.3.5　试验筛的清洗

试验筛必须经常保持洁净，筛孔通畅，使用 10 次后要进行清洗。金属框筛、铜丝网筛清洗时应用专门的清洗剂，不可用弱酸浸泡。

15.1.4　结果计算及处理

水泥试样筛余率按式(15-1) 计算（结果计算至 0.1%）。

$$F = \frac{R_t}{W} \times 100\%$$ （15-1）

式中　　F——水泥试样的筛余率，%；

　　　　R_t——水泥筛余物的质量，g；

　　　　W——水泥试样的质量，g。

每个样品应称取两个试样分别筛析，取筛余平均值作为筛析结果。若两次筛余结果绝对误差大于 0.5% 时（筛余值大于 5.0% 时可放宽至 1.0%），应再做一次试验，取两次相近结果的算术平均值，作为最终结果。

15.2　水泥密度的测定

水泥密度根据 GB/T 208—1994《水泥密度测定方法》进行测定。

15.2.1　方法原理

将水泥倒入装有一定量液体介质的李氏瓶内，并使液体介质充分地浸透水泥颗粒。根据阿基米德定律，水泥的体积等于它所排开的液体体积。由此算出水泥单位体积的质量，即密度。为避免测定时水泥发生水化反应，液体介质采用无水煤油。

15.2.2　试验仪器及条件

（1）李氏瓶　李氏瓶横截面形状应为圆形，外形尺寸如图 15-4。应严格遵守关于公差、符号、长度、间距以及均匀刻度的要求。最高刻度标记与磨口玻璃塞最低点之间的距离至少为 10mm。细径上有体积刻度，精确至 0.1cm³。

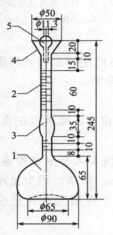

图 15-4　李氏瓶

1—瓶；2—细径；3—扩大瓶；
4—装料漏斗；5—玻璃瓶塞

（2）无水煤油　无水煤油应符合 GB 253 的要求。

（3）恒温水槽　恒温水槽要能保证测定时李氏瓶装水泥前后两次读数温度差不大于 0.2℃。

15.2.3　测定步骤

① 将无水煤油注入李氏瓶中，使液面到 0~1mL 刻度线，盖上瓶塞，放入恒温水槽，使刻度部分浸入水中（应控制水温与李氏瓶上标示的温度一致）。恒温 30min，记下初读数。

② 从恒温水槽中取出李氏瓶，用滤纸将李氏瓶细长颈内没有煤油的部分仔细擦干净。

③ 称取水泥（60.00±0.01）g。水泥试样应预先通过 0.90mm 方孔筛，并在（110±5）℃的温度下烘干 1h，置于干燥器中冷却至室温。

④ 用小勺将水泥样品一点点地装入李氏瓶中，反复摇动（或用超声波震动），至没有气体排出。

⑤ 再次将李氏瓶静置于恒温水槽中，恒温 30min，记下第二次读数。两次读数恒温水槽的温度差应不大于 0.2℃。

15.2.4　结果计算

水泥密度按式(15-2) 计算。

$$\rho = \frac{m}{V} \qquad (15\text{-}2)$$

式中　ρ——水泥密度，g/cm³；

　　　m——水泥质量，g；

　　　V——水泥体积（即水泥排开煤油的体积），cm³。

结果计算到小数第三位，取整数到 0.01g/cm³。试验结果取两次测定结果的算术平均值，两次测定结果之差不得超过 0.02g/cm³。

15.3　水泥比表面积测定

GB/T 8074—2008《水泥比表面积测定方法　勃氏法》规定，本标准适用于测定水泥的比表面积及适合于本方法的比表面积在 $2000 \sim 6000 cm^2/g$ 的其他粉状物料，不适合测定多孔材料和超细粉状物料。

15.3.1　方法原理

本方法主要根据一定量的空气通过具有一定空隙率和固定厚度的水泥层时，所受阻力不同而引起流速的变化来测定水泥的比表面积。在一定空隙率的水泥层中，孔隙的大小和数量是颗粒尺寸的函数，同时也决定了通过料层的气流速度。

15.3.2　试验仪器及条件

（1）**透气仪**　本方法采用的勃氏透气比表面积仪分为手动和自动两种，均应符合 JC/T 956 的要求。如图 15-5 和图 15-6 所示，勃氏透气比表面积仪主要由透气圆筒、穿孔板、捣器、U 形压力计、抽气装置等几部分组成。

① 透气圆筒　直径为 (12.70 ± 0.05)mm，由不锈钢或铜质材料制成。在圆筒内壁，距离圆筒上口边 (55 ± 10)mm 处有一个突出的、宽度为 0.5～1.0mm 的边缘，以放置金属穿孔板。

② 穿孔板　由不锈钢或铜质材料制成，厚度为 (1.0 ± 0.1)mm，板面上均匀地打有 35 个直径 (1.00 ± 0.05)mm 的小孔。

③ 捣器　由不锈钢或铜质材料制成，捣器与透气圆筒的间隙应不大于 0.1mm。捣器的底面应与主轴垂直，捣器侧面有一个扁平槽，宽度 (3.0 ± 0.3)mm。捣器的顶部有一个支持环，当捣器放入圆筒时，支持环与圆筒上口边接触，这时捣器底面与穿孔圆板之间的距离为 (15.0 ± 0.5)mm。

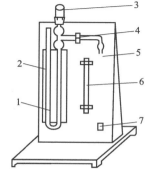

图 15-5　勃氏透气仪示意（一）

1—U 形压力计；2—平面镜；

3—透气圆筒；4—活塞；

5—背面接微型电磁泵；

6—温度计；7—开关

④ U 形压力计　由外径为 9mm 的具有标准厚度的玻璃管制成。压力计一个臂的顶端有一个锥形磨口与透气圆筒紧密连接，连接透气圆筒的一臂上刻有环行刻线。从压力计底部往上 280～300mm 处有一个出口管，管上装有一个阀门，连接抽气装置。

⑤ 抽气装置　抽气装置的抽力要能保证水面超过最上面一条刻度线。

（2）**烘干箱**　控制温度灵敏度±1℃。

（3）**分析天平**　分度值 0.001g。

（4）**秒表**　精确至 0.5s。

（5）**水泥样品**　水泥样品按 GB 12573 进行取样，先通过 0.9mm 方孔筛，再在 (110 ± 5)℃烘箱中烘 1h，并在干燥器中冷却至室温。

（6）**基准材料**　采用 GSB 14—1511 或相同等级的标准物质。有争议时以 GSB 14—1511 为准。

（7）**力计液体**　采用带有颜色的蒸馏水或直接采用无色蒸馏水。

（8）**滤纸**　采用符合 GB/T 914 的中速定量滤纸。

（9）**汞**　分析纯。

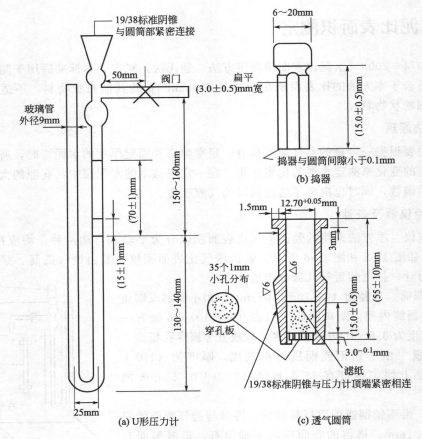

图 15-6　勃氏透气仪示意（二）

（10）**试验室条件**　相对湿度不大于 50%。

15.3.3　操作步骤

（1）**试样准备**　水泥样品按 GB 2573 进行取样，先通过 0.9mm 方孔筛，再在（110±5）℃烘箱中烘 1h，并在干燥器中冷却至室温。

（2）**漏气检查**　将 U 形压力计内装水至最下面一条刻线，用橡皮塞将透气圆筒上口塞紧，将透气圆筒外部涂上凡士林（或其他活塞油脂）后插入 U 形压力计锥形磨口，把阀门处也涂上适量凡士林（不要堵塞通气孔）。打开抽气装置抽水至超过最上面一条刻线后关闭阀门。观察压力计内液面，3min 内不下降，表示仪器密封性良好。

（3）**空隙率（ε）的确定**　P·Ⅰ和 P·Ⅱ型水泥的空隙率采用 0.500±0.005，其他水泥或粉料的空隙率采用 0.530±0.005。

当按上述空隙率不能将试样压至 GB/T 8074—2008 中第 7.5 条规定的位置时，则允许改变空隙率。

（4）**试料层体积的测定**　按 JC/T 956—2005 的规定用下述水银排代法测定试料层的体积。

将穿孔板平放入透气圆筒内，再放入两片滤纸。然后用水银装满圆筒。用玻璃板挤压圆桶上口多余的水银，使水银表面与圆筒上口平齐，倒出水银称量，记录水银质量 m_1，然后取出一片滤纸，在圆桶内加入适量的试样，再盖上一片滤纸后，用捣器压实至试样层规定的厚度。取出捣器，用水银注满圆桶，同样用玻璃片挤压圆桶上口多余的水银，使水银表面与圆筒上口平齐，倒出水银称量，记录水银质量 m_2。试料层占有的体积用式(15-3) 计算。

$$V=\frac{m_1-m_2}{\rho_{水银}} \qquad (15-3)$$

式中　V——试料层体积，cm^3；

　　　m_1——圆筒内未装料时，充满圆筒的水银质量，g；

　　　m_2——圆筒内装料后，充满圆筒的水银质量，g；

　　　$\rho_{水银}$——试验温度下水银的密度（表 15-1），g/cm^3。

试料层体积要重复测定两遍，取平均值，计算精确至 $0.001cm^3$。

表 15-1　在不同温度下水银密度、空气黏度 η 和 $\sqrt{\eta}$

温度/℃	水银密度/(g/cm^3)	空气黏度 $\eta/Pa \cdot s$	$\sqrt{\eta}/(Pa \cdot s)^{1/2}$
8	13.58	0.0001749	0.01322
10	13.57	0.0001759	0.01326
12	13.57	0.0001768	0.01330
14	13.56	0.0001778	0.01333
16	13.56	0.0001788	0.01337
18	13.55	0.0001798	0.01341
20	13.54	0.0001808	0.01345
22	13.54	0.0001818	0.01348
24	13.54	0.0001828	0.01352
26	13.53	0.0001837	0.01355
28	13.53	0.0001847	0.01359
30	13.52	0.0001857	0.01363
32	13.52	0.0001867	0.01366
34	13.51	0.0001867	0.01370

（5）确定试样量　试样量按式(15-4) 计算。

$$m=\rho V(1-\varepsilon) \qquad (15-4)$$

式中　m——需要的试样量，g；

　　　ρ——试样密度，g/cm^3；

　　　V——试料层体积，cm^3；

　　　ε——试料层空隙率。

（6）试料层制备　将穿孔板放入透气圆筒的凸缘上，带记号的一面朝下，用推杆把一片滤纸送到穿孔板上，边缘压紧，放平。称取确定量的水泥量，倒入圆筒，轻敲圆筒的边，使水泥层表面平坦，再放入一片滤纸，用捣器均匀捣实试料直至捣器的支持环紧紧接触圆筒顶边，旋转捣器 1~2 圈，慢慢取出捣器。

（7）透气试验　把装有试料层的透气圆筒表面涂一薄层凡士林，连接到压力计上，旋转 1~2 圈，要保证紧密连接，不漏气，并不能再振动所制备的试料层。

打开微型电磁泵阀门，慢慢从 U 形压力计一臂中抽出空气，直至液面升到扩大部下端时关闭阀门和抽气泵。当压力计液体的凹液面达到第二条刻线时开始计时，当液体的凹液面达到第三条刻线时停止计时，记录液体通过第二、第三条刻线时的时间，精确到 0.1s，并记下试验的温度。

透气试验要重复进行两次。当两次透气时间超过 1.0s 时，要测第三遍。取两次不超过 1.0s 的透气时间的平均值作为该仪器的透气时间。每次透气试验，都应重新制备试料层。

15.3.4 结果计算与处理

被测物料的密度可按式(15-5)计算：

$$S = \frac{S_s \rho_s \sqrt{\eta_s} \sqrt{T} (1-\varepsilon_s) \sqrt{\varepsilon^3}}{\rho \sqrt{\eta} \sqrt{T_s} (1-\varepsilon) \sqrt{\varepsilon_s^3}} \tag{15-5}$$

式中 S——被测试样的比表面积，cm^2/g；

S_s——标准样品的比表面积，cm^2/g；

T——被测试样试验时，压力计中液面降落测得的时间，s；

T_s——标准样品试验时，压力计中液面降落测得的时间，s；

η——被测试样试验温度下的空气黏度，Pa·s；

η_s——标准样品试验温度下的空气黏度，Pa·s；

ε——被测试样试料层的空隙率；

ε_s——标准样品试料层的空隙率。

如试验时温度与校准温度之差≤3℃时，可忽略温度变化对空气黏度变化的影响。

水泥比表面积应由两次透气试验结果的平均值确定，如两次试验结果相差 2%以上时，应重新试验。计算应精确到 $10cm^2/g$。

15.4   水泥标准稠度用水量、凝结时间、安定性检验

检验依据为 GB/T 1346—2011《水泥标准稠度用水量、凝结时间、安定性检验方法》。本标准适用于硅酸盐水泥、普通硅酸盐水泥、矿渣通硅酸盐水泥、火山灰质硅酸盐水泥、粉煤灰硅酸盐水泥和复合硅酸盐水泥及指定采用该标准的其他水泥品种。

15.4.1 方法原理

15.4.1.1   水泥标准稠度

水泥标准稠度净浆对标准试杆（或试锥）的沉入具有一定的阻力。通过试验不同含水量水泥净浆的穿透性，以确定水泥标准稠度净浆中所需加入的水量。

15.4.1.2   凝结时间

凝结时间指试针沉入水泥标准稠度净浆至一定深度所需要的时间。

15.4.1.3   安定性

（1）雷氏夹法   雷氏夹法是通过测定水泥标准稠度净浆在雷氏夹中煮沸后试针的相对位移来表征其体积膨胀的程度。

（2）试饼法   试饼法是通过观测水泥标准稠度净浆试饼煮沸后的外形变化情况来表征其体积安定性。

15.4.2   试验仪器

（1）水泥净浆搅拌机   水泥净浆搅拌机应符合 JC/T729 的要求。

水泥净浆搅拌机由搅拌锅、搅拌叶片、传动机构和控制系统组成。搅拌叶片在搅拌

锅内做旋转方向相反的公转和自转，并可在竖直方向调节。搅拌锅可以升降，传动机构保证搅拌叶片按规定的方向和速度运转，控制系统具有按程序自动控制与手动控制两种功能。

搅拌叶片与锅底、锅壁的工作间隙为（2±1）mm。

（2）维卡仪

① 标准法维卡仪　　如图 15-7 所示为测定水泥标准稠度和凝结时间用的标准法维卡仪及其配件示意。

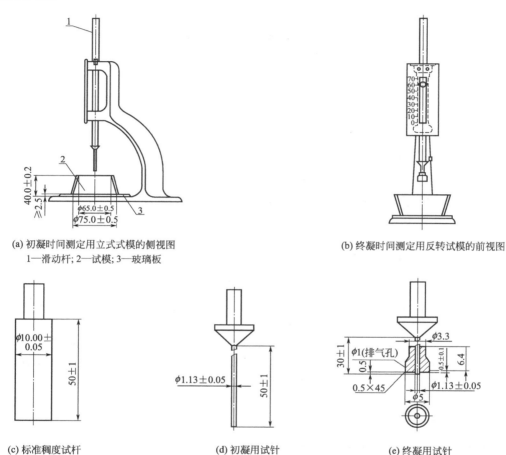

(a) 初凝时间测定用立式式模的侧视图
1—滑动杆; 2—试模; 3—玻璃板

(b) 终凝时间测定用反转试模的前视图

(c) 标准稠度试杆　　　　　　　　(d) 初凝用试针　　　　　　　　(e) 终凝用试针

图 15-7　测定水泥标准稠度和凝结时间用的标准法维卡仪及配件示意

标准稠度测定试杆有效长度为（50±1）mm，由直径为（10.00±0.05）mm 的圆柱形耐腐蚀金属制成。

初凝用试针有效长度为（50±1）mm，终凝用试针有效长度为（30±1）mm，直径均为（1.13±0.05）mm。

滑动部分总质量为（300±1）g。与试针、试杆联结的滑动杆表面应光滑，能靠重力自由下落，不得有紧涩和旷动现象。

试模由耐腐蚀的、有足够硬度的金属制成。深度（40.00±0.2）mm、顶内径 ϕ（65.0±0.5）mm、底内径 ϕ（75.0±0.5）mm，形状为截顶圆锥体。每个试模应配备边长或直径约 100mm、厚度 4～5mm 的平板玻璃底板或金属底板。

② 代用法维卡仪　代用法维卡仪应符合 JC/T 727 的要求。

（3）雷氏夹　雷氏夹由铜质材料制成，其结构如图 15-8 所示。当一根指针的根部先悬挂在一根金属丝或尼龙丝上，另一根指针的根部再挂上一颗 300g 的砝码时，两根指针针尖的距离增加应该在（17.5±2.5）mm，去掉砝码后，针尖的距离应能恢复到挂砝码前的状态。

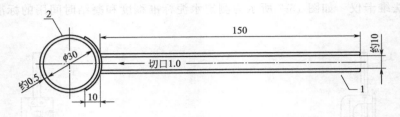

图 15-8　雷氏夹
1—指针；2—环模

（4）沸煮箱　沸煮箱应符合 JC/T 955 的要求。

沸煮箱由箱盖、内箱体、箱箅、保温层、管状加热器、管接头、铜热水嘴、水封槽、罩壳、电气控制箱等构成。最高沸煮温度 100℃。

（5）雷氏夹膨胀值测定仪　如图 15-9 所示，标尺最小刻度为 0.5mm。

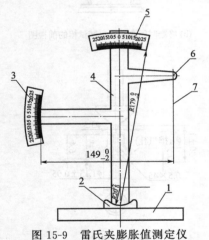

图 15-9　雷氏夹膨胀值测定仪
1—底座；2—模子座；3—测弹性标尺；
4—立柱；5—测膨胀值标尺；
6—悬臂；7—悬丝

（6）量筒或滴定管　精度±0.5mL。

（7）天平　最大称量不小于 1000g，分度值不大于 1g。

15.4.3　试验条件

① 试验用水应是洁净的饮用水，有争议时以蒸馏水为准。

② 试验室温度为（20±2）℃，相对湿度应不低于 50%，水泥试样、拌和水、仪器和用具的温度应与试验室温度一致。

③ 湿气养护箱的温度为（20±1）℃，相对湿度应不低于 90%。

15.4.4　测定方法

15.4.4.1　水泥标准稠度用水量测定方法（标准法）

试验前应保证维卡仪的金属棒能自由滑动；调整维卡仪的金属棒至试杆接触玻璃板时指针对准零点；搅拌机运转正常。

（1）水泥净浆的拌制　用水泥净浆搅拌机搅拌，搅拌锅和搅拌叶片先用湿布擦过。将拌和水倒入搅拌锅内，然后在 5～10s 内小心将称好的 500g 水泥加入水中，防止水和水泥溅出。拌和时，先将锅放到搅拌机锅座上，升至搅拌位置，启动搅拌机，低速搅拌 120s，停拌 15s，同时将叶片和锅壁上的水泥浆刮入锅中间，接着高速搅拌 120s 停机。

（2）标准稠度用水量的测定　拌和结束后，立即取适量水泥浆，一次性将其装入已置于玻璃底板上的试模中，浆体超过试模上端，用宽约 25mm 的直边刀轻轻拍打超过试模的浆体 5 次以消除浆体中的孔隙，然后在试模上表面约 1/3 处，略倾斜于试模分别向外轻轻锯掉多余净浆，再从试模边缘轻抹顶部一次，使净浆表面光滑。在锯掉多余净浆和抹平的操作过程中，注意不要压实净浆；抹平后迅速将试模和底板移到维卡仪上，并将其中心定在试杆下，降低试杆直至与水泥净浆表面接触。拧紧螺丝 1～2s 后，突然放松，使试杆垂直自由地沉入净浆中。在试杆停止沉入或释放试杆 30s 时记录试杆距底板之间的距离。升起试杆后，立即擦净；整个操作应在搅拌后 1.5min 内完成。以试杆沉入净浆并距底板（6±1）mm 的水泥净浆为标准稠度净浆。其拌和水量为该水泥的标准稠度用水量（P），按水泥质量分数计。

15.4.4.2　凝结时间的测定方法

试验前应调整凝结时间测定仪的试针接触玻璃板时指针对准零点。

（1）试件的制备　以水泥标准稠度用水量，按上面水泥标准稠度用水量的测定方法（标准法）中制成标准稠度净浆，并按上述方法装模和刮平后，立即放入湿气养护箱内，记录水泥全部加入水中的时间作为凝结时间的起始时间。

（2）初凝时间的测定　试件在湿气养护箱中养护至加水后 30min 时进行第一次测定。测定时，从湿气养护箱中取出试模放到试针下，降低试针与水泥净浆面接触。拧紧螺丝 1～2s 后，突然放松，试针垂直自由沉入净浆，观察试针停止下沉或释放试针 30s 时指针的读数。临近初凝时间时每隔 5min（或更短时间）测定一次。当试针沉至距底板（4±1）mm 时，为水泥达到初凝状态。从水泥全部加入水中至达到初凝状态的时间为水泥的初凝时间，用 "min" 表示。

（3）终凝时间的测定　为了准确观测试针沉入的状况，在终凝针上安装了一个环形附件 [图 15-7(e)]。在完成初凝时间测定后，立即将试模连同浆体以平移的方式从玻璃板取下，翻转 180°，直径大端向上，小端向下放在玻璃板上，再放入湿气养护箱中继续养护。临近终凝时间时每隔 15min（或更短时间）测定一次，当试针沉入试体 0.5mm 时，即环形附件开始不能在试件上留下痕迹时，为水泥达到终凝状态。从水泥全部加入水中至终凝状态的时间为水泥的终凝时间，用 "min" 表示。

（4）测定注意事项

① 在最初测定操作时应轻轻扶持金属棒，使其徐徐下降，以防试针撞弯，但测定结果以自由下落为准。

② 在整个测试过程中试针沉入的位置至少要距试模内壁 10mm。

③ 临近初凝时，每隔 5min（或更短时间）测定一次，临近终凝时间时每隔 15min（或更短时间）测定一次，到达初凝状态时应立即重复一次，当两次结论相同时，才能定为到达初凝；到达终凝时，需要在试体另外两个不同点测试，确定结论相同时，才能确定到达终凝状态。

④ 每次测定不得让试针落入原针孔，每次测试完毕需将试针擦净，并将试模放回湿气养护箱内，整个测定过程中要防止试模受振。

15.4.4.3　安定性测定方法（标准法）

（1）测定前的准备工作　每个试样需成形两个试件，每个雷氏夹需配备两块边长或直径约 80mm、厚度 4～5mm 的玻璃板，凡与水泥净浆接触的玻璃板和雷氏夹内表面都要稍稍涂上一层油。

（2）水泥标准稠度净浆的制备　与凝结时间试验相同。

（3）雷氏夹试件的成形　将预先准备好的雷氏夹放在已稍擦油的玻璃板上，并立即将已制好的标准稠度净浆一次装满雷氏夹；装浆时一只手轻轻扶持雷氏夹，另一只手用宽约 25mm 的直边刀在浆体表面轻轻插捣 3 次，然后抹平，盖上稍涂油的玻璃板，接着立刻将试模移至湿气养护箱内养护（24±2）h。

　　（4）沸煮　调整好沸煮箱内的水位，要能保证在整个沸煮过程中水都超过试件，不需中途添补试验用水，同时又能保证在（30±5）min内加热至沸腾。

　　脱去玻璃板取下试件，先测量雷氏夹指针尖端间的距离（A），精确到0.5mm。接着将试件放入沸煮箱水中的试件架上，指针朝上，然后在（30±5）min内加热至沸，并恒沸（180±5）min。

　　（5）结果判别　沸煮结束后，立即放掉沸煮箱中的热水，打开箱盖，待箱体冷却至室温，取出试件进行判别。测量雷氏夹指针尖端距离（C），准确至0.5mm，当两个试件沸煮后增加的距离（C−A）的平均值不大于5.0mm时，即认为该水泥安定性合格；当两个试件沸煮后增加的距离（C−A）的平均值大于5.0mm时，应用同一样品立即重做一次试验。以复检结果为准。

15.4.4.4　水泥标准稠度用水量测定方法（代用法）

　　（1）试验前的准备工作　试验前应保证维卡仪的金属棒能自由滑动；调整维卡仪的金属棒至试锥接触锥模顶面时指针对准零点；搅拌机运转正常。

　　（2）水泥净浆的拌制　同标准法。

　　（3）标准稠度的测定　采用代用法测定水泥标准稠度用水量时，可以选择调整水量法和不变水量法中的任何一种。采用调整水量法时，拌和水量按经验找水，采用不变水量法时拌和水量为142.5mL。

　　拌和完毕，立即将净浆一次装入锥模中，用宽约25mm的直边刀在浆体表面轻轻插捣5次，再轻振5次，刮去多余的净浆，抹平后迅速放到测定仪试锥下面的固定位置上。将试锥降至净浆表面，拧紧螺丝1~2s后，突然放松，让试锥垂直自由地沉入水泥净浆中，到试锥停止下沉或释放试锥30s时记录试锥下沉深度。整个操作应在搅拌后1.5min内完成。

　　用调整水量法测定时，以试锥下沉深度（30±1）mm时的净浆为标准稠度净浆。其拌和水量为该水泥的标准稠度用水量（P），按水泥质量分数计。

　　用不变水量方法测定时，根据式(15-6)（或仪器上对应的标尺）计算水泥的标准稠度用水量（P）。

$$P = 33.4 - 0.185S \qquad (15\text{-}6)$$

式中　P——水泥的标准稠度用水量，%；

　　　　S——试锥下沉深度，mm。

　　当试锥下沉深度小于13mm时，应改用调整水量法测定。

15.4.4.5　安定性测定方法（代用法）

　　（1）试验前的准备工作　每个样品需准备两块边长约100mm的玻璃板，凡与水泥净浆接触的玻璃板都要稍稍涂上一层油。

　　（2）试饼的成形方法　将制好的标准稠度净浆取出一部分，分成两等分，使其呈球形，放在预先准备好的玻璃板上。轻轻振动玻璃板，并用湿布擦过的小刀由边缘向中心抹动，做成直径70~80mm、中心厚约10mm、边缘渐薄、表面光滑的试饼。然后将试饼放入湿气养护箱内，养护（24±2）h。

　　（3）煮沸　调整好沸煮箱内的水位，要能保证在整个沸煮过程中水都超过试件，不需中途添补试验用水，同时又能保证在（30±5）min内加热至沸腾。

　　脱去玻璃板取下试饼，在试饼无缺陷的情况下将试放饼入沸煮箱水中的算板上，在（30±5）min内加热至沸，并恒沸（180±5）min。

（4）结果判别   煮沸结束，立即放掉沸煮箱中的热水，打开箱盖，待箱体冷却至室温，取出试件进行判别。若目测试饼未发现裂缝，用钢直尺检查也没有弯曲（使钢直尺和试饼底部靠紧，以两者间不透光为不弯曲）的试饼，为安定性合格；反之为不合格。当两个试饼的判别结果有矛盾时，该水泥的安定性为不合格。

15.5   水泥胶砂强度检验

水泥胶砂强度检验依据 GB/T 17671—1999《水泥胶砂强度检验方法（ISO 法）》进行。本方法抗压强度测定结果与 ISO 679 结果等同。

本方法适用于硅酸盐水泥、普通硅酸盐水泥、矿渣硅酸盐水泥、粉煤灰硅酸盐水泥和复合硅酸盐水泥的抗折与抗压强度的检验。其他水泥采用本方法时必须研究本方法规定的适用性。

15.5.1   方法概要

本方法为 40mm×40mm×160mm 棱柱试体的水泥抗压强度和抗折强度测定。

试体是由按质量计的 1 份水泥、3 份中国 ISO 标准砂，用 0.5 的水灰比拌制的一组塑性胶砂制成。

胶砂用行星搅拌机搅拌，在振实台上成形。也可使用频率 2800～3000 次/min、振幅 0.75mm 振动台成形。结果有异议时以基准方法（振实台上成形）为准。

试体连模一起在湿气中养护 24h，然后脱模在水中养护至强度试验。

到试验龄期时将试体从水中取出，先进行抗折强度试验，折断后每截再进行抗压强度试验。

15.5.2   实验室和设备

15.5.2.1   实验室

试体成形试验室的温度应保持在（20±2）℃，相对湿度应不低于 50％。

试体带模养护的养护箱或雾室温度保持在（20±1）℃，相对湿度不低于 90％。

试体养护池水温度应在（20±1）℃范围内。

试验室空气温度和相对湿度及养护池水温在工作期间每天至少记录一次。

养护箱或雾室的温度与相对湿度至少每 4h 记录一次，在自动控制的情况下记录次数可以酌减至一天记录两次。在温度给定范围内，控制所设定的温度应为此范围中值。

15.5.2.2   设备

设备中规定的公差，试验时对设备的正确操作很重要。当定期控制检测发现公差不符时，该设备应替换，或及时进行调整和修理。控制检测记录应予保存。

对新设备的接收检测应包括本标准规定的质量、体积和尺寸范围，对于公差规定的临界尺寸要特别注意。

有的设备材质会影响试验结果，这些材质也必须符合要求。

（1）试验筛   金属丝网试验筛应符合 GB/T 6003 的要求。

（2）搅拌机   搅拌机属行星式，应符合 JC/T 681 的要求。

水泥胶砂搅拌机由搅拌锅、搅拌叶片、传动机构和控制系统组成。搅拌叶片在搅拌锅内做与旋转方向相反的公转和自转。并可在竖直方向调节。搅拌锅可以升降，传动机构保证搅拌叶片按规定的方向和速度运转，控制系统具有按程序自动控制与手动控制两种功能。

搅拌叶片与锅底、锅壁的工作间隙为（3±1）mm。搅拌锅容积为5L，壁厚为1.5mm，搅拌叶宽度为135mm。

用多台搅拌机工作时，搅拌锅和搅拌叶片应保持配对使用。叶片与锅之间的间隙是指叶片与锅壁最近的距离，应每月检查一次。

（3）试模　试模由三个水平的模槽组成（图15-10），可同时成型三条截面为40mm×40mm、长160mm的菱形试体，其材质和制造尺寸应符合JC/T 726的要求。

当试模的任何一个公差超过规定的要求时，就应更换。在组装备用的干净模型时，应用黄干油等密封材料涂覆模型的外接缝。试模的内表面应涂上一薄层模型油或机油。

成型操作时，应在试模上面加有一个壁高20mm的金属模套，当从上往下看时，模套壁与模型内壁应该重叠，超出内壁不应大于1mm。

为了控制料层厚度和刮平胶砂，应备有如图15-11所示的两个播料器和一金属刮平直尺。

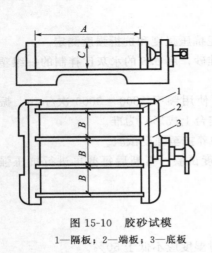

图15-10　胶砂试模

1—隔板；2—端板；3—底板

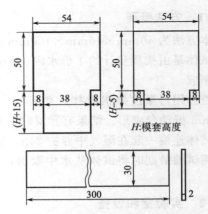

H:模套高度

图15-11　典型的播料器和金属刮平直尺

（4）振实台　应符合JC/T 682要求。振实台应安装在高度约400mm的混凝土基座上。混凝土体积约为0.25m³时，重约600kg。需防外部振动影响振实效果时，可在整个混凝土基座下放一层厚约5mm的天然橡胶弹性衬垫。

将仪器用地脚螺丝固定在基座上，安装后设备呈水平状态，仪器底座与基座之间要铺一层砂浆以保证它们的完全接触。

（5）抗折强度试验机　抗折强度试验机应符合JC/T 724的要求。试件在夹具中受力状态如图15-12所示。

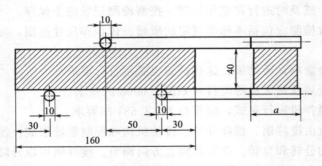

图15-12　抗折强度测定加荷

通过三根圆柱轴的三个竖向平面应该平行，并在试验时继续保持平行和等距离垂直试体的方向，其中一根支撑圆柱和加荷圆柱能轻微地倾斜使圆柱与试体完全接触，以便荷载沿试体宽度方向均匀分布，同时不产生任何扭转应力。

抗折强度也可用抗压强度试验机来测定，此时应使用符合上述规定的夹具。

（6）抗压强度试验机　抗压强度试验机，在较大的 4/5 量程范围内使用时记录的荷载应有±1%的精度，并具有（2400±200）N/s 速率的加荷能力，应有一个能指示试件破坏时荷载并把它保持到试验机卸荷以后的指示器，可以用表盘里的峰值指针或显示器来达到。人工操纵的试验机应配有一个速度动态装置以便于控制荷载增加。

压力机的活塞竖向轴应与压力机的竖向轴重合，在加荷时也不例外，而且活塞作用的合力要通过试件中心。压力机的下压板表面应与该机的轴线垂直并在加荷过程中一直保持不变。

压力机上压板球座中心应在该机竖向轴线与上压板下表面相交点上，其公差为±1mm。上压板在与试体接触时能自动调整，但在加荷期间上下压板的位置应固定不变。

试验机压板应由维氏硬度不低于 600HV 的硬质钢制成，最好为碳化钨钢板，厚度不小于 10mm，宽为（40.0±0.1）mm，长不小于 40mm。压板和试件接触的表面平面度公差应为 0.01mm，表面粗糙度（Ra）应在 0.1～0.8 之间。

当试验机没有球座，或球座已不灵活，或直径大于 120mm 时，应采用规定的夹具。

（7）抗压强度试验机用夹具　当需要使用夹具时，应把它放在压力机的上下压板之间并与压力机处于同一轴线，以便将压力机的荷载传递至胶砂试件表面。夹具应符合 JC/T 683 的要求，受压面积为 40mm×40mm。

15.5.3　测定步骤

15.5.3.1　胶砂的制备

（1）配合比　胶砂的质量配合比应为 1 份水泥［（450±2）g］、3 份标准砂［（1350±5）g］和 0.5 份水［（225±1）g，即水灰比为 0.5］。一锅胶砂成型三条试体。ISO 标准砂颗粒分布见表 15-2 所示。

表 15-2　ISO 标准砂颗粒分布

方孔边长/mm	累计筛余/%	方孔边长/mm	累计筛余/%
2.0	0	0.5	67±5
1.6	7±5	0.16	87±5
1.0	33±5	0.08	99±1

（2）配料　水泥、砂、水和试验用具的温度与试验室相同，称量用的天平精度应为±1g。当用自动滴管加 225mL 水时，滴管精度应达到±1mL。

（3）搅拌　每锅胶砂用搅拌机进行机械搅拌。先使搅拌机处于待工作状态，然后按以下的程序进行操作。

把水加入锅里，再加入水泥，把锅放在固定架上，上升至固定位置。然后立即开动机器，低速搅拌 30s 后，在第二个 30s 开始的同时均匀地将砂子加入。当各级砂是分装时，从最粗料级开始，依次将所需的每级砂量加完。把机器转至高速再拌 30s，停拌 90s，在第 1 个 15s 内用一个胶皮器具将叶片和锅壁上的胶砂刮入锅中间。在高速下继续搅拌 60s。各个搅拌阶段，时间误差应在±1s 以内。

15.5.3.2　试件的制备

尺寸应是 40mm×40mm×160mm 的棱柱体。用振实台或振动台成型。

(1) 用振实台成型　胶砂制备后立即进行成型。将空试模和模套固定在振实台上，用一个适当的勺子直接从搅拌锅里将胶砂分两层装入试模，装第一层时，每个槽里约放 300g 胶砂，用大播料器垂直架在模套顶部沿每个模槽来回一次将料层播平，接着振实 60 次。再装入第二层胶砂，用小播料器播平，再振实 60 次。移走模套，从振实台上取下试模，用一把金属直尺以近似 90°的角度架在试模模顶的一端，然后沿试模长度方向以横向锯割动作慢慢向另一端移动，一次将超过试模部分的胶砂刮去，并用同一把直尺在近乎水平的情况下将试体表面抹平。

在试模上做标记或加字条标明试件编号和试件相对于振实台的位置。

(2) 用振动台成型　在搅拌胶砂的同时将试模和下料漏斗卡紧在振动台的中心。将搅拌好的全部胶砂均匀地装入下料漏斗中，开动振动台，胶砂通过漏斗流入试模。振动 (120±5)s 停车。振动完毕，取下试模，用刮平尺以振实台成型时的刮平手法刮去其高出试模的胶砂并抹平。接着在试模上做标记或用字条标明试件编号。

15.5.3.3　试件的养护

(1) 脱模前的处理和养护　去掉留在模子四周的胶砂。立即将做好标记的试模放入雾室或湿箱的水平架子上养护，湿空气应能与试模各边接触。养护时不应将试模放在其他试模上。一直养护到规定的脱模时间时取出脱模。脱模前，用防水墨汁或颜料笔对试体进行编号和做其他标记。两个龄期以上的试体，在编号时应将同一试模中的三条试体分在两个以上龄期内。

(2) 脱模　脱模应非常小心。对于 24h 龄期的，应在破型试验前 20min 内脱模；对于 24h 以上龄期的，应在成型后 20～24h 之间脱模。

如经 24h 养护，会因脱模对强度造成损害时，可以延迟到 24h 以后脱模，但在试验报告中应予说明。

已确定作为 24h 龄期试验（或其他不下水直接做试验）的已脱模试体，应用湿布覆盖至做试验时为止。

(3) 水中养护　将做好标记的试件立即水平或竖直放在 (20±1)℃水中养护，水平放置时刮平面应朝上。

试件放在不易腐烂的箅子上，并彼此间保持一定间距，以让水与试件的六个面接触。养护期间试件之间间隔或试体上表面的水深不得小于 5mm。

水中养护不宜用木箅子；每个养护池只养护同类型的水泥试件。

最初用自来水装满养护池（或容器），随后随时加水保持适当的恒定水位，不允许在养护期间全部换水。

除 24h 龄期或延迟至 48h 脱模的试体外，任何到龄期的试体都应在试验（破型）前 15min 从水中取出。揩去试体表面沉积物，并用湿布覆盖至试验为止。

(4) 强度试验试体的龄期　试体龄期是从水泥加水搅拌开始试验时算起。不同龄期强度试验在下列时间里进行：24h±15min；48h±30min；72h±45min；7d±2h；>28d±8h。

15.5.3.4　抗折强度测定

将试体一个侧面放在试验机支撑圆柱上，试体长轴垂直于支撑圆柱，通过加荷圆柱以 (50±10)N/s 的速率均匀地将荷载垂直地加在棱柱体相对侧面上，直至折断。

保持两个半截棱柱体处于潮湿状态直至抗压试验。

抗折强度 R_f 以兆帕（MPa）表示，按式(15-7)计算。

$$R_f = \frac{1.5F_f L}{b^3} \tag{15-7}$$

式中　F_f——折断时施加于棱柱体中部的荷载，N；

　　　L——支撑圆柱之间的距离，mm；

　　　b——棱柱体正方形截面的边长，mm。

15.5.3.5　抗压强度测定

抗压强度试验通过规定的仪器，在半截棱柱体的侧面上进行。

半截棱柱体中心与压力机压板受压中心差应在 ±0.5mm 内，棱柱体露在压板外的部分约有 10mm。

在整个加荷过程中以 (2400$\pm$200)N/s 的速率均匀地加荷直至破坏。

抗压强度 R_c 以兆帕（MPa）为单位，按式(15-8)进行计算。

$$R_c = \frac{F_c}{A} \tag{15-8}$$

式中　F_c——破坏时最大载荷，N；

　　　A——受压部分面积，mm^2（40mm$\times$40mm=1600mm^2）。

15.5.4　试验结果的确定

（1）抗折强度　以一组三个棱柱体抗折结果的平均值作为试验结果。当三个强度值中有超出平均值 $\pm10\%$ 时，应剔除后再取平均值作为抗折强度试验结果。

（2）抗压强度　以一组三个棱柱体上得到的六个抗压强度测定值的算术平均值为试验结果。

如六个测定值中有一个超出六个平均值的 $\pm10\%$，就应剔除这个结果，而以剩下五个的平均数为结果。如果五个测定值中再有超过它们平均数 $\pm10\%$ 的，则此组结果作废。

（3）试验结果的计算　各试体的抗折强度记录至 0.1MPa，按规定计算平均值。计算精确至 0.1MPa。

各个半棱柱体得到的单个抗压强度结果计算至 0.1MPa，按规定计算平均值，计算精确至 0.1MPa。

15.6　水泥胶砂流动度测定

本方法主要用于测定胶砂流动度，确定水泥胶砂的需水量。水泥胶砂流动度按 GB/T 2419—2005《水泥胶砂流动度测定方法》进行测定。

15.6.1　原理

通过测量一定配比的水泥胶砂在规定振动状态下的扩展范围来衡量其流动性。

15.6.2　试验仪器

（1）水泥胶砂流动度测定仪（简称跳桌）　跳桌主要由铸铁机架和跳动部分组成，如图 15-13 所示。机架是铸铁铸造的坚固整体，有三根相隔 120$°$ 分布的增强筋延伸整个机架高度。跳动部分主要由圆盘桌面和推杆组成，总质量为 (4.35$\pm$0.15)kg，且以推杆为中心均

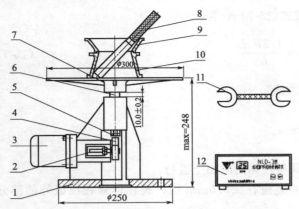

图 15-13　水泥胶砂流动度测定仪结构简图

1—机架；2—接近开关；3—电动机；4—凸轮；

5—轴承；6—推杆；7—圆盘桌面；8—捣棒；

9—模套；10—截锥圆模；11—检规；12—控制器

匀分布。桌面中心有直径为 125mm 的刻圆，用以确定锥形试模的位置。通过凸轮的转动，可使推杆及与其相连的圆盘产生跳动。跳桌落距为 (10.0±0.2)mm。

凸轮由钢制成，其外表面轮廓符合等速螺旋线。当推杆和凸轮接触时不应察觉出有跳动，上升过程中保持圆盘桌面平稳，不抖动。转动机构能保证胶砂流动度测定仪在 (25±1)s 内完成 25 次跳动。

(2) 水泥胶砂搅拌机　水泥胶砂搅拌机应符合 JC/T 681 的要求。

(3) 试模　由截锥圆模和模套组成。为金属材料，内表面光滑。圆模高度 (60.0±0.5)mm；上口内径 (70.0±0.5)mm；下口内径 (100.0±0.5)mm；下口外径 120mm；模壁厚大于 5mm。

(4) 捣棒　捣棒由金属材料制成，直径为 (20.0±0.5)mm，长度约为 200mm；捣棒底面与侧面成直角，其下部光滑，上部手柄滚花。

(5) 卡尺　量程不小于 300mm，分度值不大于 0.5mm。

(6) 小刀　刀口平直，长度大于 80mm。

(7) 天平　量程不小于 1000g，分度值不大于 1g。

15.6.3　试验条件及材料

试验室、设备、拌和水、样品应符合 GB/T 17671—1999 中第 4 条试验室和设备的有关规定。

胶砂材料用量按相应标准要求或试验设计确定。

15.6.4　试验方法

① 如跳桌在 24h 内未被使用，先空跳一个周期 25 次。

② 胶砂制备按 GB/T 17671 有关规定进行。在制备胶砂的同时，用潮湿棉布擦拭跳桌台面、试模内壁、捣棒以及与胶砂接触的用具，将试模放在跳桌台面中央并用潮湿棉布覆盖。

③ 将拌好的胶砂分两层迅速装入试模，第一层装至截锥圆模高度约 2/3 处，用小刀在相互垂直的两个方向各划 5 次，用捣棒由边缘至中心均匀捣压 15 次（图 15-14）；随后，装第二层胶砂，装至高出截锥圆模约 20mm，用小刀在相互垂直两个方向各划 5 次，再用捣棒由边缘至中心均匀捣压 10 次（图 15-15）。捣压后胶砂应略高于试模。捣压深度，第一层捣至胶砂高度的 1/2，第二层捣实不超过已捣实底层表面。装胶砂和捣压时，用手扶稳试模，不要使其移动。

④ 捣压完毕，取下模套，将小刀倾斜，从中间向边缘分两次以近水平的角度抹去高出截锥圆模的胶砂，并擦去落在桌面上的胶砂。将截锥圆模垂直向上轻轻提起。立刻开动跳桌，以每秒一次的频率在 (25±1)s 内完成 25 次跳动。

流动度试验从胶砂加水开始到测量扩散直径结束，应在 6min 内完成。

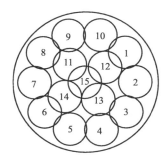

图 15-14　第一层捣压位置示意

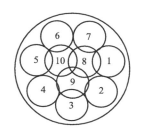

图 15-15　第二层捣压位置示意

15.6.5　结果与计算

跳动完毕，用卡尺测量胶砂底面互相垂直的两个方向直径，计算平均值，取整数，单位为 mm。该平均值即为该水量的水泥胶砂流动度。

参 考 文 献

［1］ 沈威，黄文熙，闵盘荣.水泥工艺学.武汉：武汉工业大学出版社，1991.
［2］ 殷维君.水泥工艺学.武汉：武汉工业大学出版社，1991.
［3］ 王复生.现代水泥生产基本知识.北京：中国建材工业出版社，2004.
［4］ 李坚利，周慧群.水泥生产工艺.武汉：武汉理工大学出版社，2008.
［5］ 王君伟.新型干法水泥生产工艺读本.第2版.北京：化学工业出版社，2011.
［6］ 方景光.粉磨工艺及设备.武汉：武汉理工大学出版社，2002.
［7］ 王仲春.水泥工业粉磨工艺技术.北京：中国建材工业出版社，2000.
［8］ 陶珍东，郑少华.粉体工程与设备.第2版.北京：化学工业出版社，2010.
［9］ 柴腾星，石国平.生料辊压机终粉磨系统技术介绍.水泥技术，2012（2）.
［10］ 李海涛，郭献军，吴武伟.新型干法水泥生产技术与设备.北京：化学工业出版社，2006.
［11］ 刘述祖.水泥悬浮预热与窑外分解技术.武汉：武汉工业大学出版社，1995.
［12］ 韩梅祥.水泥工业热工过程及设备.武汉：武汉工业大学出版社，1990.
［13］ 刘志江.新型干法水泥生产技术.北京：中国建材工业出版社，2005.
［14］ 陈全德.新型干法水泥技术原理与应用.北京：中国建材工业出版社，2010.
［15］ 胡道和.水泥工业热工设备.武汉：武汉理工大学出版社，1992.
［16］ 周惠群.水泥煅烧技术及设备.武汉：武汉理工大学出版社，2006.
［17］ 姜洪舟.无机非金属材料热工设备.第2版.武汉：武汉理工大学出版社，2009.
［18］ 江旭昌.回转窑煤粉燃烧器空气动力学的分析与研究.新世纪水泥导报，2010（2，3）.
［19］ 李斌怀，郭俊才.预分解窑水泥生产综合技术及操作实例.武汉：武汉理工大学出版社，2006.
［20］ 冀亚琼，李闯，甘露.窑尾废气管道增湿系统的改进.水泥，2009（8）.
［21］ 张邓杰，王江峰，王家全.水泥窑余热发电技术的分析及优化.动力工程，2009（9）.
［22］ 柴玉梅，王峰.简析水泥纯低温余热发电工程.冶金能源，2010（3）.
［23］ 堪玉双，石瑛.长袋脉冲袋除尘器和空气冷却器在5000t/d线的应用.水泥工程，2010（5）.
［24］ 谢伟安，周滨.立磨在水泥终粉磨系统中的应用.新世纪水泥导报，2010（4）.